정판

설계능력 향상을 위한

전기, 전자, 통신, 컴퓨터공학 기초전공 실험

아두이노 보드 프로그래밍 포함

민 상 원 저

홍릉과학출판사

머 리 말

학문분야가 발전하면서 전공 관련 많은 지식은 물론 다른 학문 분야와의 융합이 강조되고 있다. 다른 학문과 융합을 하기 위해서는 근본적으로 융합 학문 분야의 공통 부분이 얼마나 존재하는지를 파악하여야 한다. 즉, 다른 학문분야와 융합을 하기 위해서는 자신의 전공분야에 더욱 깊이 있는 학문을 하여야 다른 학문 분야와의 공통부분을 찾을 수 있다. 따라서 융합이 이루어지기 위해서는 기초과학과 자신의 학문 분야에 대한 기본 교육과 깊이 있는 연구를 필요로 한다.

또한, 우리나라의 공학교육은 2000년대 이전에 학부제를 통하여 전문인 양성에 집중하지 못하였고 기업들의 입사시험에 전공을 반영하는 비율이 낮아 공과대학의 전공교육이 부실화되었고 결과적으로 기업의 국가경쟁력 저하요인이 되었다. 2000년대 중반에 ABEEK의 공학교육인증제도가 노입되면서 대학은 단순이론전달에서 학생의 학습성과와 설계능력 교육에 관심을 갖기 시작하였고 기업도 향후 10년 후 사업방향의 예측 어려움을 제시하면서 대학의 인력양성에 관심을 갖기 시작하였다. ABEEK 평가가 확산되기 이전에는 대학사회에서 설계교육에 대하여 논의하거나 학부교육에 관하여 관심도가 적었지만 지금은 설계교육에 대한 논의는 물론 학부교육에 대하여 대학이 고민하고 있어 ABEEK 평가는 교수를 괴롭히기는 하지만 분명 대학교육에 좋은 영향을 주고 있다.

이러한 시대흐름에 따라 공과대학에 새롭게 요구되는 것은 설계에 대한 교육으로 학생은 물론 교수도 이에 대한 이해와 노력을 필요로 한다. 지난 2000년대 이전에는 이런 교육 요구사항이 부재하였고 대학교수는 설계에 대한 교육을 배운 적이 없었다. 최근 대학교수는 설계 및 관련 교수법에 대하여 스스로 연구를 통해 적절한 설계교육을 개발하고 있다. 또한 ABEEK 인증평가 중에 가장 큰 지적은 설계교과목에 대한 운영이며 학생들의 학습성과 항목 중에 가장 중요하게 요구되는 것도 설계에 대한 능력이다.

본 도서는 단순 실험을 지양하고 전기공학, 전자공학, 전자통신공학, 컴퓨터공학 및 정보통신공학 등 학과의 아날로그와 디지털 실험교과목에 기초전공 실험과 설계 교육을 위한 교과내용을 포함하였다. 국내외 전자계열 학과의 교과과정 중 전공주제는 이론, 실험, 설계 교과로 구성되고 실험 교과는 관련 이론 교과목과 병수형태로 운영하는 것이 일반적이다. 이전 실험 교재들은 단순 실습에 가까울 정도의 기초적인 내용으로 구성되어 있었고 학생들은 단순히 예비보고서를 준비하고 와서 실험을 수행하여 왔다. 그러나 본 도서는 각 실험의 목적과 부품 리스트만 주어질 뿐 학생들 스스로 관련 회로도를 구성하고 매뉴얼을 찾도록 하였으며 이론적으로 예상결과를 계산하고 PSpice로 이론값을 확인하여 실험에 침여 하도록 하였다. 즉 학생이 예비보고서를 충분히 작성하지 않으면 실험 시간동안 아무것도 할 수가 없도록 되어 있다. 따라서 실험 강의자와 학생 수준에 따라 스스로 실험 수준의 깊이를 고려하여 실험을 계획하여야 한다.

본 도서는 4년제 공과대학의 회로이론과 디지털회로 관련 과목을 배우는 2학년의 1년 동안 운영할 수 있는 범위로 구성되어 있으며 실측을 위한 일부 계측기 사용법을 포함하고 있다. 본 도서의 구성은 다섯 Part로 구성되어 있다. 먼저 Part 1에서 실험에 앞서 필요한 계측기에 대한 사용법과 PSpice 사용법을 설명하고 있다. 그리고 Part 2는 아날로그 실험을 DC와 AC로 나누어 구성하였으며 Part 3은 디지털회로와 관련하여 게이트 구성과 카운터 등으로 구성되어 있다. 이 두 Part의 각 실험이 끝나는 부분에는 점검문제를 포함하고 있어 예비보고서를 작성하면서 스스로 만든 회로의 수준을 점검할 수 있도록 하였다. 최근 마이크로프로세서 및 프로그래밍에 대한 교육을 필요로 하면서 Part 4에서는 안드로이드와 호환이 되는 아두이노 보드 활용 및 프로그램을 포함하였다. Part 2와 3은 기존 기초전자실험과 동일한 내용이었으며 2판에서는 Part 4를 추가하였다. Part 5도 2판에 새롭게 추가되었는데 여기는 Term Project 주제 및 내용을 포함하여 설계 주제 및 내용를 더 보완하였다.

일반적으로 15주/16주 운영하는 경우 실험과목의 경우 조 편성하는 첫 번째 주차, 중간고사, 기말고사 주차를 제외하며 12/13주차가 되며 2주차 정도는 term project에 대하여 중간발표, 최종발표를 한 주 정도 넣으면 실질적으로 11주차 정도의 실험이 수행된다. 따라서 1학기에는 Part 1의 DC 실험 기반지식, PSpcie 활용, 인두 사용법, Part 2와 3의 전반부 내용에 대하여 운영하는 것이 적절하며 2학기에는 Part 2의 AC 실험 기반지식, Part 2와 3의 후반부 내용을 수행하는 것이 바람직하다. 그리고 Part 4의 아두이노 프로그래밍은 1학기 후반부에 시작하여 2학기에 이어질 수 있도록 운영할 것을 권고한다. Part 5에 있는 Term project 주제 중 1학기에는 L 또는 C를 만들어 보는 것과 이를 활용한 응용회로 제작과 2학기에는 디지털시계와 알람시간에 동작하는 아날로그회로 제작을 기본적으로 할 수 있도록 구성하였지만 다른 주제를 선정하는 것도 바람직하다.

본 교재가 마련될 수 있도록 노력해 준 광운대학교 전자통신공학과 통신프로토콜공학연구실의 연구원들에게 감사함을 전한다. 본 교재의 실험 내용과 수준에 대하여 본 교재를 사용한 교수들의 조언을 기다리며 대학민국 공과대학의 전기, 전자, 통신 및 컴퓨터공학 분야 전공교육 수준 향상에 도움이 되기를 기대한다.

2014. 2.

저자 민 상 원

차　　례

제1부 실험 준비

제2부 아날로그 실험

제3부 디지털 실험

제4부 Arduino 프로그래밍

제5부 Term Project 주제

제6부 부 록

실험 준비

PART 01

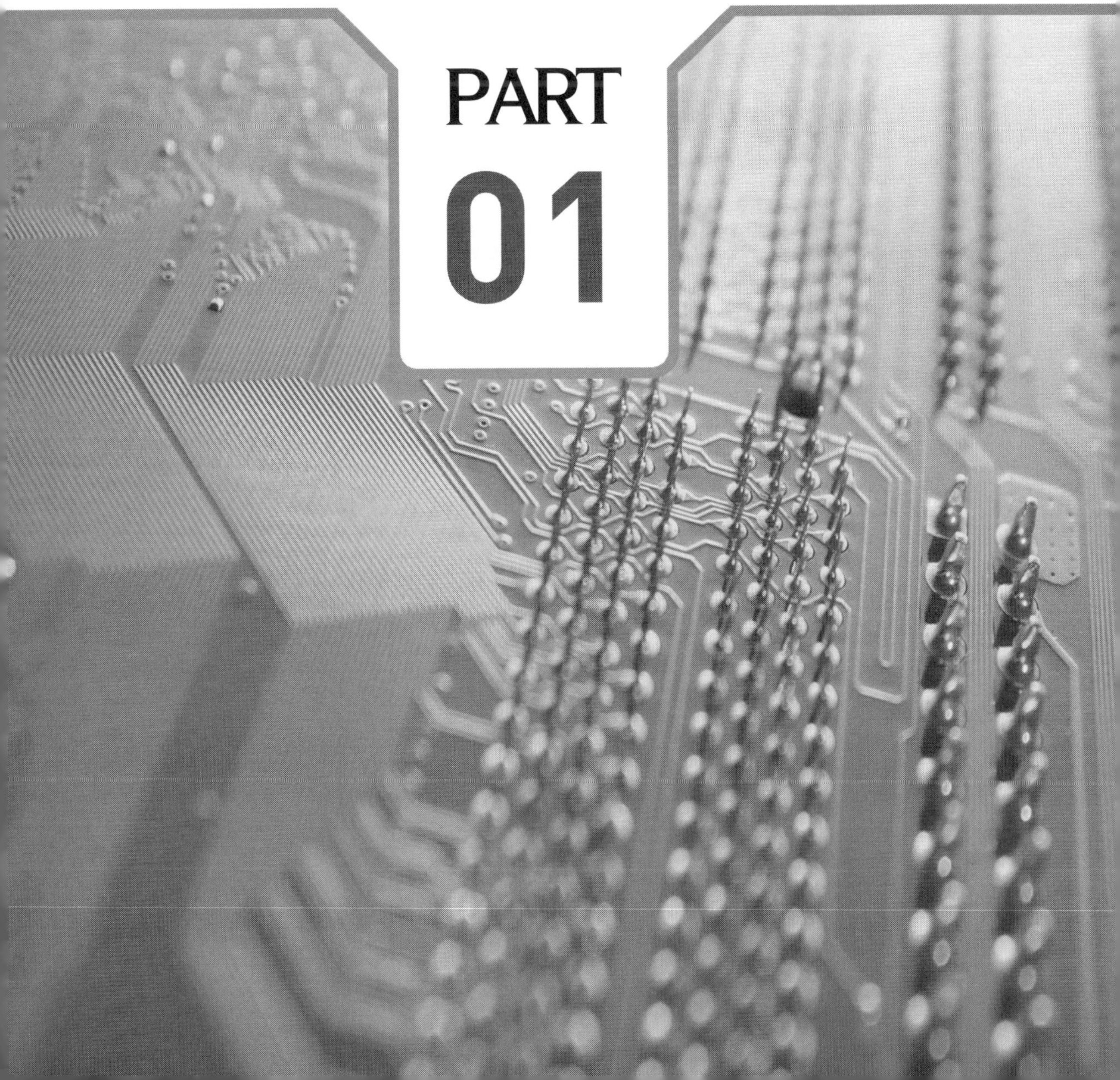

Chapter 01 *R*, *L*, *C* 수동소자와 TTL IC

1. 실험 목표

- 저항의 특성을 이해하고 저항 값을 읽을 수 있다.
- 커패시터와 인덕터의 종류와 특성을 이해하고 커패시터와 인던터 값을 읽을 수 있다.
- 데이터시트(Data Sheet)를 통하여 TTL IC 내부 논리게이트 구성을 파악한다.

2. 관련 이론

2.1 저항과 레지스턴스

저항(Resistor)은 회로를 구성하는 데 있어서 가장 흔히 볼 수 있는 소자로 정식명칭은 전기저항이다. 물체에 전류가 통과하기 어려운 정도를 나타내는 수치로 기호는 레지스턴스(Resistance)의 머리글자를 따서 R로 표시한다. 저항의 단위로는 옴(Ω, ohm)을 사용한다. 예를 들어 1V의 전압에 1A정도의 전류가 흐른다면 해당 도선은 1Ω의 저항 값을 가지는 것이다. 그림 1.1(a)는 회로에서 저항을 나타낸 모습이며, 그림 1.1(b)는 일반적으로 실험에서 사용하는 저항 소자의 사진이다.

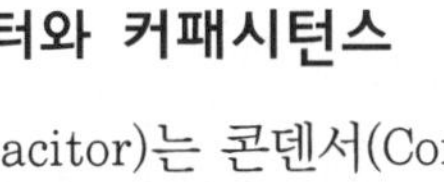

(a)

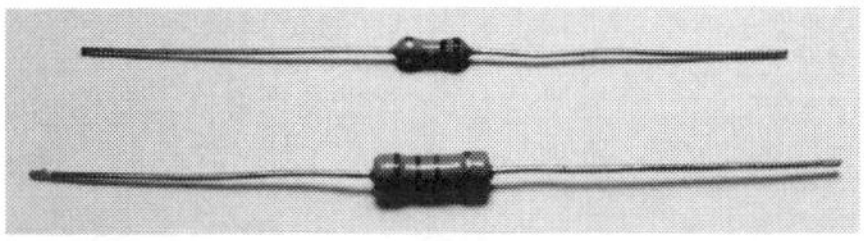

(b)

그림 1.1 저항 (a) 저항 표기 (b) 저항 소자

2.2 커패시터와 커패시턴스

커패시터(Capacitor)는 콘덴서(Condenser)라고도 하며, 전하를 축적하는 기능을 가진 소자이다. 금속으로 된 두 개의 도체판을 마주 보게 위치시키고 두 도체판 사이에 매질인 절연체를 두고 전하를 절연체에 저장하는 역할을 한다. 각 판의 표면과 절연체의 경계 부분에 전하가 비축되고, 양 표면에 모이는 전하량의 크기는 같지만 부호는 반대이다. 커패시터의 용량을 커패시턴스라고하며, 기호는 캐패시턴스(Capacitance)의 머리글자를 따서 C로 표시한다. 커패시턴스의 단위로는 페럿(F, Farad)이 사용된다. 예를 들어, 10μF정도의 커패시터에 멀티미터를 저항측정 모드로 하여 접속하면 순간적으로 전류가 흘러 값이 나오고, 0으로 되는 것을 볼 수 있다. 회로에서는 그림 1.2(a)와 같은 모양으로 표시하며, 그림 1.2(b)는 실험에서 사용하게 될 다양한 커패시터들 소자의 사진이다.

(a)

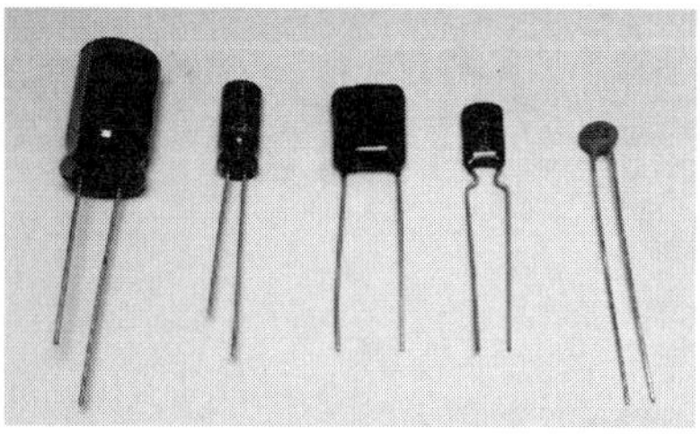

(b)

▌그림 1.2▐ 커패시터 (a) 커패시터 심볼 (b) 커패시터 소자

2.3 인덕터와 인던턴스

인덕터(Inductor)는 구리나 알루미늄과 같은 절연성 재료로 싸서 나사 모양으로 여러 번 감아서 만들며 이 때문에 코일(Coil)이라고도 한다. 전류의 변화량에 비례해 전압을 유도함으로써 전류의 급격한 변화를 억제하는 방향으로 전자기유도현상이 일어나 기전력을 만든다. 이와 같이 인덕터의 기전력을 생성하는 정도를 인덕턴스(Inductance)라고 하며, 기호는 자기적인 결합을 뜻하는 링키지(Linkage)의 머리글자를 따서 L로 표시한다. 인덕턴스의 단위로는 헨리(H, Henry)가 사용된다. 예를 들어, 1H의 인덕턴스를 갖는 인덕터에 1초당 1A의 전류변화가 있는 경우에 1V의 유도전압이 생성된다. 각종 전자제품, 발진회로, 전원회로의 전류저장소자 등에서 전류의 급격한 변화를 막고, 전기 잡음을 걸러내는 필터 등으로 사용된다. 인덕터의 회로 표현 및 실제 모양은 그림 1.3과 같다.

(a)

(b)

▌그림 1.3▐ 인덕터 (a) 인덕터 심볼 (b) 인덕터 소자

2.4 TTL IC

논리게이트를 내장한 IC(Integrated Circuit)는 여러 종류가 있지만, 그중에서도 TTL(Transistor-Transistor logic) 시리즈는 널리 사용되고 있으며 종류도 다양하다. TTL은 그 이름이 의미하듯이 여러 개의 트랜지스터[1]에 의해 논리게이트를 구성하고 있다. 그림 1.4(a)는 TTL IC 중 7432 IC 칩 내부의 OR 게이트의 회로구성을 도식한 것으로 한 칩에 4개의 OR 게이트가 내장되어 있는 것을 확인할 수 있다. 그림 1.4(b)는 OR 게이트의 입력값 변화에 따른 출력을 값을 나타내는 진리표를 나타낸 그림이다.

---

1) 트랜지스터는 증폭기로 전자회로 과목에서 소개됨.

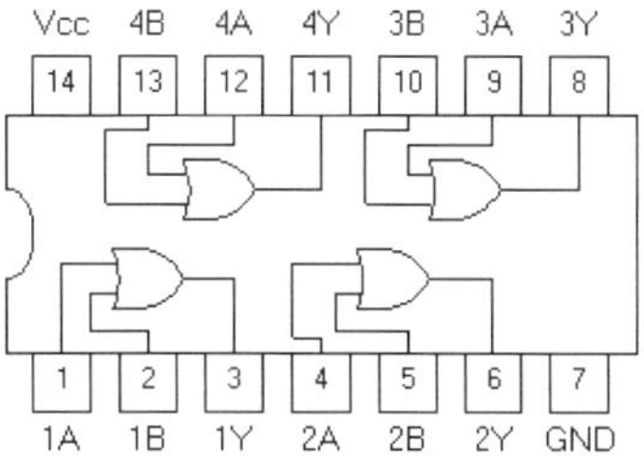

(a)

입 력		출 력
A	B	Y
0	0	0
0	1	1
1	0	1
1	1	1

(b)

▌그림 1.4▐ (a) TTL 7432 회로구성 (b) 진리표

TTL IC 칩에는 4개의 2-input OR 게이트가 존재하며 그림 1.4(a)에서 보는 바와 같이 1번 핀과 2번 핀이 입력이 되며 두 개 입력에 대하여 3번 핀에서 출력값이 측정된다. 그리고 그림 1.4(b) 진리표의 0과 1은 물리적으로 0V와 5V를 의미한다.

TTL IC 칩 내부의 논리게이트가 동작하기 위해서는 그림 5.4(a)에 있는 7번 핀과 14번 핀에 각각 GND(0V)와 Vcc(5V)가 반드시 인가되어야 한다.

3. 소자 값 읽는 법

3.1 저항

저항의 몸체에는 숫자로 저항 값이 표시되어 있는 경우도 있지만, 1W 이하의 저항은 대부분 색띠로 표시되어 있다. 보통 4가지 또는 5가지 이상의 색띠를 가지고 있으며, 오른쪽 끝쪽의 띠는 정밀도를 나타낸다. 색상에 따른 저항 값은 표 1.1과 같다.

▌표 1.1▐ 색상에 따른 저항 값

색상	숫자	배수	오차
흑색(black)	0	$\times 10^0$	
갈색(brown)	1	$\times 10^1$	
적색(red)	2	$\times 10^2$	
주황(orange)	3	$\times 10^3$	
노랑(yellow)	4	$\times 10^4$	
녹색(green)	5	$\times 10^5$	
파랑(blue)	6	$\times 10^6$	
보라(violet)	7	$\times 10^7$	
회색(gray)	8	$\times 10^8$	
흰색(white)	9	$\times 10^9$	
금색(gold)	–	–	5%(J)
은색(silver)	–	–	10%(K)

띠의 색상이 4가지면 처음 두 개의 띠가 유효숫자이고, 세 번째 띠는 지수(10의 승수)이다. 주로 네 번째 띠는 허용오차를 나타낸다. 띠의 색상이 5가지이면 앞의 세 개의 띠가 유효숫자, 네 번째 띠가 지수(10의 승수), 다섯 번째 띠가 허용오차를 나타낸다. 단위는 저항의 단위인 Ω을 그냥 붙여주면 된다. 예를 들어, 띠의 색깔이 노랑/보라/주황/금색 이라면 $47\times10^3=47K\Omega$이 된다.

3.2 커패시터

커패시터는 몸체에 용량과 정격전압 등을 직접 기재하는 방법 이외의 용량을 표시하는 방법으로 숫자에 의한 표시방법이 가장 많이 사용된다. 숫자에 의한 표시방법에서는 커패시터의 표면에 3자리의 숫자와 하나의 영문자가 표기되어 있는데, 앞의 2개의 숫자가 유효숫자이며 세 번째 숫자가 지수(10의 승수), 그리고 영문자가 커패시터의 허용 용량을 나타낸다.

예를 들어 "102D"라는 값이 적혀 있었다면 "10"은 유효숫자이고, "2"은 지수(10의 승수)이다. 이때 붙이는 단위는 pF(10^{-12}F)이다. 한편 "D"는 허용오차를 나타내며, "D" 외에 각 문자가 의미하는 허용오차는 표 1.2와 같다. 따라서 설명한 내용을 종합하면, "102D"는 10×10^2pF=1,000pF±0.5pF 값, 즉, 995pF~1,005pF의 값을 의미하며 1nF에 해당한다.

❙ 표 1.2 ❙ 커패시터의 허용오차

문자코드	허용오차[pF]	문자코드	허용오차[%]
C	±0.25pF	F	±1%
D	±0.5pF	J	±5%
E	±1.0pF	K	±10%
G	±2.0pF	M	±20%

3.3 인덕터

기본적으로 직접 숫자로 120uH, 12mH 등으로 표시하는 방법이 가장 많이 쓰인다. 숫자가 적혀있지 않은 인덕터의 경우 기본적으로 저항과 마찬가지로 색띠로 읽으며 색띠에 대한 숫자, 오차 등도 동일하므로 표 1.1을 참조하면 된다. 이때 붙이는 단위는 uH(10^{-6}H)이다. 예를 들어 적색/적색/적색으로 표시되었다면 22×10^2uH=2.2mH이 된다. 저주파 트랜스의 경우 임피던스를 표시한 경우도 있다.

3.4 TTL IC 칩 데이터시트

논리게이트는 일반적은 7400 시리즈 부품에 속하며 14 핀을 가지고 있어 외관상으로 어떤 논리게이트를 포함하는지 알 수가 없다. 따라서 위에 하얀색으로 74로 시작하는 문자열을 인쇄하여 구분할 수 있도록 하였다. TTL IC 칩은 내부 회로구성 설계 방식에 따라 Bipolar와 CMOS 방식으로 제작되며 집적도, 전력소모 및 처리속도 등을 7400시리즈 중간에 영문을 넣어 표기한다. 예를 들어 TTL 7432의 경우 74와 32 사이에 영문이 들어가는데 그 의미는 표 1.3과 같다.

▌표 1.3▌ TTL IC 칩 표기 의미

문자	의미	문자	의미
L	Low Power	H	High-Speed
LS	Low-Power Schottky	AS	Advanced Schottky
ALS	Advanced Low-Power Schottky	F	Fast

각 IC 제조사들은 자사의 제품정보인 동작범위, 진리표, 입출력 전압범위, 핀 배열도, 내부 논리게이트 등에 대한 데이터시트로 제공하는데 실험하기 전에 자신이 선택한 TTL IC 칩에 대한 데이터시트(www.alldatasheet.com 또는 IC 제조업체사이트)는 실험 전에 준비하여야 한다.

4. 실험실 부품 현황

실험실에는 1W 부터 많은 종류의 저항을 가지고 있지만 예비보고서에 설계와 실험 과정에서 표 1.4에서 560W 이상의 저항 값 사용을 권고한다. 같은 맥락으로 표 1.5와 표 1.6은 가장 많이 사용하게 될 커패시터와 인덕터의 값을 보여주고 있다. 아날로그 실험을 진행하면서 세밀한 설계 및 프로젝트를 수행하면서 실험실 부품박스에 비치되어 소자 중 원하는 값의 저항, 커패시터 및 인덕터를 사용한다. 디지털 실험을 위해서 TTL IC 칩은 원하는 논리게이트에 따라 칩을 선택하여야 하며 대표적인 논리게이트의 TTL IC 칩은 표 1.7과 같으며 여기에는 타이머 또는 수동진동자(Crystal 또는 Oscillator) 소자를 포함하고 있다.

▌표 1.4▌ 실험에서 사용할 저항 값

저항값	저항값	저항값	저항값
1Ω	560Ω	18kΩ	10Ω(10W)
3Ω	680Ω	22kΩ	20Ω(10W)
6.2Ω	1kΩ	24kΩ	20Ω(30W)
7.5Ω	1.2kΩ	28kΩ	500Ω(5W)
8Ω	1.5kΩ	36kΩ	
10Ω	1.6kΩ	43kΩ	
12Ω	1.8kΩ	50kΩ	
22Ω	2kΩ	56kΩ	
30Ω	3.6kΩ	82kΩ	
51Ω	3.9kΩ	100kΩ	**가변저항**
62Ω	4.3kΩ	180kΩ	500Ω
68Ω	4.7kΩ	200kΩ	1kΩ
100Ω	5.1kΩ	300kΩ	5kΩ
150Ω	5.6kΩ	390kΩ	10kΩ
200Ω	9.1kΩ	470kΩ	100kΩ
300Ω	10kΩ	680kΩ	200kΩ

* 저항 값이 적은 저항 부분에 회색 배경을 한 이유는 아날로그 실험 때 가능한 사용하지 않도록 하기 위함이다. 왜냐하면 아날로그 실험 때 저항 값이 너무 작으면 과전류가 흘러서 소자의 발열이 높으며 정확한 값을 측정하기 어려울 수 있기 때문이다. 그러나 디지털 TTL 회로에서는 저항 값이 적은 저항을 사용하여도 좋다.

❙ 표 1.5 ❙ 실험에서 사용할 커패시터 값

세라믹 커패시터					전해 커패시터	
0.001uF	0.0022uF	0.47uF	0.055uF	0.68uF	1000uF	330uF
100nF	330pF	4.7uF	0.65uF	68uF	180uF	47uF
220pF	330uF	47uF	0.65uF	6800uF	220uF	470uF
22uF	470pF	4700uF	0.0065uF	560pF	2200uF	가변커패시터
220uF	4.7nF	4000pF	68nF	2200pF	0.0033uF	

❙ 표 1.6 ❙ 실험에서 사용할 인덕터 값

링코일 인덕터	초크 인덕터			Lead 인덕터	
200uH	1uH	33mH	82mH	0.22uH	2.2uH
2mH	1000uH	39mH		0.27uH	4.7uH
	0.1mH	4.7mH		0.56uH	2mH
	1mH	47mH		0.82uH	18uH
	22mH	68mH		1.5uH	가변인덕터

❙ 표 1.7 ❙ 실험에서 사용할 디지털부품

TTL IC	TTL IC	TTL IC	TTL IC
7400	7474	4002	741
7402	7476	4069	
7404	7483	4071	
7405	7485	4075	
7408	7486	4081	
7410	7490	4148	
7411	74151		
7420	74155		
7421	74121	기타 부품	
7432	74139	OP AMP	uA741
7442	74147	타이머	NE555
7447	74148	수동진동자	
7473			

5. 실험 방법

5.1 *R*, *L*, *C* 값 읽고 측정

다양한 *R*, *L*, *C*의 값을 읽고 RLC Meter로 측정하여 두 값을 비교한다.

5.2 TTL IC 칩 파악

3개 이상의 TTL IC 칩을 선택하고 해당 칩의 데이터시트를 준비하여 칩 내의 논리게이트 동작을 확인한다.

Chapter 02

DC 회로와 DC 전압, 전류 측정

1. 실험 목표

- R, L, C 값을 측정할 수 있는 RLC Meter의 장치를 다룰 수 있다.
- R, L, C 및 TTL IC 칩의 회로 구성을 위한 Bread Board의 배열 구성을 이해하고 그림으로 주어진 회로를 Bread Board에 자유롭게 구성할 수 있다.
- 전원공급기를 이용하여 회로에 원하는 DC 전원을 인가할 수 있다.
- 디지털멀티미터를 이용하여 각 소자에 인가된 DC 전압과 여기에 흐르는 전류를 측정할 수 있다.
- Oscilloscope를 이용하여 각 소자에 인가된 DC 전압을 측정할 수 있다.

2. 관련 이론

2.1 회로구성

1) Bread Board 사용

우리가 어떤 일을 하기 위해서는 회로를 구성하여야 한다. 회로이론 및 디지털공학에서 종이에 그려져 있는 회로를 수학적으로 풀어서 전압과 전류 값을 계산할 수 있다. 또한 PSpice 시뮬레이션 툴을 이용하여 각 소자에 인가되는 전압 또는 각 소자에 흐르는 전류 값을 얻을 수 있다. 본 교재에서는 이러한 이론 또는 시뮬레이션을 직접 R, L, C 소자 및 TTL IC 칩을 이용하여 회로를 구성하는 것이다.

Bread Board는 기판에 납땜하기 전에 미리 회로를 구성하여 테스트할 수 있도록 특정 패턴으로 연결되어 있는 기판으로, 그 외형 및 회로구성은 그림 2.1과 같다. 즉, 특정 패턴으로 연결된 홈에 따라 원하는 소자들을 끼워 넣음으로써 원하는 회로를 간단히 구성할 수 있다.

Bread Board를 얼핏보면 자유롭게 연결 홈이 구성되어 있는 것같지만 구성 방법에 따라 크게 VCC와 GND를 꽂는 부분, R, L, C 소자, TTL IC 칩을 꽂는 부분으로 나눌 수 있다. 그림 상에 검은 테두리로 표시한 부분은 테두리 안의 핀끼리 서로 연결 또는 단락되어 있다는 것을 나타낸 것이다. 반면 저항이나 IC와 같은 소자를 꽂는 부분은 그림과 같이 가로로 5핀씩만 단락되어 있는 것이 특징이다.

회로로 구성할 때 일반적으로 빨간색 점프선은 VCC, 검정색이나 파랑색 점프선은 GND로 하여 구성하고, 소자 간의 연결은 혼동을 방지하기 위해 이외의 다른 색 점프선으로 연결한다. 그림 2.2(a)는 이러한 설명을 바탕으로 하여 Bread Board에 회로를 구성한 예를 보여주고 있다. 또한 그림 2.2(b)는 TTL IC 칩을 이용한 디지털 회로의 Bread Board 구성의 예이다.

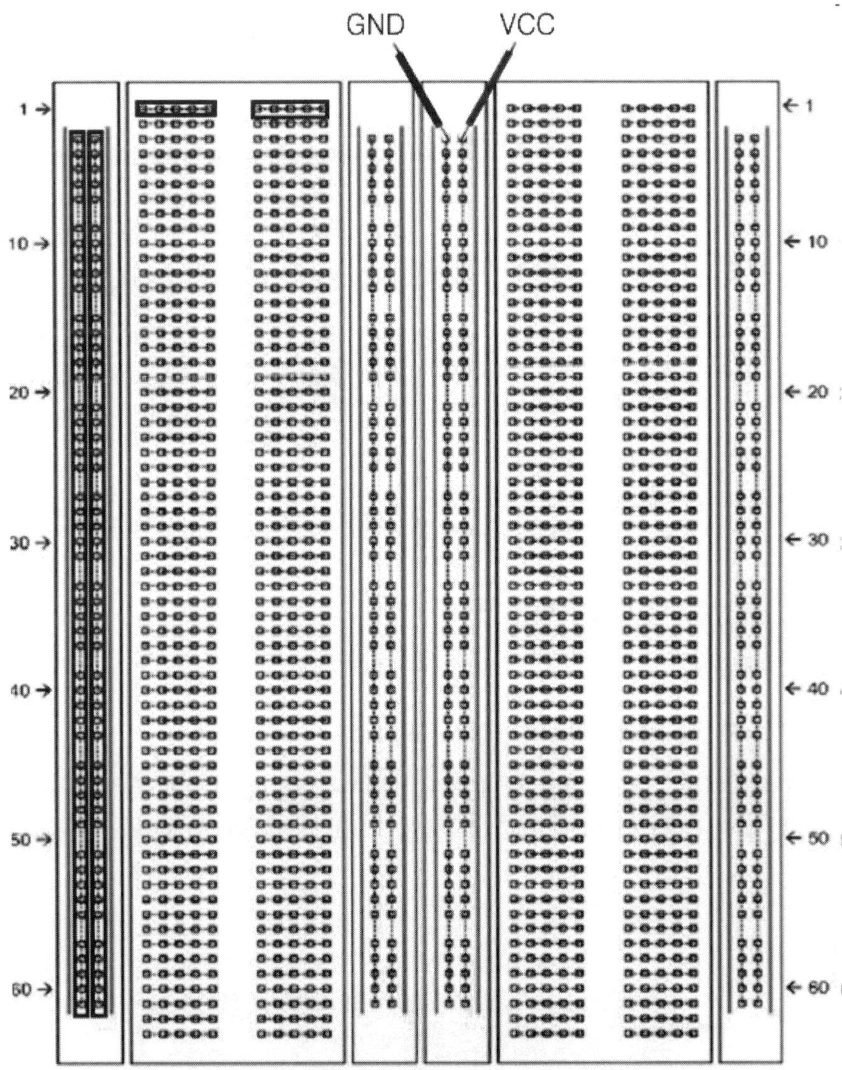

▌그림 2.1▐ Bread Board 구성

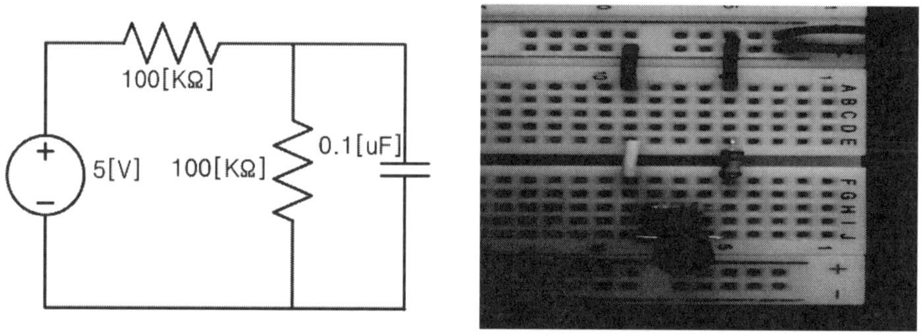

(a)

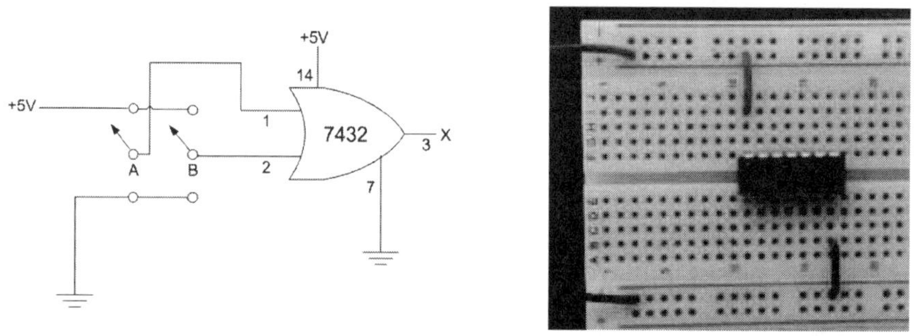

(b)

| 그림 2.2 | Bread Board 회로 구성 (a) 아날로그 (b) 디지털

2) *R* 값 측정 : 디지털멀티미터

2.3절의 디지털멀티미터 참고

3) *RLC* 소자 값 측정 장비 : RLC Meter

RLC Meter는 레지스턴스, 커패시턴스와 인덕턴스의 크기를 측정하는 장비이다. 그림 2.3은 현재 실험실에 구비되어 있는 RLC Meter이다. 표 2.1은 RLC Meter 전면부 선택단자의 기능을 설명하고 있다.

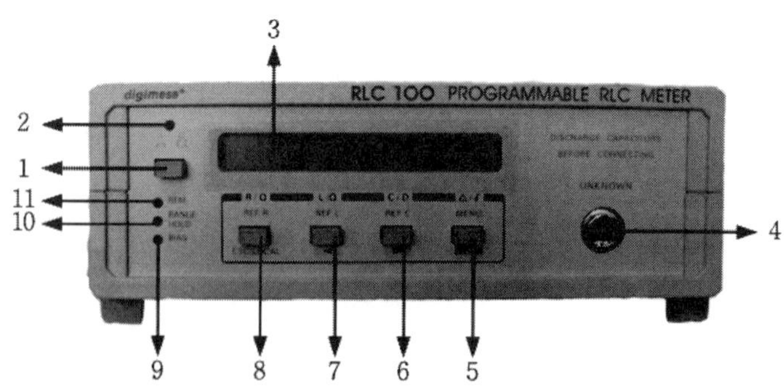

| 그림 2.3 | RLC Meter의 전면부

▌표 2.1▐ RLC Meter 전면부 선택단자의 기능 설명

<table>
<tr><th>번호</th><th colspan="2">기능</th></tr>
<tr><td>1</td><td colspan="2">전원의 ON/OFF 스위치</td></tr>
<tr><td>2</td><td colspan="2">1번의 POWER SWITCH</td></tr>
<tr><td>3</td><td colspan="2">측정값을 볼 수 있는 액정 표시기</td></tr>
<tr><td>4</td><td colspan="2">저항, 콘덴서, 코일의 측정 입력 단자</td></tr>
<tr><td rowspan="4">5</td><td>△</td><td>기준 값에 대한 측정값을 뺀 나머지 값을 표시함</td></tr>
<tr><td>δ</td><td>기준 값에 대한 현재측정 값을 백분율(%)로 표시함</td></tr>
<tr><td>MENU</td><td>추가 기능을 위한 KEY(3초 이상을 계속 누르면 추가 기능으로 진행)</td></tr>
<tr><td>ENTER</td><td>추가 가능을 선택 하고 확인 하는 KEY</td></tr>
<tr><td rowspan="3">6</td><td>C/D</td><td>콘덴서의 용량 값 및 손실 값을 측정함</td></tr>
<tr><td>REF C</td><td>측정하고자 하는 용량 값의 기준 값을 설정함</td></tr>
<tr><td>→</td><td>추가 기능에서 커서가 오른쪽으로 이동함</td></tr>
<tr><td rowspan="3">7</td><td>L/Q</td><td>코일의 인덕턴스 값 및 Q값을 측정함</td></tr>
<tr><td>REF L</td><td>측정하고자 하는 인덕턴스 값의 기준 값을 설정함(3초 이상 누르면 진행)</td></tr>
<tr><td>←</td><td>추가 기능에서 커서가 왼쪽으로 이동 함</td></tr>
<tr><td rowspan="3">8</td><td>R/Q</td><td>저항 값 및 저항의 컨덕턴스 값을 측정함</td></tr>
<tr><td>REF R</td><td>측정하고자 하는 저항 값의 기준 값을 설정함(3초 이상 누르면 진행)</td></tr>
<tr><td>ESC/
LOCAL</td><td>추가 기능에서 기능 해제,
또는 컴퓨터와 통신을 해제시킴</td></tr>
<tr><td rowspan="2">9</td><td>ON</td><td>내부전압(2V) 사용을 나타냄</td></tr>
<tr><td>OFF</td><td>AUTO 상태를 나타냄</td></tr>
<tr><td rowspan="2">10</td><td>ON</td><td>측정시 측정하는 범위를 고정 시킴</td></tr>
<tr><td>OFF</td><td>측정되는 값에 따라 측정범위가 변함</td></tr>
<tr><td>11</td><td colspan="2">“RS-232C”를 통하여 컴퓨터와 연결되어 있음을 나타냄</td></tr>
</table>

2.2 전원 공급 장비 : ED-330

전원공급기(Power Supply)는 직류 또는 교류의 전원을 공급하는 장비이다. 그림 2.4는 현재 우리 실험실에 구비되어 있는 전원공급기이다. 입력 전압은 AC 110V/220V 60Hz이며 출력 DC전압은 0~30V 또는 0~60V까지 연속 가변이 되는 2개의 출력과 TTL IC회로의 전원으로 사용할 수 있는 고정전압 5V(최대전류 2A)의 출력을 갖고 있다. 출력 전류는 0-3A까지 전류 한계의 연속 가변이 가능한 정전류(Constant Current) 방식으로 되어 있다. 표 2.2는 그림 2.4 장비 전면부 선택단자의 해당 기능을 설명하고 있다.

전원공급기가 충분한 전류를 공급할 수 있도록 전류값(그림 2.4의 7번 단자)을 높여주어야 한다. 만약 이 값을 0으로 두면 회로에 전류가 공급되지 않아 회로가 동작하지 않게 된다.

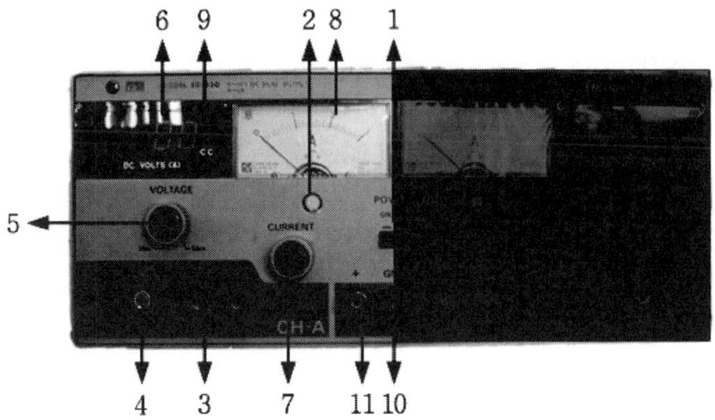

▌그림 2.4▐ 전원공급기의 전면부

▌표 2.2▐ 전원공급기 전면부 선택단자의 기능 설명

번호	기능
1	전원스위치
2	출력 전류계 영점 조절 단자
3	Power DC출력 단자
4	Power DVM의 Internal/External 선택스위치
5	Power 전압가변조절기
6	Power Digital Volt-Meter
7	Current Limit 조절 단자
8	출력 전류계
9	Power Constant Current 동작표시 LED
10	GND 단자
11	고정전압 5V, 2A 출력 단자

2.3 전압 및 전류 측정 장치

1) 디지털멀티미터 - DM441B

디지털멀티미터는 전압, 전류, 저항 등을 측정할 때 필요한 실험 장비로써 DC회로실험에서는 전원공급기와 함께 가장 많이 사용된다. 그림 2.5는 현재 우리 실험실에 구비된 디지털멀티미터 외형이며, 표 2.3은 그림 2.5 장비 전면부 선택단자의 해당 기능을 설명하고 있다. 디지털멀티미터는 전압, 전류, 저항 측정에 따라 멀티미터 프로브를 연결하는 단자가 다음과 같이 다르다.

- 전압, 저항의 값과 단선 상태 측정 시 : '가'와 '나' 단자사용
- 값이 큰 전류를 측정 시 : '가'와 '다' 단자사용
- 값이 작은 전류를 측정 시 : '가'와 '라' 단자사용

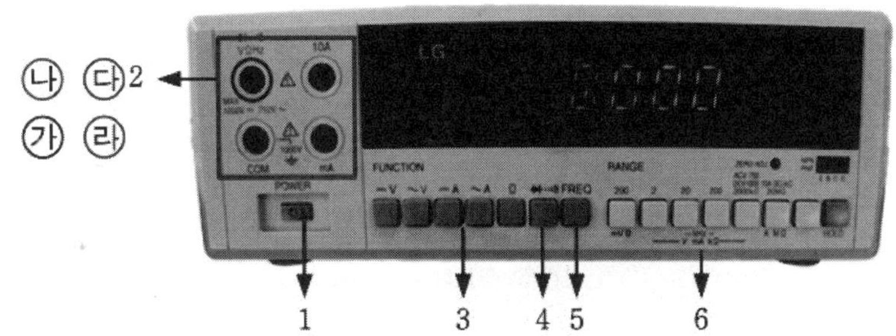

▌그림 2.5▐ 디지털멀티미터의 전면부

▌표 2.3▐ 디지털멀티미터 전면부 선택단자의 기능 설명

번호	기능		번호	기능
1	전원 스위치		3	전압, 전류, 저항 측정 버튼 (각각 직류와 교류)
2	가	GND	4	다이오드, 단선 측정 버튼
	나	전압, 저항, 단선 측정시 이용	5	주피수
	다	A 단위로 전류 측정 시 이용	6	단위 변경
	라	mA 단위로 전류 측정시 이용		

디지털멀티미터는 Hand-Held 형태로 간단히 휴대가 간편한 형태가 있으며 사용방법은 유사하다.

디지털멀티미터를 이용하여 소자에 인가된 전압을 측정할 때에는 측정하고자 하는 소자와 병렬로 디지털멀티미터를 연결하여야 하고 이 소자에 흐르는 전류를 측정하고자 할 때에는 측정하고자 하는 소자와 직렬로 연결하여야 한다.

2) Oscilloscope – Protek 6910C

** 필요에 따라 Oscilloscope를 이용한 DC 전압측정은 생략해도 좋음.*

Oscilloscope 장비는 DC 전압 측정 보다는 AC 전압을 측정하기 위하여 개발된 방비로 아날로그 전압을 주파수, 진폭 등의 변화를 그려주는 기능을 수행하다. 여기서 주파수 값을 제외한 진폭만을 측정하는 경우 DC 전압을 측정하는데 사용할 수 있다. Oscilloscope로는 DC 전류를 측정할 수는 없다. AC 전압 측정은 다음 장에서 설명할 것이다. 그림 2.6은 우리 실험실에 구비된 Oscilloscope의 외형이며, 표 2.4는 Oscilloscope 전면부 선택단자의 기능을 설명하고 있다.

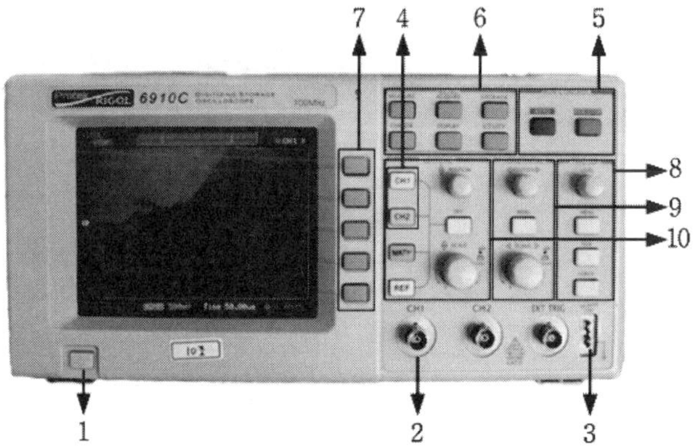

| 그림 2.6 | Oscilloscope의 전면부

| 표 2.4 | Oscilloscope 전면부 선택단자의 기능 설명

번 호	기 능	번 호	기 능
1	전원 스위치	6	메뉴 버튼
2	CH1	7	소프트키
3	Probe comp 단자	8	트리거 제어
4	CH 선택 버튼	9	수평 제어
5	실행 제어	10	수직 제어

2.4 Trouble Shooting

주어진 회로 또는 자신이 설계한 회로가 계산 또는 시뮬레이션에서 예측했던 전압 값 또는 전류 값이 실험 과정에서 한번에 측정되기를 희망할 것이다. 그러나 회로를 구성한 후 수학적으로 계산한 값을 처음 측정되는 행운은 그리 많지 않을 것이다. 이러한 문제를 해결하기 위한 Trouble Shooting으로 다음과 같은 사항을 의심해 봐야 한다.

1) 회로의 Trouble Shooting

- 소자의 적절성 : R, L, C값이 소자 표기된 값과 동일여부, TTL IC 칩이 데이터시트에 표기된 바와 같이 동작 여부 등을 각 소자 및 칩에 대하여 검증
- Bread Board의 연결 적절성 : 각 소켓이 연결선이 단락(Open) 또는 연결(Short) 여부. 만약 만능기판에 납땜을 하였다면 납땜 선 사이의 단락과 연결 여부

2) 장비 동작 점검을 통한 Trouble Shooting

- 전원공급기의 전원공급 여부 : Bread Board에 적절한 전원 인가 여부
- 디지털멀티미터 동작의 적절성 : 디지털멀티미터의 전압 및 전원 측정 단자 선택의 적절성, 단위 선택의 적절성 등
- Probe 단자 고장 여부 : 측정 장치의 Probe 고장 여부

• 고장 부분 찾기

회로 구성할 때 부분 모듈 단위로 구성하고 동작을 확인한 후 각 모듈을 연결하는 형태로 실험 절차를 진행하는 것이 바람직하다. 마찬가지로 고장을 찾기 위해서는 부분, 부분에 대한 진단을 진행하는 것이 바람직하다. 예를 들어 장비 고장 여부 확인하고, Probe 확인하고 Bread Board의 주요 연결 홈을 확인하고 구성된 회로를 부분적으로 확인하는 것이 바람직하다.

3. 실험기기 및 부품

- 실험장비 : 전원공급기, 디지털멀티미터, Oscilloscope, RLC Meter
- Bread Board, 장비 Probe
- 소자 : 저항, TTL 7432

4. 실험 방법

4.1 디지털멀티미터와 RLC Meter를 이용한 저항 값 측정

- 임의의 4개 저항을 선택하여 저항 표면의 띠색으로 표현된 값을 읽은 후 이 값이 디지털멀티미터로 측정한 값과 동일함을 확인한다. 띠색으로 읽은 값과 디지털멀티미터로 측정한 값을 표 2.5와 같이 기술한다.
- 이 값이 RLC Meter로 측정한 값과 같음을 확인한다.

▌표 2.5▐ 저항 띠색 읽기와 측정

		R_1	R_2	R_3	R_4
저항 띠의 색깔	첫번째				
	두번째				
	세번째				
	네번째				
	다섯번째				
띠색에 의한 값		W	W	W	W
디지털멀티미터 측정값		W	W	W	W
RLC Meter 측정값		W	W	W	W

4.2 Bread Board 회로 구성과 전원공급기 동작 확인

- 전원공급기는 5V를 사용하고 서로 다른 값의 저항 4개를 이용하여 직병렬 회로를 도식하고 도식한 회로의 전원공급기와 저항을 Bread Board에 연결한다.
- 전원공급기의 전원을 디지털멀티미터에 직접 연결한 후 전압 값을 가변하면서 전원공급기의 정전압이 정확하게 공급되는지 확인한다. 디지털멀티미터에 측정된 값을 표 2.6의 측정값 부분에 기입한다.

• 전원공급기의 전원을 Oscilloscope에 직접 연결한 후 전압 값을 가변하면서 전원공급기의 정전압이 정확하게 공급되는지 확인한다. Oscilloscope에 측정된 값을 표 2.6의 측정값 부분에 기입한다.

❙표 2.6❙ 전원공급기 전압 측정

전원 공급기	측 정 값	
	디지털멀티미터	Oscilloscope
3V	V	V
5V	V	V
12V	V	V
20V	V	V

4.3 소자에 인가되는 전압 및 흐르는 전류 측정

1) DC 아날로그 회로 : 주어진 회로 구성

• 그림 2.7(a)와 같은 회로에 대한 각 저항 양단에 걸리는 전압과 저항에 흐르는 전류 값을 계산하면 그림 2.7(b)와 같다.

• Bread Board에 그림 2.7(a)와 같은 회로를 구성하고 전원공급기를 통하여 전압을 인가한다.

• 디지털멀티미터를 통하여 전압 측정은 측정하는 소자의 양단에 병렬로 Probe를 연결한다. 디지털멀티미터를 통하여 전류 측정은 측정하기 원하는 위치를 단락시키고 그 사이에 Probe를 연결하게 된다.

• 디지털멀티미터를 통하여 측정된 전압과 전류 값이 이론적으로 계산한 값과 동일함을 확인한다.

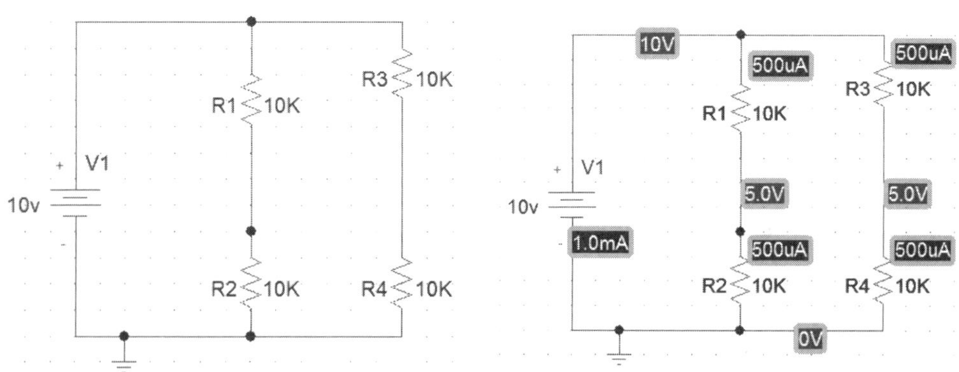

(a) (b)

❙그림 2.7❙ 회로 구성 (a) 전원공급기 및 회로소자 값 (b) 전압, 전류 값

2) DC 아날로그 회로 : 임의로 설계한 회로

- 소절 4.2에서 전원공급기와 서로 다른 값의 4개의 저항을 이용하여 구성한 회로의 각 소자에 인가되는 전압과 각 소자에 흐르는 전류 값을 계산하여 표 2.7 계산값 부분을 작성한다.
- 디지털멀티미터를 이용하여 각 소자에 인가되는 전압과 각 소자에 흐르는 전류 값을 측정하여 표 2.7의 측정값 부분을 작성한다.

▌표 2.7▐ 각 소자에 인가된 전압 값과 흐르는 전류 값

전원 값		R1		R2		R3		R4	
		계산값	측정값	계산값	측정값	계산값	측정값	계산값	측정값
전압 값	5V	V	V	V	V	V	V	V	V
	10V	V	V	V	V	V	V	V	V
	15V	V	V	V	V	V	V	V	V
전류 값	5V	A	A	A	A	A	A	A	A
	10V	A	A	A	A	A	A	A	A
	15V	A	A	A	A	A	A	A	A

3) 디지털 회로

- TTL 7432 IC 칩 데이터시트에 따라 논리게이트의 입출력 핀과 전원 5V와 접지 핀을 파악한 후 논리게이트가 동작할 수 있도록 Bread Board에 회로를 구성한다.
- TTL 논리게이트의 입력 핀에 5V(High)와 0V(Low)을 인가하면서 디지털멀티미터로 출력값을 측정하고 표 2.8에 기입한다. 마찬가지로 Oscilloscope를 이용하여 출력값을 측정한다.

▌표 2.8▐ TTL IC 각 핀에서 측정되는 전압 값

진리표		전원 핀 측정값		input A 측정값		input B 측정값		출력 핀의 측정값	
input A	input B	디지털 멀티미터	Oscilloscope	디지털멀티미터	Oscilloscope	디지털멀티미터	Oscilloscope	디지털멀티미터	Oscilloscope
0	0	V	V	V	V	V	V	V	V
0	1	V	V	V	V	V	V	V	V
1	0	V	V	V	V	V	V	V	V
1	1	V	V	V	V	V	V	V	V

※ 주의사항(측정이 정상적으로 되지 않을 경우)

- 회로가 올바르게 설계되었는지 확인한다.
- Bread Board의 이상여부를 확인한다.
- 소자의 불량 여부를 확인한다.
- 계측장비의 이상여부를 확인한다.

Chapter 03 AC 전원과 AC 전압, 전류 측정

1. 실험 목표

- AC 전압과 전류의 특성 그리고 각각 rms 값을 이해할 수 있다.
- Function Generator를 이용하여 회로에 원하는 AC 전원을 인가할 수 있다.
- 디지털멀티미터를 이용하여 각 소자에 인가된 AC 전압의 rms 값과 여기에 흐르는 AC 전류의 rms 값을 측정할 수 있다.
- Oscilloscope를 이용하여 각 소자에 인가된 AC 전압 파형을 측정할 수 있고 AC 전원 및 다른 소자에 인가된 AC 전압의 위상차를 측정할 수 있다.

2. 관련 이론

2.1 AC 파형

AC 전압과 전류는 Sine 또는 Cosine 파형 형태로 진폭, 주기 그리고 위상 등의 값을 이용하여 표현되고 이러한 세 가지 파라메타를 하나의 형태로 대표할 수 있는데 이 값이 바로 rms(Root Mean Square) 이다. 전압과 전류의 rms 값은 해당 Sine 파 형태 AC 진폭 값의 $2^{-1/2}$ 값에 해당한다.

2.2 Function Generator – FG100

Function Generator는 주기를 가지는 특정한 신호를 생성할 수 있는 장비로써 신호의 Peak-to-Peak 값과 Offset값을 설정 가능하며 주기와 파형의 모양 역시 설정 가능하다. 일반적으로 파형 모양은 Sine파, Square파, 또는 톱니파 등이 있으며 진폭은 0V~20V 정도까지 발생한다. 그림 3.1은 Function Generator의 전면부이며, 표 3.1은 그림 3.1의 각 선택 단자에 해당하는 기능을 설명한다.

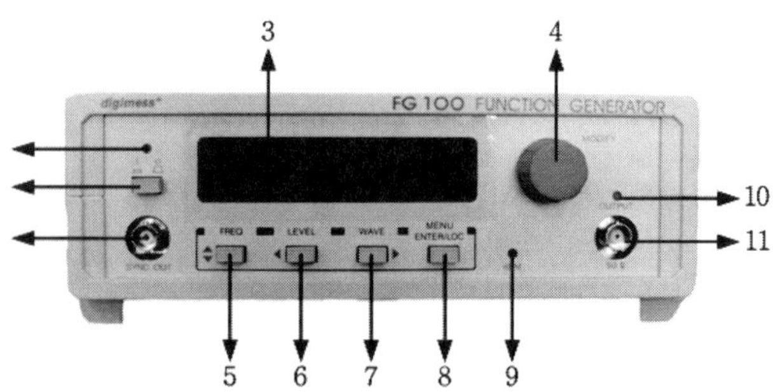

❙그림 3.1❙ Function Generator의 외형

▌표 3.1▐ Function Generator 전면부 선택단자의 기능 설명

번호	기능
1	전원 스위치와 동작여부 LED
2	신호 출력 소켓
3	측정값을 볼 수 있는 액정 표시기
4	저항, 콘덴서, 코일의 측정 입력 단자
5	기준 값에 대한 측정값을 뺀 나머지 값을 표시함 기준 값에 대한 현재측정 값을 백분율(%)로 표시함 추가 기능을 위한 Key(3초 이상을 계속 누르면 추가 기능으로 진행) 추가 가능을 선책 하고 확인하는 Key
6	콘덴서의 용량 값 및 손실 값을 측정함 측정하고자 하는 용량 값의 기준 값을 설정함 추가 기능에서 커서가 오른쪽으로 이동함
7	출력파형 변화를 위한 선택 스위치(Wave 기능) LCD 표시기상에 나타난 기능 선택 스위치 커서의 오른쪽 이동을 위한 스위치
8	FG 100의 변수 선택을 위한 스위치(Menu 기능) 새로운 변수 선택에 대한 확인 스위치(Enter 기능) 원격 제어를 바꾸기 위한 스위치(Local 기능)
9	출력의 상태를 나타냄,
10	메인신호가 출력되는 소켓
11	신호가 출력되는 소켓(메인 출력)
12	11번의 메인 출력과 같은 주파수와 연동된 구형파 출력 소켓

2.3 Oscilloscope – Protek 6910C

Oscilloscope는 전압 파형 모양을 시간변화에 따라 보여주는 장비로 전자공학분야 뿐만 아니라 여러 공학 분야에서 많이 이용되는 측정 장비이다. 즉, Oscilloscope는 x축의 시간 변화에 따라 y축에 파형의 진폭이 어떻게 변화하고 있는지를 나타낸다. 그림 3.2는 실험실에 구비된 Oscilloscope의 외형이며, 표 3.2는 Oscilloscope 전면부 선택단자의 기능을 설명하고 있다.

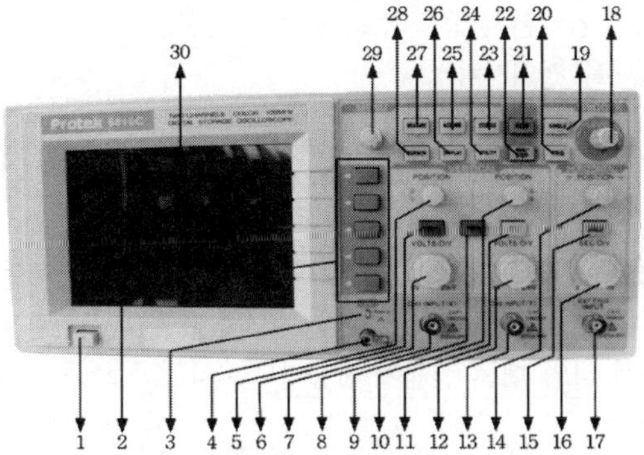

▌그림 3.2▐ Oscilloscope의 전면부

▌표 3.2▐ Oscilloscope 전면부 선택단자의 기능 설명

번호	기능
1	전원 스위치
2	스크린 우측에 디스플레이 되는 메뉴 화면을 위한 소프트 키
3	테스트를 위하여 1*Vpp*, 1KHz의 구형파를 출력함
4	GND
5	채널 1의 디스플레이 포지션을 수직방향으로 조정함
6	채널 1 선택을 위한 키 한번 누르면 입력 커플링, 대역폭 제한, 시컨스 조정, 프로브 위상 전환 등이 나타남. 연속적으로 누르면 채널 1의 파형이 보이거나 사라짐
7	디스플레이 되는 기준전압을 조정함
8	채널 1에 신호를 입력함 X-Y모드 사용 시 X축 신호의 입력으로 사용됨
9	연산 기능키로써, 한번 누르면 연산, 신호소스 A, 신호소스 B, 위상 전환, FFT 등이 표시됨 다시 한번 누르면 계산된 파형이 나오며, 그때 "연산"키를 누르면 연산 기능에서 빠져 나오게 됨 FFT 키를 누르면 관련 있는 FFT파형이 표시되며 다시 한번 누르면 빠져나오게 됨
10	채널 2의 디스플레이 포지션을 수직방향으로 조정함
11	채널 2에서 6번과 동일한 기능을 함
12	채널 2에서 7번과 동일한 기능을 함
13	채널 2에 신호를 입력함 X-Y모드 사용 시 Y축 신호의 입력으로 사용됨
14	수평 디스플레이 위치를 조정함
15	수평시스템에 있는 기능키 한번 누르면 소인 선택, 소인 참조, 소인 모드, X-Y모드, 억제 & 거부 등의 작동키를 활성화 함
16	디스플레이 되는 기준시간을 조정함
17	외부 동기 신호를 입력할 때 사용함
18	트리거 레벨을 조정함
19	트리거 상태를 만족했을 때 화면상에 유지시킴
20	트리거 시스템의 각 기능을 설정함
21	입력되는 신호에 알맞은 설정 변수를 자동으로 설정함
22	디스플레이 상태를 정지시킴
23	Mem, Default Setup, Save, Recall과 같은 메뉴를 활성화 함
24	Self Cal, Self Test, Execute, Language와 같은 메뉴를 활성화 함
25	일반, 첨두치, 평균값에 대한 측정모델을 선택함
26	지연모드, Axis net, 전광 조정, 전광 제거와 명암과 값을 조절함
27	신호 소스, 최대값, 평균, 제곱근, 주파수, 상승값등 측정관련 메뉴를 활성화 함
28	커서 선택, 커서 타입 메뉴 선택이 가능하며 ΔV, ΔT 등의 값을 측정 함
29	디스플레이 명암, 홀드 오프와 방전, 커서위치, 연산 파형 위치 등을 조정함
30	입력되는 신호를 출력함

2.4 디지털멀티미터 – DM441B

디지털멀티미터는 DC 전압과 전류 측정 외에 AC 전압과 전류의 rms 값을 측정할 수 있다. 비록 주기 및 위상 차이를 알 수는 없지만 단순한 전압과 전류의 rms 값을 측정하는데 디지털멀티미터를 사용할 수 있으며 높은 전압과 전류를 측정할 때에는 조심하여야 한다.

디지털멀티미터를 이용하여 소자에 인가된 AC전압 rms 값을 측정할 때에는 측정하고자 하는 소자와 병렬로 디지털멀티미터를 연결하여야 하고 이 소자에 흐르는 AC 전류 rms 값을 측정하고자 할 때에는 측정하고자 하는 소자와 직렬로 연결하여야 한다.

2.5 컴퓨터 소프트웨어와 Kit – Analog Discovery™

Function Generator와 Oscilloscope 기능은 물론 전원공급과 디지털멀티미터 기능을 갖춘 Kit와 소프트웨어가 있어 위 여러 가지 기능들을 컴퓨터에서 제어 및 확인이 가능하다. Digilent Inc.(http://www.digilentinc.com) 는 Digilent Waveforms™ 라는 소프트웨어를 컴퓨터에 설치하고 Analog Discovery TM Kit를 USB로 연결하면 전원공급, 파형발생과 함께 디지털멀티미터, Oscilloscpe와 Logic Analyzer 기능을 수행하는 솔루션을 제공하고 있다.

(a) USB 연결 Kit

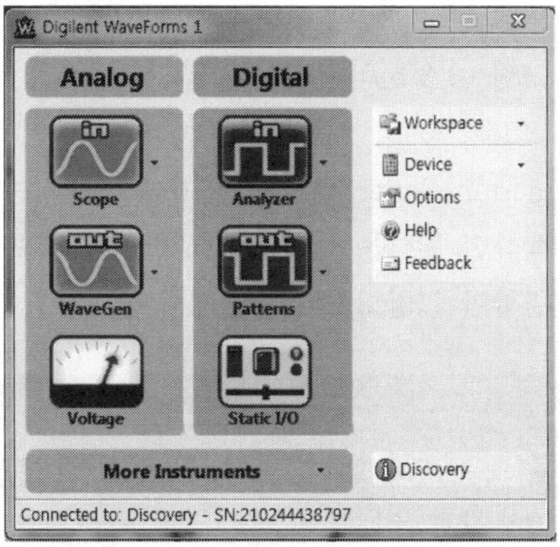

(b) 소프트웨어 실행화면

그림 3.3 컴퓨터연결 Kit와 소프트웨어

그림 3.3(a)의 Analog Discovery™ Kit에는 30개의 컬러선의 핀이 그림 3.4와 같이 구성되어 계측 및 신호발생의 원하는 기능을 동작시키기 위하여 해당 핀을 사용하여야 한다. 예를 들이 5V DC 진원을 사용하고 싶을 때에는 빨간색과 검정색을 각각 +, −로 사용하면 되며 두 개의 Oscilloscope 중 첫 번째 Oscilloscope는 오렌지색과 오렌지색/흰색의 두 개의 핀을 Oscilloscope의 Probe로 사용하면 된다.

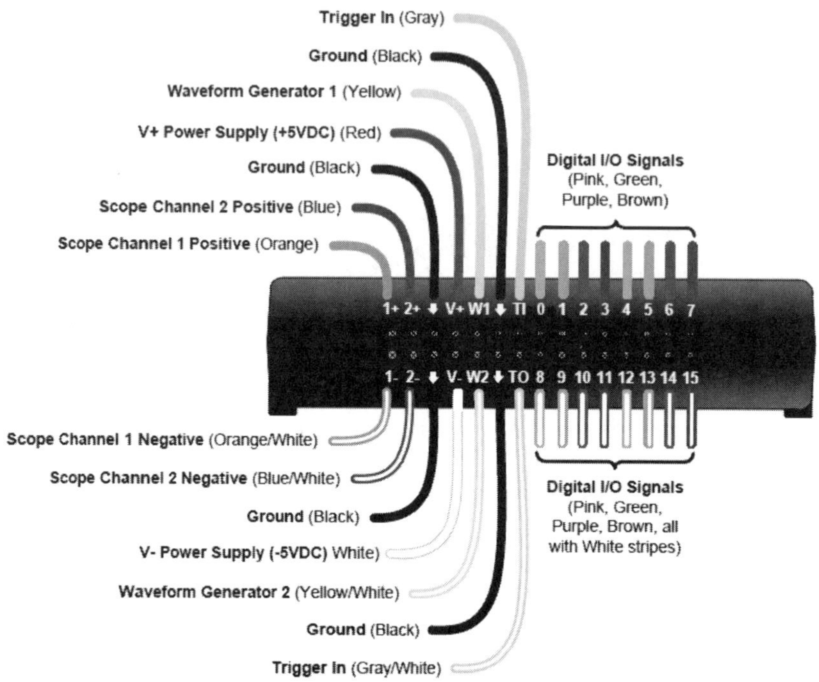

▍그림 3.4▍ Analog Discovery™ Kit의 컬러선 핀 기능

그림 3.3(b)의 왼쪽 중앙의 'Out'과 왼쪽 위의 'In'은 각각 Function Generator와 Oscilloscope의 기능으로 각 버튼을 선택하면 그림 3.5와 3.6과 같은 화면이 나타난다. Function Generator와 Oscilloscope 기능을 컴퓨터 화면에 동시에 띄어놓고 원하는 기능을 선택하면 원하는 파형을 발생하면서 회로의 측정 위치에 Analog Discovery™ Kit의 핀을 연결하여 그림 3.6의 화면에서 출력파형을 측정할 수 있다.

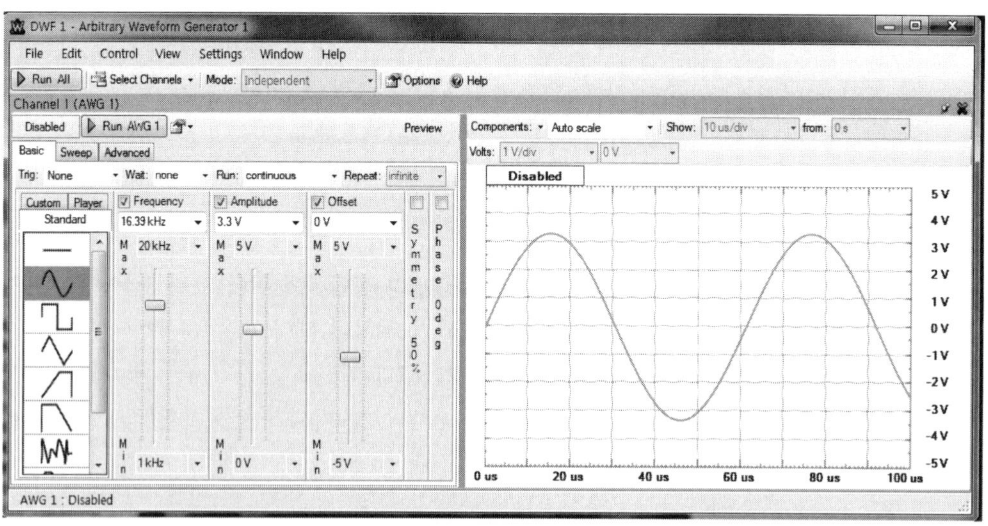

▍그림 3.5▍ Digilent Waveforms™의 Function Generator 기능

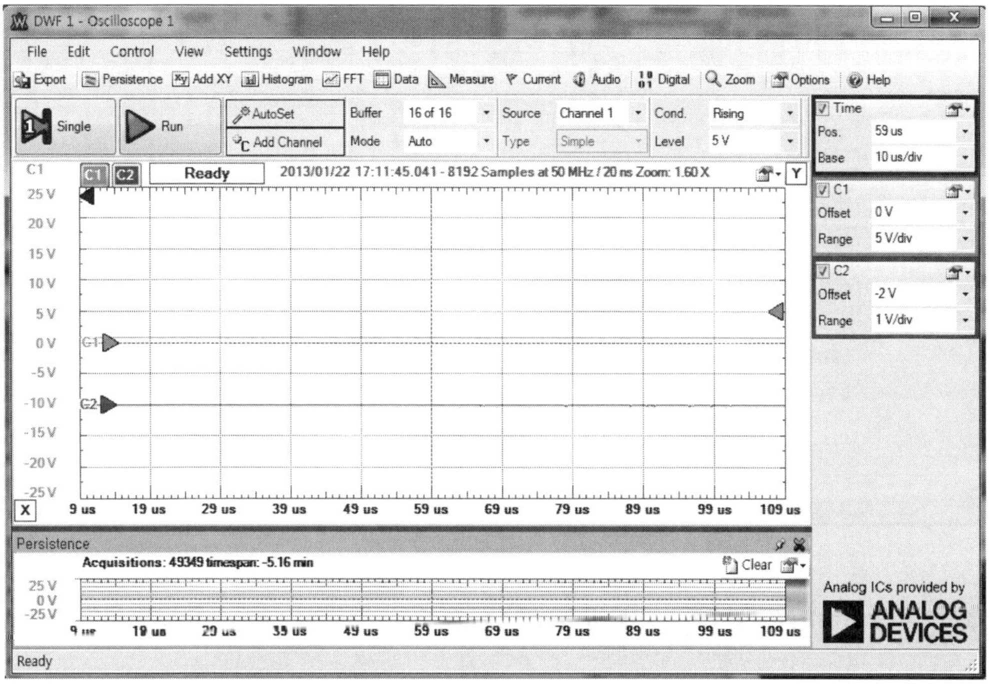

▌그림 3.6▐ Digilent Waveforms™의 Oscilloscope 기능

3. 실험기기 및 부품

- 실험장비 : Function Generator, Oscilloscope, 디지털멀티미터 또는 Analog Discovery Kit와 Waveform Software가 설치된 컴퓨터
- Bread Board, Probe
- 소자 : 저항, 커패시터, 인덕터

4. 실험 방법

4.1 Function Generator와 Oscilloscope 사용

- Oscilloscope 전면부에 있는 Vp = 1V, 1KHz 핀에 Probe를 연결하여 파형을 측정하여 Vp = 1V, 1KHz를 확인한다.
- Function Generator의 파형모양, 진폭 그리고 주기 값 등을 자유롭게 설정하면서 설정한 파형모양, 진폭, 주기 값을 Oscilloscope로 측정한다. 입력파형 Sine파와 Square파에 대하여 진폭과 주기를 변화시키면서 Oscilloscope로 측정되는 값을 표 3.3에 기입한다.

| 표 3.3 | Function Generator 입력값 변화에 따라 Oscilloscope 측정값

진폭 \ 주기		100Hz	50KHz	800KHz	1.7MHz
sine파	0.5V	V Hz	V Hz	V Hz	V Hz
	1V	V Hz	V Hz	V Hz	V Hz
	1.5V	V Hz	V Hz	V Hz	V Hz
square파	0.5V	V Hz	V Hz	V Hz	V Hz
	1V	V Hz	V Hz	V Hz	V Hz
	1.5V	V Hz	V Hz	V Hz	V Hz

4.2 디지털멀티미터를 이용한 rms 값 측정

- 앞의 Function Generator의 파형모양, 진폭 그리고 주기 값 등을 바꾸어 가면서 디지털멀티미터를 이용하여 Vrms 값을 측정하고 측정한 값을 표 3.4에 기입한다.
- 표 4.3과 표 4.4를 비교하면서 Vp과 Vrms 값 관계를 확인한다.

| 표 3.4 | Function Generator 입력값 변화와 Vrms 측정 값

진폭 \ 주기		100Hz	50KHz	800KHz	1.7MHz
Sine파	0.5V	Vrms	Vrms	Vrms	Vrms
	1V	Vrms	Vrms	Vrms	Vrms
	1.5V	Vrms	Vrms	Vrms	Vrms
Square파	0.5V	Vrms	Vrms	Vrms	Vrms
	1V	Vrms	Vrms	Vrms	Vrms
	1.5V	Vrms	Vrms	Vrms	Vrms

4.3 RLC Meter와 디지털멀티미터를 이용한 인던터와 커패시터 측정

- 임의의 4개 인턱터와 커패시터를 각각 선택하여 소자 표면에 표기된 값이 RLC Meter와 디지털멀티미터로 측정한 값이 서로 같아야 한다. 이를 확인하기 위하여 표 3.5와 표 3.6을 각각 작성하고 이들이 서로 동일함을 확인한다.

▌표 3.5▐ 인던터 측정

	인던터1	인던터2	인덕터3	인덕터4
소자 표면에 표시된 값	mH	mH	mH	mH
측정값(디지털멀티미터)	mH	mH	mH	mH
측정값(RLC Meter)	mH	mH	mH	mH

▌표 3.6▐ 커패시터 측정

	커패시터1	커패시터2	커패시터3	커패시터4
소자 표면에 표시된 값	pF	pF	pF	pF
측정값(디지털멀티미터)	pF	pF	pF	pF
측정값(RLC Meter)	pF	pF	pF	pF

Chapter 04 PSpice 사용

1. 실험 목표

- 이론에 의하여 계산한 값에 대한 검증 또는 이론 계산이 불가능한 회로의 모의시행하는 것이 시뮬레이션의 목적임을 이해한다.
- 아날로그 및 디지털 회로 시뮬레이션하는 PSpice를 활용할 수 있다.
- 회로 실험을 하기 전 PSpice를 이용하여 얻은 값이 이론 계산한 값과 일치하는지 확인한다.

2. 관련 이론

2.1 시뮬레이션

시뮬레이션은 실험하기 전 수학적 모델링을 통한 계산 결과가 정확한 지를 확인하거나 이론적 계산이 불가능한 경우 그 결과를 예측하기 위한 모의적으로 수행하는 과정이다. PSpice를 활용하면 이론으로 배운 회로이론과 디지털논리회로에 대한 내용을 실험하기 전에 구성한 회로의 동작여부, 원하는 출력값 획득 여부 등을 확인할 수 있다.

일반적으로 컴퓨터 시뮬레이션으로 이루어지며 학생들은 자신이 설계한 회로의 이론적 해석 결과의 검증을 위하여 주로 사용하게 될 것이다. 본 교재에서는 PSpice를 소개하고 있으며 예비보고서 제출할 때 PSpice 결과를 이론적으로 계산한 값과 함께 제출하여야 한다.

2.2 PSpice 설치

PSpice는 여러 버전이 있으며 본 도서에는 OrCAD Release 9.2를 기초로 설명한다. 비록 새 버전은 아니지만 기본적인 PSpice 동작은 동일하며 메뉴나 Toolbar의 위치가 조금 다를 뿐 동일한 기능을 한다. 즉, PSpice를 수행하기 위해서 시뮬레이션 한경설정, 회로도 작성 과정, 시뮬레이션 수행 그리고 결과 확인과정으로 수행되는 것은 동일하다. 먼저 윈도우즈 환경에서 PSpice 설치가 정상적으로 수행되면 프로그램에 그림 4.1과 같이 'Orcad Family Release 9.2'와 'PSpice Student' 폴더가 생기고 'PSpice Student' 아래 'Schematics'를 선택하여 실행하면 그림 4.2와 같은 화면이 모니터에 출력될 것이다. 여기까지 과정이 성공하면 PSpice를 수행할 준비가 된 것이다.

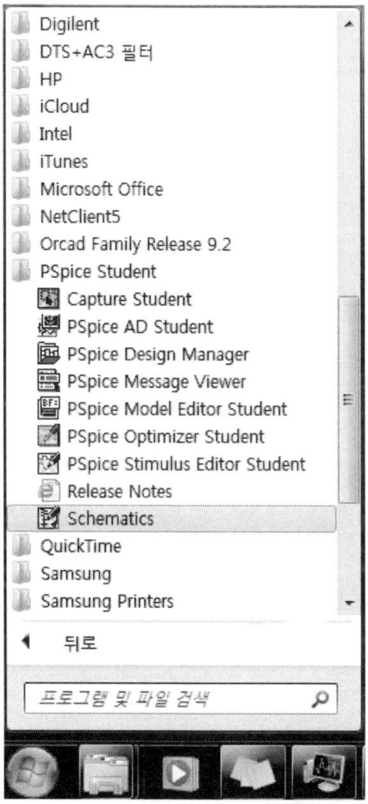

▌그림 4.1▐ PSpce 설치 후 폴더 구성

2.3 DC 회로

1) 회로도 작성

PSpice를 수행하기 위해서 먼저 회로를 그려야 한다. 시뮬레이션을 수행하기 원화는 회로를 그리고 위해서는 그림 4.2의 화면 상단의 Toolbar 중 **Draw-> Get_New_Part**를 그림 4.3과 같이 선택하면 그림 4.4와 같이 원하는 회로소자를 선택할 수 있다.

DC 회로의 경우 DC전원, 저항(R)로만 구성이 가능하지만 시뮬레이션을 위해서 그림 4.4에서 제시된 **GND_EARTH**도 추가적으로 필요하다. 여기서, **GND_EARTH**는 0V를 나타낸다. **Part Name** 메뉴에 VDC, R 등을 선택하면 DC전원과 저항을 선택할 수 있다. 회로를 선택하여 그림 4.2 화면에 배치하고 난 후 **Edit->{Flip, Rotate}**와 **Draw->{Place Part, Wire}** 등을 선택하여 시뮬레이션 수행하기 원하는 회로를 완성한다. 그리고 각 소자의 값을 입력한다. 이러한 과정을 통하여 저항 6개와 DC전원 하나로 그림 4.5와 같은 회로를 구성할 수 있다.

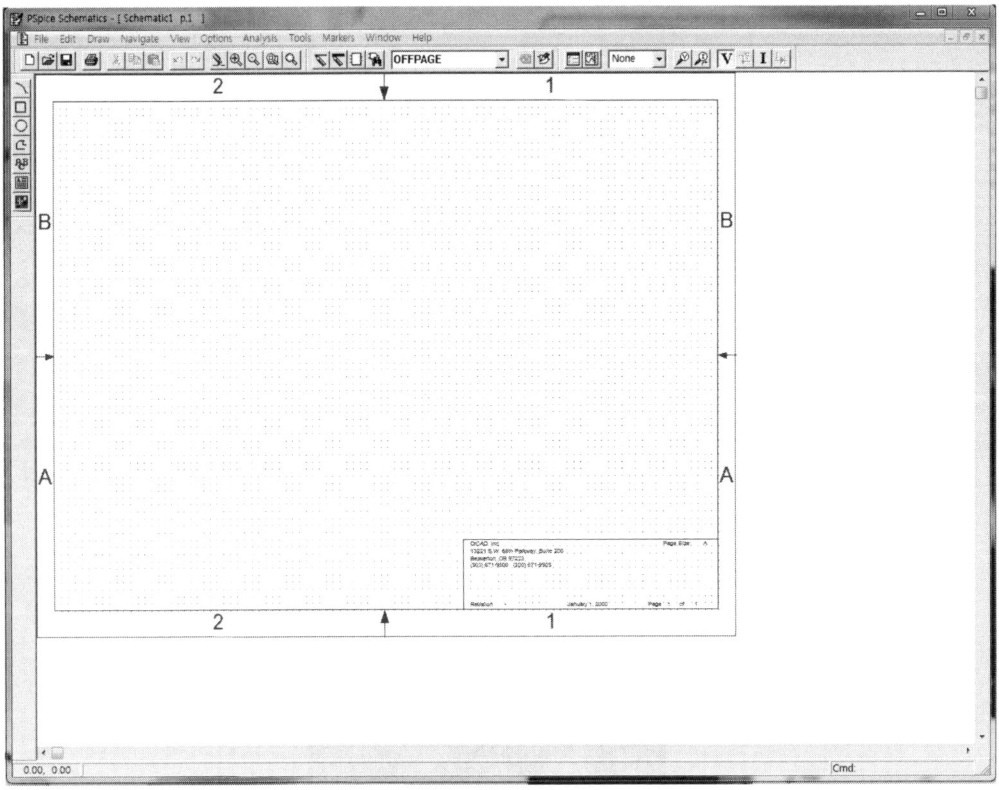

| 그림 4.2 | Schematics 실행결과

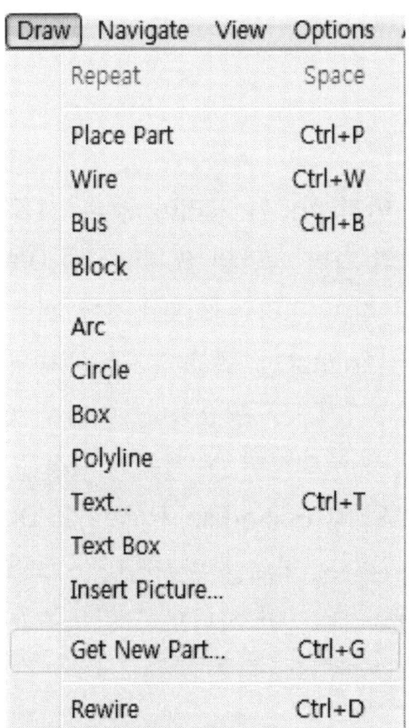

| 그림 4.3 | 회로 Draw 메뉴

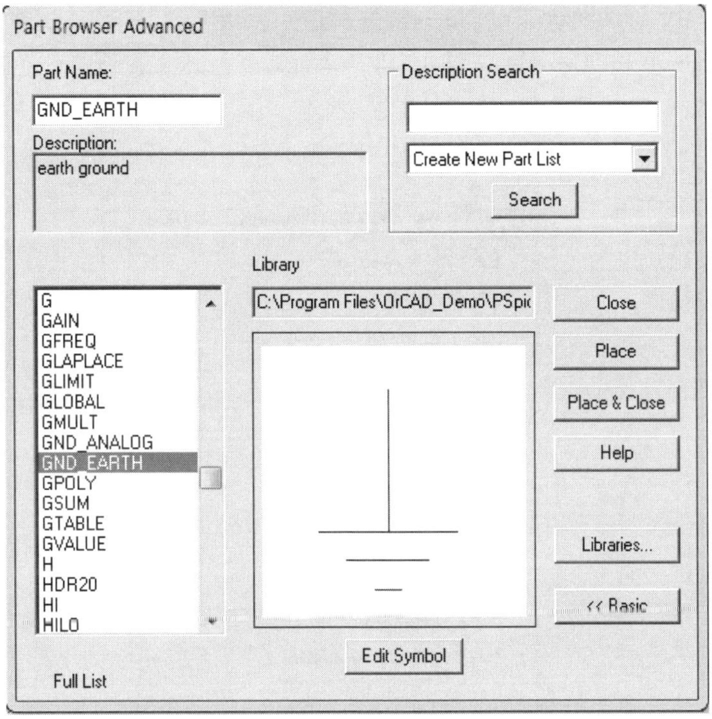

▍그림 4.4▍ 회로소자를 선택할 수 있는 메뉴

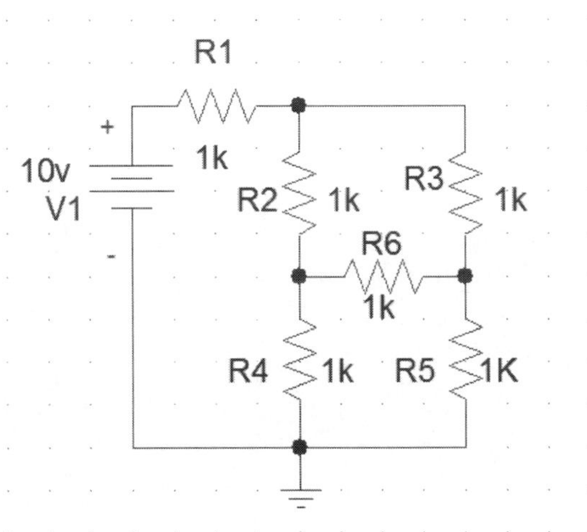

▍그림 4.5▍ DC 회로 구성 예

2) 시뮬레이션 수행

시뮬레이션 수행하기 적합한 회로를 그리고 난 후 시뮬레이션을 수행하게 된다. 상단 Toolbar의 Draw 옆에 위치한 Analysis->Simulate를 그림 4.6과 같이 선택하면 그림 4.7과 같이 새로운 창이 열리게 된다. 시뮬레이션 컴파일 수행과정에 대한 결과는 그림 4.7의 좌측

하단에 출력되며 Simulation Complete라는 문장이 출력된다. 그러나 시뮬레이션 컴파일 과정 중에 Warning이나 Error는 그림 4.7의 좌측하단 또는 새로운 창으로 컴파일 과정 중에 문제를 보여주게 되며 해당 Error 부분을 클릭하면 회로 구성 어느 부분에 문제가 있는지 알 수 있다.

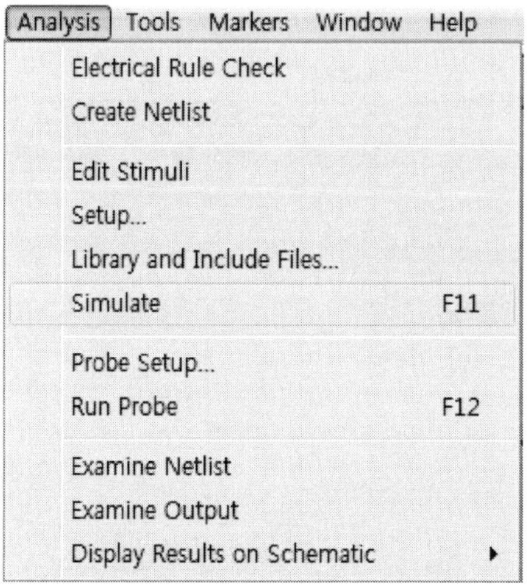

| 그림 4.6 | 시뮬레이션 수행 메뉴

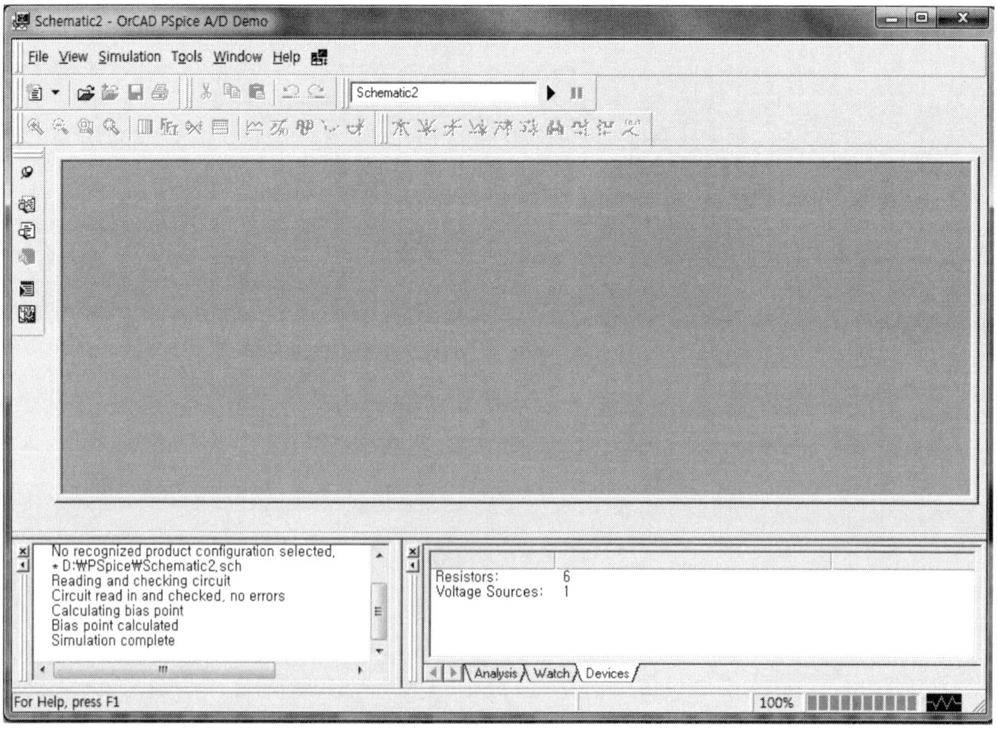

| 그림 4.7 | 시뮬레이션 수행 결과 화면 출력을 위한 창

3) 시뮬레이션 결과확인

시뮬레이션 수행이 정상적으로 수행되면 AC회로나 디지털회로는 그림 4.7의 중앙화면에서 확인할 수 있다. DC회로도 그림 4.7의 중앙화면에서 확인할 수 있지만 DC회로 시뮬레이션 결과확인은 시간변화와 무관한 값으로 굳이 그림 4.7 화면을 확인할 필요가 없다.

DC회로의 경우 각 전압 및 전류의 시뮬레이션 수행결과는 메뉴 상단의 왼쪽에 그림 4.8의 아이콘을 선택하면 그림 4.9와 같이 회로 각 노드와 브랜치에 전압과 전류의 시뮬레이션 수행결과를 알 수 있다.

❙그림 4.8❙ 결과확인을 위한 아이콘

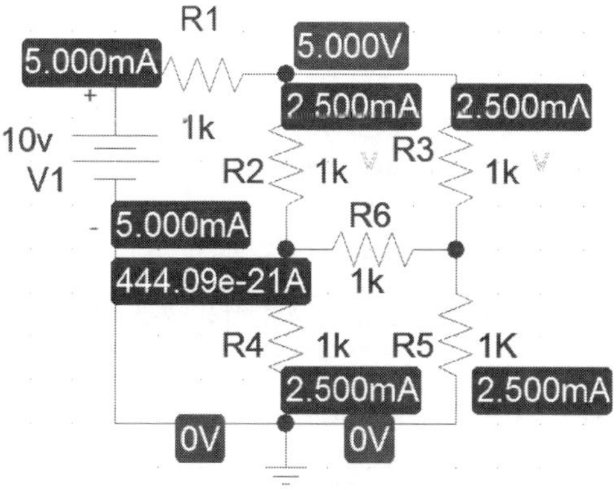

❙그림 4.9❙ DC회로 시뮬레이션 실행결과

2.4 AC 회로

1) 회로도 작성

AC 회로의 시뮬레이션을 수행하기 위해서는 DC 회로 구성과 동일하다. 그림 4.10과 같은 회로를 그리기 위해서는 그림 4.2와 4.3과 같이 회로 소자를 선택하고 회로소자를 서로 연결하여 시뮬레이션을 원하는 회로도를 작성한다. AC 전원으로 Vsin을 선택하고 그림 4.10과 같이 사인파의 진폭, 주파수, 위상 값을 입력한다. 또한 AC GND를 선택하여야 한다. Offset 값은 사인파의 기준 값으로 0V를 입력하였고 진폭은 100V, 주파수는 60Hz, 그리고 위상은 0Hz를 선택하였다.

그리고 측정하고자 하는 위치에 전압 측정 아이콘을 위치한다. 그림 4.10에서 두 군데를 위치하였다. 여기서 측정 위치의 전압은 AC GND를 기준으로 전압 값이다. 첫 번째 측정 위치의 측정 전압은 저항과 커패시터 전체에 걸리는 전압이고 두 번째 위치의 측정 전압은 커패시터에 걸리는 전압을 의미한다. 저항에만 걸리는 전압을 측정하는 방법은 뒤에서 설명한다.

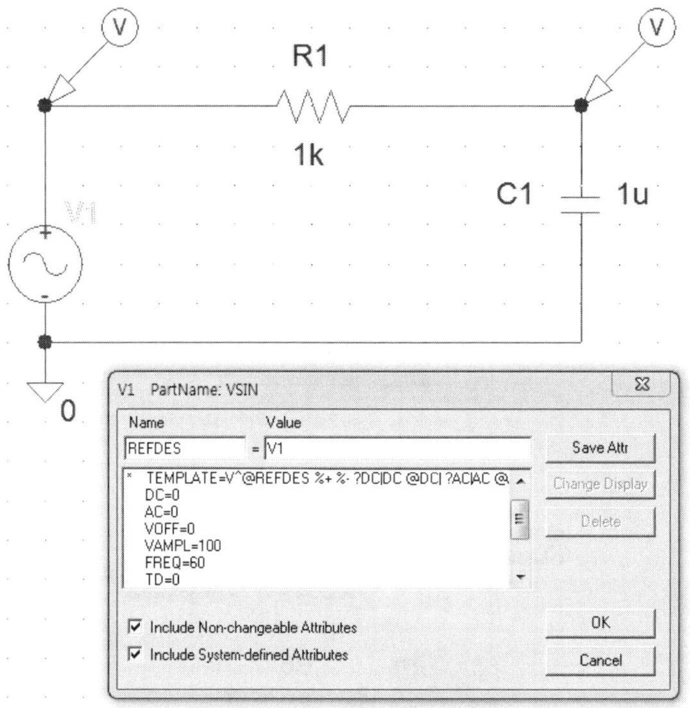

▌그림 4.10▐ AC 회로 구성 예

2) 시뮬레이션 수행

AC 회로의 시뮬레이션을 수행도 DC 회로 시뮬레이션과 동일하다. 시뮬레이션이 정상적으로 수행되면 그림 4.7과 같은 화면을 볼 수 있고 시뮬레이션 컴파일 수행과정에 대한 결과는 그림 4.7의 좌측하단에 출력되면 Error가 없으면 Simulation Complete라는 문장이 출력된다. AC 회로 시뮬레이션 결과는 그림 4.7의 중앙화면에 시간 변화에 따라 변화한 출력값을 보여주게 된다.

시간 변화에 따른 출력값의 변화를 보기 위해서는 Analysis->Setup을 선택하면 그림 4.11과 같이 새로운 메뉴 창이 뜨고 기본적으로 Bias Point Detail 박스에 체크가 되어 있는데 AC 회로 시뮬레이션 결과를 보기 위해서는 Transient 박스를 체크한다. 그러면 그림 4.12와 같이 Transient 서브메뉴가 나오고 여기서 Final Time에 시뮬레이션의 최종시간을 입력하면 그 값이 시간 축의 마지막 값이 된다.

3) 시뮬레이션 결과확인

그림 4.12와 같이 시간변화의 범위를 선택하고 시뮬레이션이 정상적으로 수행되면 그림 4.7의 비어있던 중앙화면에 그림 4.13과 같이 시간변화에 따른 두 개의 출력 파형이 나타난다. 첫 번째는 AC GND를 기준으로 커패시터에 걸리는 전압이고 두 번째 출력은 GND 기준으로 측정 전압으로 커패시터와 저항을 포함하여 측정 예상되는 전압이다.

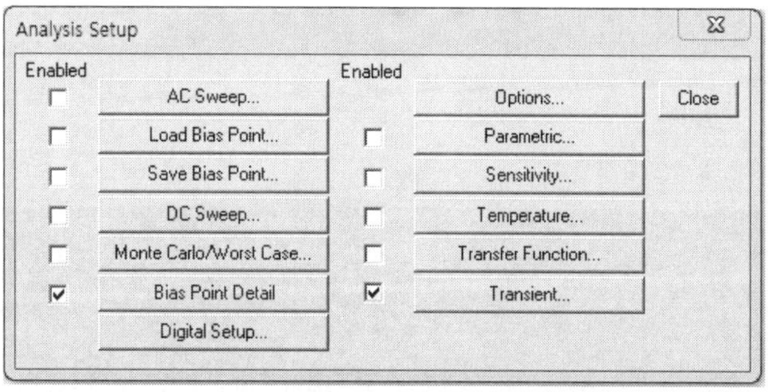

▌그림 4.11▐ AC 회로 시뮬레이션을 위한 환경 설정

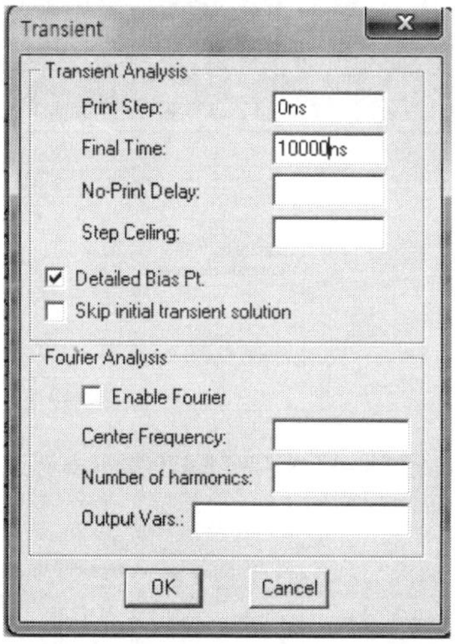

▌그림 4.12▐ AC 회로 시뮬레이션을 위한 **Transient** 값 설정 예

순수한 저항에만 걸리는 전압을 알고 싶다면 출력 창의 상단 Toolbar에서 그림 4.14와 같이 **Trace->Add_Trace**를 선택하면 그림 4.15와 같이 **Modify Trace** 창이 새롭게 나타난다. 왼쪽의 **Simulation Output Variables** 서브메뉴에서 원하는 변수를 선택하고 오른쪽 서브메뉴의 수식을 사용하면 원하는 위치의 전압과 전류를 수식을 적용하여 출력할 수 있다. 원하는 수식은 하단의 **Trace Expression**에 입력하면 되는데 여기서는 저항에만 걸리는 전압을 알고 싶어서 V1(R1)−V2(C1)[2)]을 입력하였다.

새로 추가한 V1(R1)−V2(C1)를 포함한 시뮬레이션 결과는 그림 4.16과 같이 새롭게 나타나며 이 값은 저항에만 걸리는 전압을 의미하며 본 예에서는 커패시터에 걸리는 전압과 위상차가 90°가 있음을 확실히 알 수 있다. 저항과 커패시터에 흐르는 전류를 Trace하면 그림 4.17과 같다. 실험에서 저항과 커패시터에 흐르는 전류를 직접 측정하기는 어렵지만 시뮬레이션에서는 그 값을 확인할 수 있으며 이 그래프를 보면 저항과 커패시터에 흐르는 전류의 위상차가 90°임을 알 수 있다.

---

2) V1(R1)은 본 예에서 저항과 커패시터 모두에 걸리는 전압을 의미함.

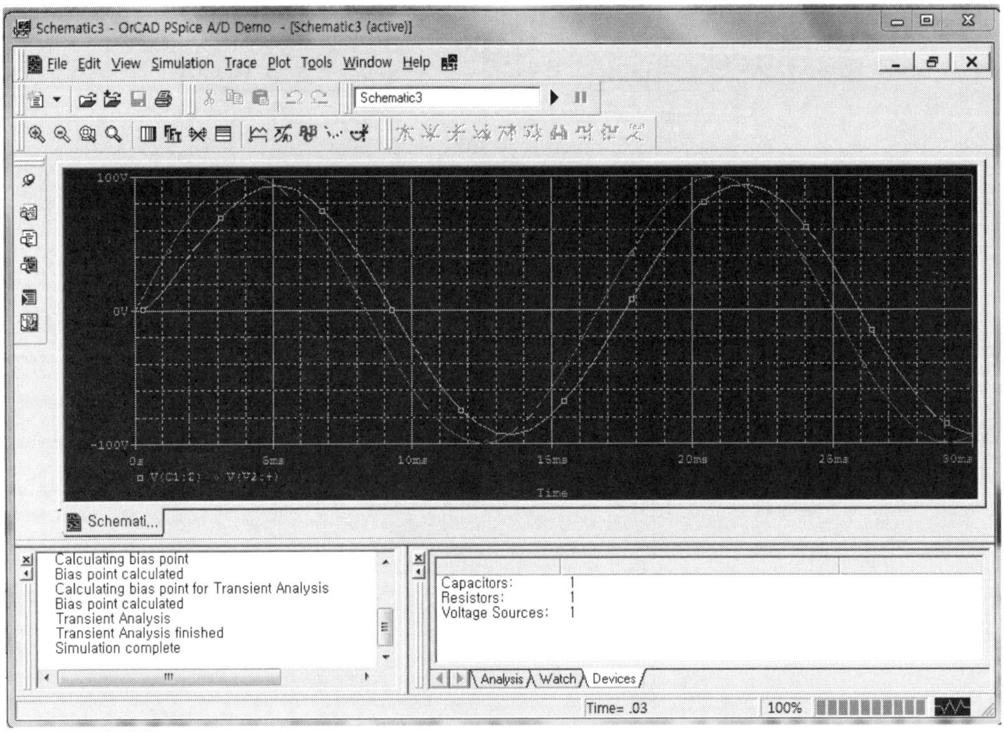

▎그림 4.13 ▎ AC 회로 시뮬레이션 수행결과 출력화면

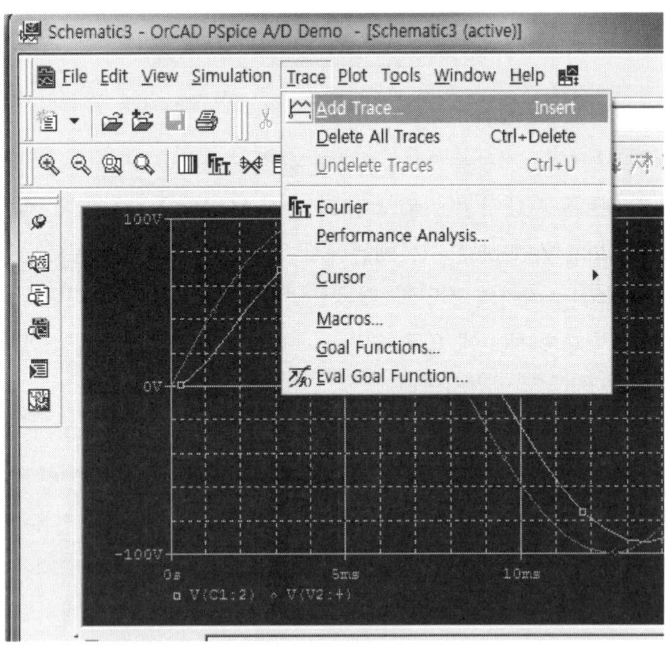

▎그림 4.14 ▎ AC 회로 시뮬레이션 결과 선택메뉴

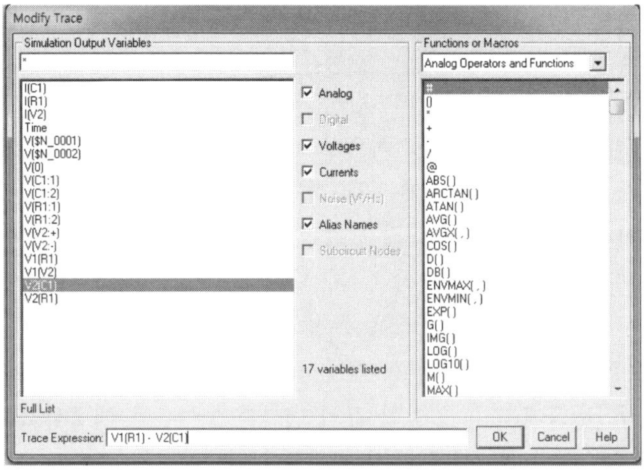

▌그림 4.15▐ 출력 수식 입력

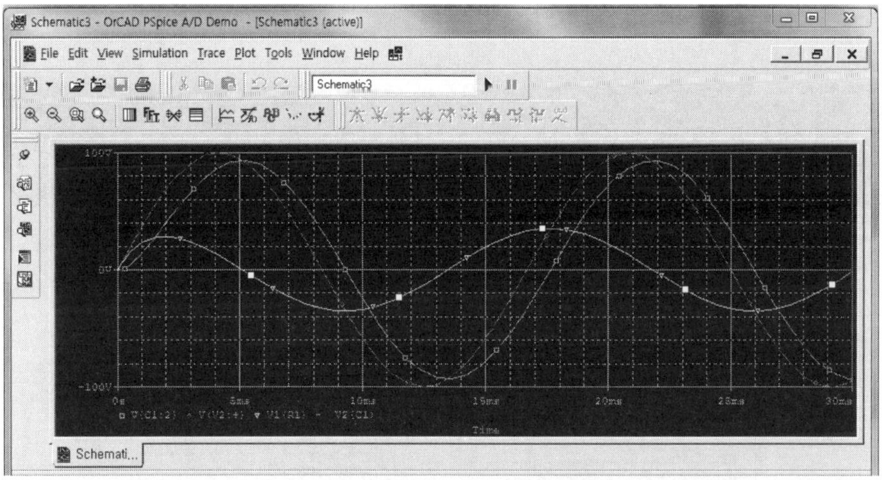

▌그림 4.16▐ 저항에 걸리는 전압 시뮬레이션 결과 추가

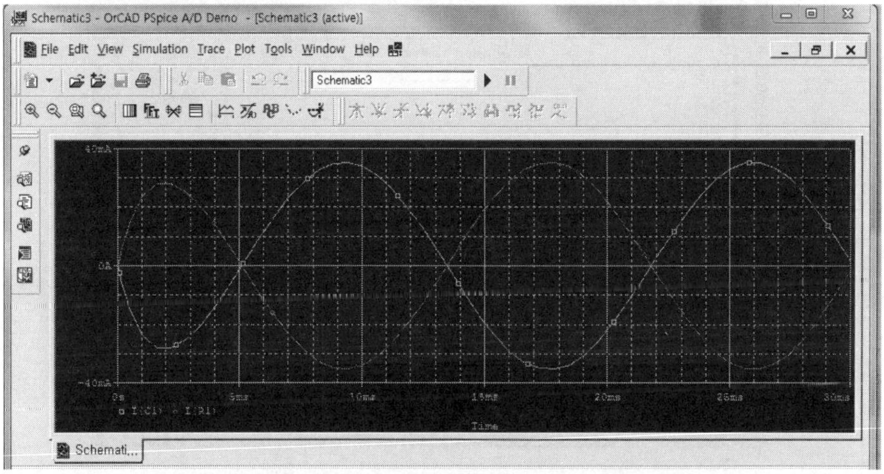

▌그림 4.17▐ 저항과 커패시터에 흐르는 전류 시뮬레이션 결과

2.5 디지털회로

1) 회로도 작성

디지털회로에 인가되는 입력은 전기적으로 0V와 5V를 사용하지만 논리적으로 0과 1로 표현한다. 두 입력을 받는 디지털회로에는 네 가지 입력조합이 가능하며 두 입력에 각각 0V과 5V를 각각 나누어서 입력하면서 출력값을 측정하면 네 가지 조합의 입력에 따른 디지털회로의 출력을 구할 수 있다. 만약 입력이 두 개 단자 이상으로 디지털회로에 인가된다면 각각 0V와 5V를 입력하면서 일일이 출력값을 측정하는 것은 소모적일 것이다. 이러한 소모적인 측정은 클락(Clock)을 활용한 논리분석기(Logic Analyzer)를 사용하면 한 번에 해결된다.

그림 4.18은 시간변화에 따른 입출력 값의 변화를 보여주는 예로서 3개의 파형이 동시에 도식되어 있음을 알 수 있다. X축은 시간 변화를 나타내는 것으로 AC 회로 시뮬레이션 결과와 같이 시뮬레이션 환경을 설정한다. Y축은 입력과 출력파형을 선택적으로 출력할 수 있어 파형 출력값을 서로 비교할 수 있다.

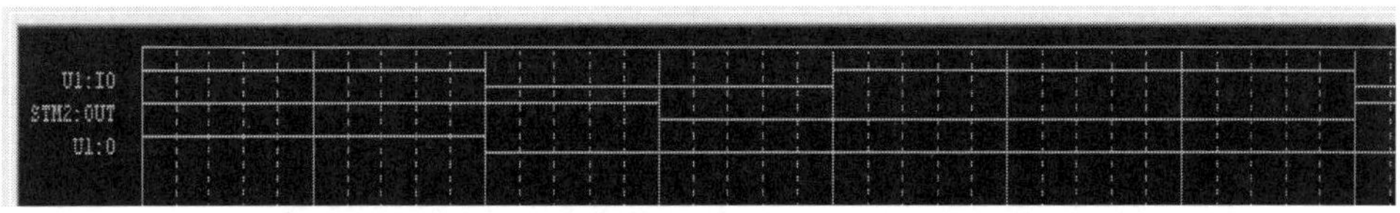

| 그림 4.18 | 시간 변화에 따른 디지털 입출력 예

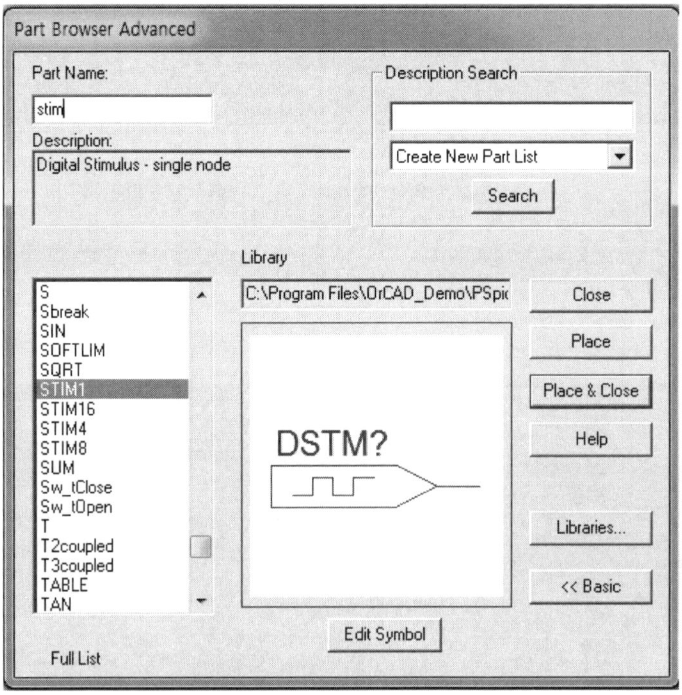

| 그림 4.19 | 디지털회로의 입력소자 선택

PSpice는 디지털회로 시뮬레이션에 클락 형태의 입력을 선택할 수 있도록 되어 있다. 디지털회로의 클락 형태의 입력을 그리기 위해서는 그림 4.2의 화면 상단의 Toolbar 중 **Draw->Get_New_Part**를 그림 4.3과 같이 선택하면 그림 4.19와 같이 **Stim** 회로소자를 선택할 수 있다. 또한 디지털 논리회로의 출력으로 그림 4.20과 같이 **OffPage** 회로소자를 선택하여 시뮬레이션을 수행할 7408 **AND** 게이트 회로의 입력과 출력 단자를 그림 4.19와 같이 완성할 수 있다.

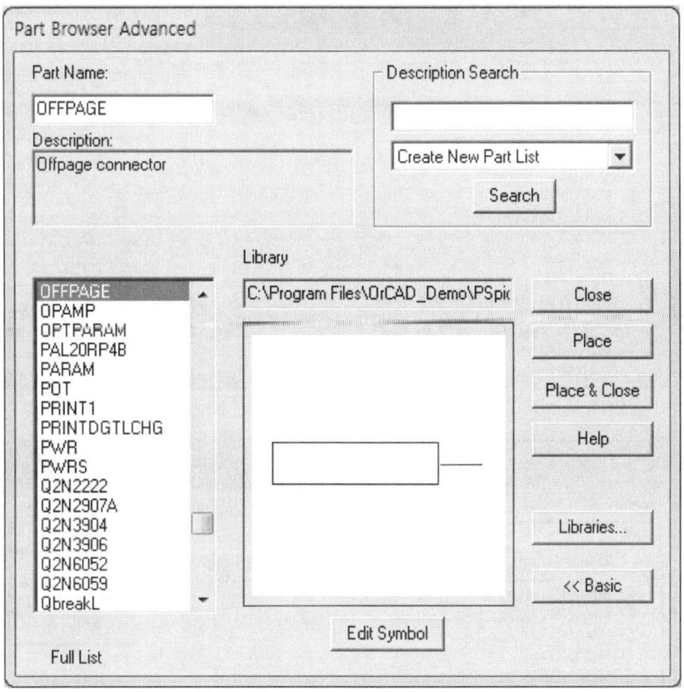

Ⅰ그림 4.20Ⅰ 디지털회로의 출력소자 선택

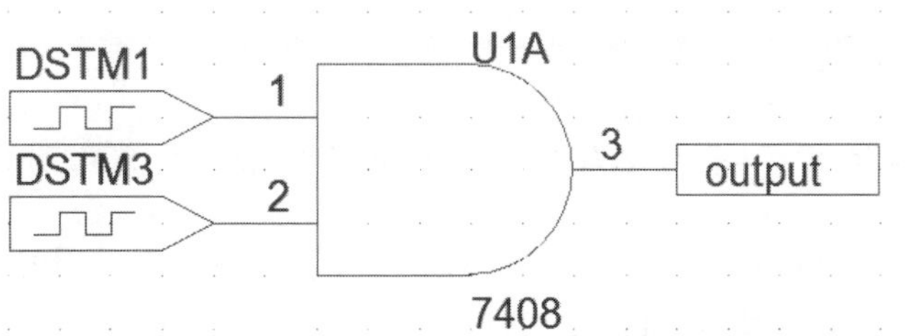

Ⅰ그림 4.21Ⅰ 디지털회로 구성 예

2) 시뮬레이션 수행

시뮬레이션을 수행하기 위해서 디지털회로 입력 클락 형태를 입력하여야 한다. 그림 4.20의 AND 게이트 1번과 2번 핀 입력에 STIM1 입력이 각각 DSTM1과 DSTM3으로 연결되어 있고 이들의 입력 클락 시간변화에 따른 1, 0의 변화는 그림 4.21과 같이 입력할 수 있다. 그림 4.21(a)은 10ms마다 1, 0 변화를, 그림 4.21(b)는 20ms마다 1, 0가 변화하도록 입력하였다.

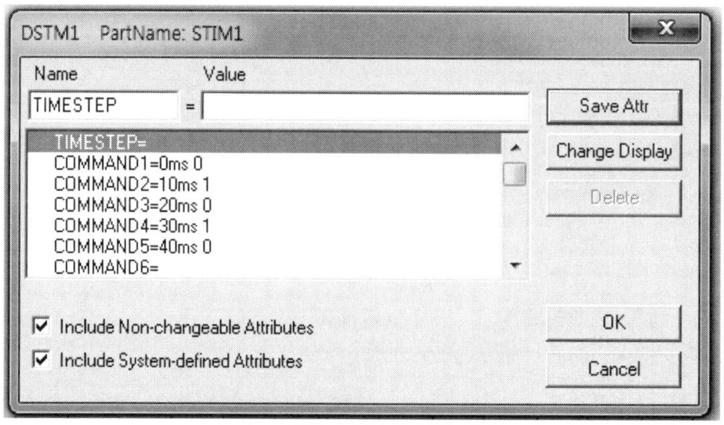

(a)

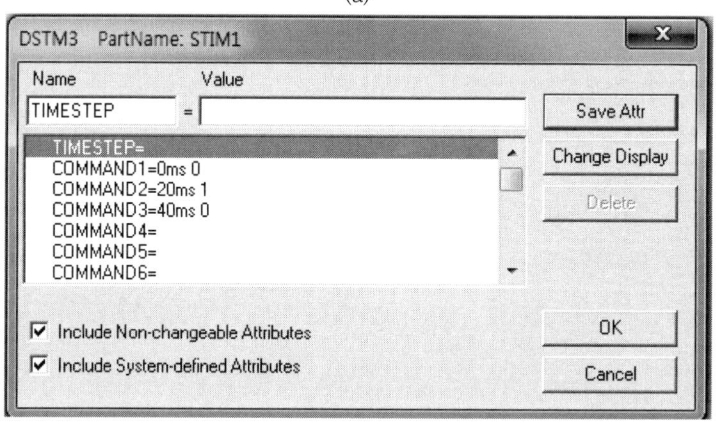

(b)

▌그림 4.22▐ 시간 별 입력신호 값 (a) 10ms마다 변화 (b) 20ms마다 변화

디지털회로의 시뮬레이션 환경 설정은 AC회로와 동일하다. 시간 변화에 따른 출력값의 변화를 보기 위해서는 Analysis->Setup을 선택하면 그림 4.23의 좌측과 같이 새로운 메뉴 창이 뜨고 기본적으로 Bias Point Detail 박스에 체크가 되어 있는데 AC 회로 시뮬레이션 결과를 보기 위해서는 Transient 박스를 체크한다. 그러면 그림 4.23의 우측과 같이 Transient 서브메뉴가 나오고 여기서 Final Time에 시뮬레이션의 최종시간을 입력하면 그 값이 시간 축의 마지막 값이 된다. 여기서는 디지털회로의 입력을 40ms까지 1, 0 값 변화를 선택하였기 때문에 40ms로 입력하였다.

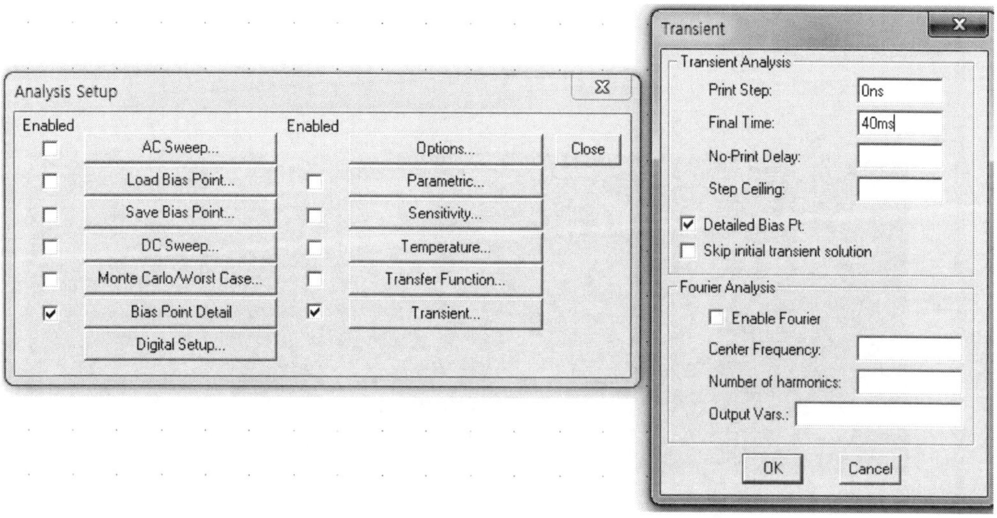

▌그림 4.23▐ 디지털회로 시뮬레이션을 위한 환경 설정

디지털회로의 시뮬레이션 결과를 보기 위한 측정 위치에 그림 4.24의 아이콘을 Toolbar에서 선택하여 그림 4.25와 같이 측정을 원하는 곳에 위치한다.

▌그림 4.24▐ 결과 측정점 선택하는 아이콘

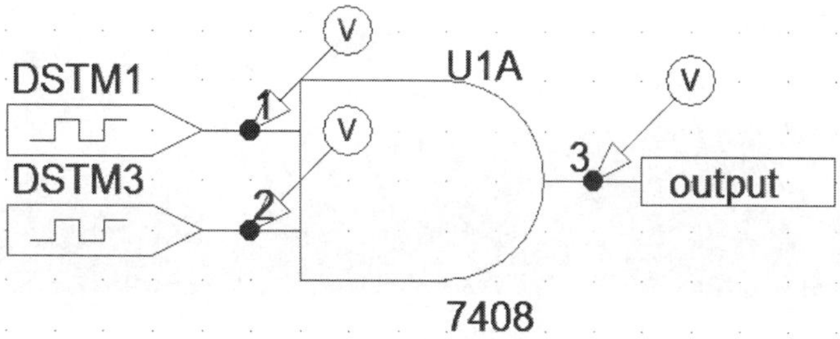

▌그림 4.25▐ 시뮬레이션 결과 측정 점 위치 : 입력과 출력

3) 시뮬레이션 수행

시뮬레이션이 정상적으로 수행되면 그림 4.26과 같이 X축에는 시뮬레이션 환경 설정 때 입력한 최종 시뮬레이션 시간까지를 나타내며 Y축에는 그림 4.25에서 선택한 측정 위치에서의 입출력 값을 볼 수 있다. AC회로 시뮬레이션 결과를 확인 절차와 같이 출력 창의 상단 Toolbar에서 그림 4.27과 같이 **Trace->Add_Trace**를 선택하면 다양한 출력값을 확인할 수 있다.

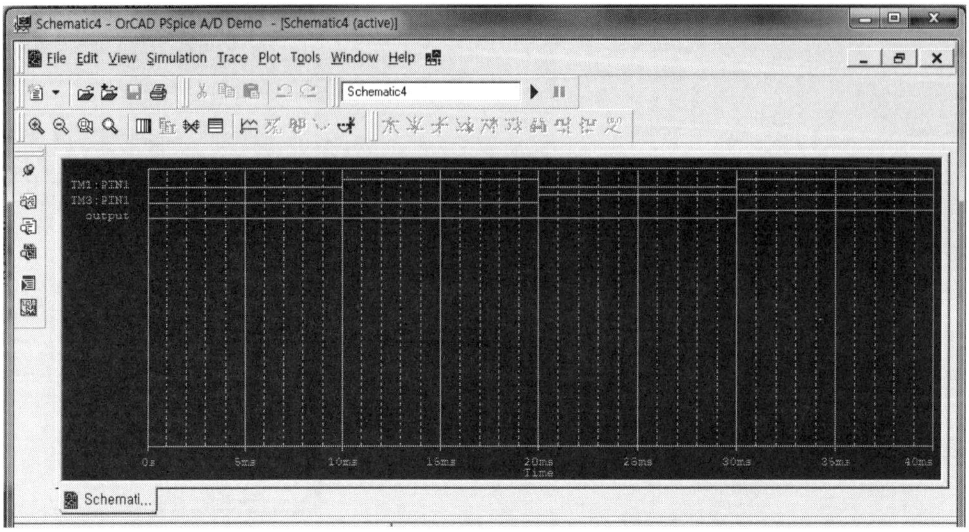

▌그림 4.26▌ 디지털회로 시뮬레이션 수행결과 출력화면

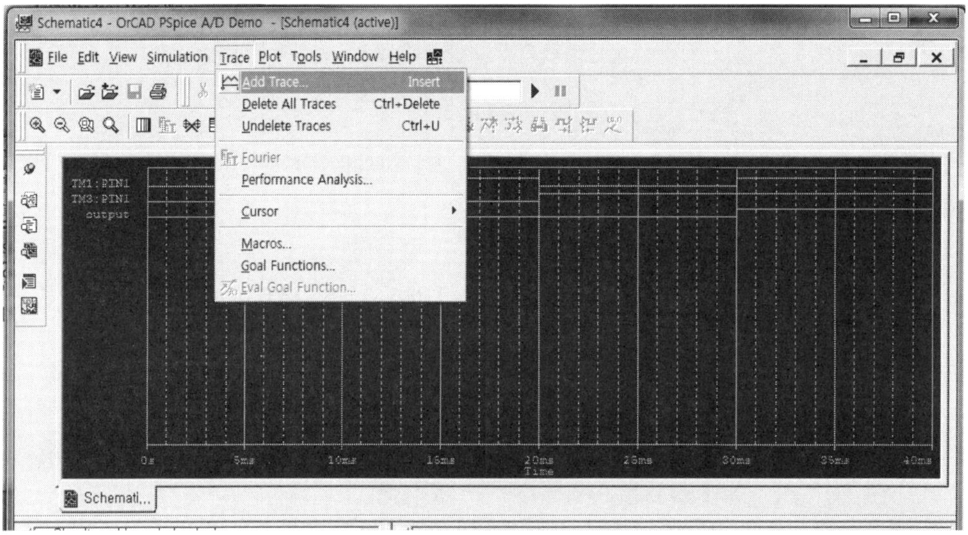

▌그림 4.27▌ 디지털회로 시뮬레이션 결과 선택메뉴

3. Toolbar 아이콘

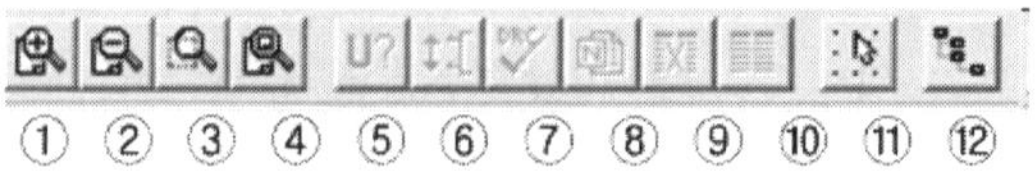

▌그림 4.28▌ Toolbar 1

① View/Zoom/In : 작업도면 확대
② View/Zom/Out : 작업도면 축소
③ View/Zoom/Area : 지정영역 확대
④ View/Zoom/All : 한 화면에 보이게 함
⑤ Annotate : 부품의 참조를 갱신함
⑥ Back Annotate : 갱신된 부품의 참조를 처음 상태로 함
⑦ Design Rule check : 설계 오류를 체크함
⑧ Create Netlist : 부품 목록을 작성함
⑨ Cross Reference parts : 교차 참조된 부품 목록을 작성함
⑩ Bill of Material : 재료 청구서 작성
⑪ Snap to grid : 부품을 grid 점 위에 놓이게 함
⑫ Project manager : 설계 내용에 대한 개요가 표시됨

① ② ③ ④ ⑤ ⑥ ⑦ ⑧ ⑨ ⑩ ⑪ ⑫ ⑬ ⑭ ⑮

| 그림 4.29 | Toolbar 2

① Active profile : 작업 중인 프로파일 목록
② New simulation profile : 프로파일을 새로 시작함
③ Edit simulation settings : 시뮬레이션 조건 입력
④ Run PSpice : PSpice 실행
⑤ View simulation results : 시뮬레이션 결과 다시보기
⑥ Voltage/Level Marker : 전압 표시자
⑦ Voltage differential marker : 양단간 전압 표시자
⑧ Current marker : 전류 표시자
⑨ Power dissipation marker : 전력 표시자
⑩ Enable bias voltage display : 전압 표시자
⑪ Toggle voltages on selected net(s) : 선택된 네트만 전압 표시 토글
⑫ Enable bias current display : 직류 전류 표시자
⑬ Toggle currents on selected part(s)/pin(s) : 선택된 핀만 전류 표시 토글
⑭ Enable bias power display : 직류 전력 표시자
⑮ Toggle power on selected part(s) : 선택된 부품만 전력 표시 토글

▎그림 4.30▎ Toolbar 3

① Select : 선택
② Place part : 원하는 위치에 부품 이동
③ Place wire : 이음선 삽입
④ Place net alias : 네트에 이름추가
⑤ Place bus : 버스선 삽입
⑥ Place junction : 접합 점 추가
⑦ Place bus entry : 버스 인입선 추가
⑧ Place power : 전원 추가
⑨ Place ground : 접지 추가
⑩ Place hierarchical block : 계층 블록 추가
⑪ Place port : 포트 단자 추가
⑫ Place pin : 핀 추가
⑬ Place off-page connector : off-page 연결자 추가
⑭ Place no connect : 핀에 연결 없음 표기
⑮ Place line, polyine, rectangle, ellipse, arc, text : 도형, 문자 넣기

4. 실험 방법

4.1 시뮬레이션 설치

2.2절 그림 4.1과 같이 PSpice Student 폴더가 생성될 수 있도록 PSpice를 설치한다. PSpice에는 다양한 버전이 있어 본 도서에서 제시한 버전 외에 다른 버전을 설치하여도 무방하며 2절에서 소개하는 다양한 메뉴와 시뮬레이션 절차는 대부분 비슷하게 구성된다.

4.2 DC 회로와 AC회로 시뮬레이션

회로이론 교과에 수록되어 있는 DC회로와 AC회로의 간단한 예와 복잡한 예에 대하여 각각 시뮬레이션을 수행하고 시뮬레이션 결과와 이론적으로 얻은 결과를 비교한다.

4.3 디지털회로 시뮬레이션

디지털공학 교과에 수록되어 있는 디지털회로의 간단한 예와 복잡한 예에 대하여 시뮬레이션을 수행하고 시뮬레이션 결과와 이론적으로 얻은 결과를 비교한다.

Chapter 05

인두 사용 및 납땜

납땜을 할 때에는 환풍기가 설치되어 있거나 환기가 잘되는 개방된 장소를 선택하여 약간의 납 연기도 인체에 유입되지 않도록 주의하여야 한다.

1. 실험 목표

- 회로 구성 이후 만능기판에 소자를 구성한 후 이들을 연결하기 위한 납땜을 할 수 있다.
- 선과 선 사이 또는 소자와 소자 사이에 단락(Open) 또는 연결(Short)가 발생하지 않도록 납땜이 익숙하여야 한다.

2. 관련 이론

2.1 실험도구

1) 인두기

납땜은 전자 소자를 기판에 붙여 회로를 제작할 때 전자 소자와 소자가 전기적으로 연결되게 하기 위해 인두기로 납을 녹여 붙이는 것을 말한다. 인두기는 납땜을 위해 납을 녹이는 공구로써 회로를 제작하기 위한 필수적인 장비이다.

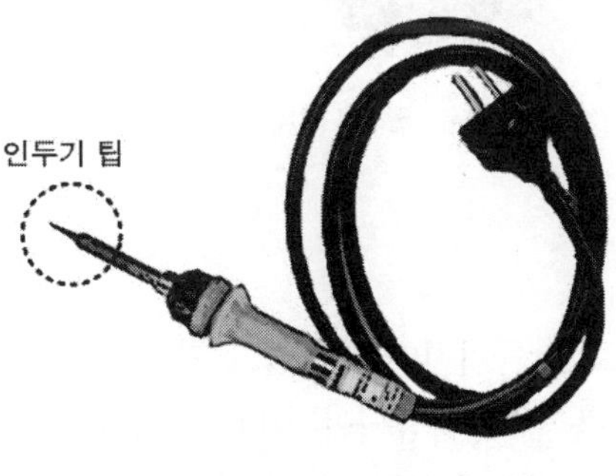

▌그림 5.1▐ 인두기의 외형

참고로 인두기는 와트(W)수에 따라 가열되는 온도가 차이가 난다. 초보자가 사용하기에 인두기의 온도가 너무 낮으면 납이 잘 안 녹아 불편하며, 반대로 너무 높으면 납땜 시 납을 다루기가 힘들며 전자 부품의 손상이 우려된다. 그러므로 초보자용으로 적당한 20~25W 인두기를 구매할 것을 권장한다. 마지막으로 인두기의 사용이 끝난 후 인두기의 열을 식힐 때는 전원을 뽑고 자연스럽게 식히는 것이 좋다. 또한 인두기 팁을 깨끗이 닦아서 보관해야 인두기의 정상적인 수명기간을 보장받을 수 있다.

보통 인두팁이라 불리는 인두기의 팁은 납땜의 목적에 따라 다양한 형태를 사용할 수 있다. 인두팁은 외형에 따라 크게 그림 5.2와 같이 나눌 수 있다. 보통의 경우 송곳형 인두팁을 사용하는 것이 일반적이며, 미세한 납땜 작업이 필요한 경우 일자형 인두팁을 사용하기도 한다.

(a) 송곳형　　　(b) 일자형

| 그림 5.2 | 인두기 팁의 종류

2) 인두기 거치대

회로를 제작을 위해 인두기를 사용할 경우 고온의 인두기를 안정적으로 거치하는 거치대가 필요하다. 또한 이러한 인두기 거치대는 그림 5.3과 같이 대부분 인두기 팁을 닦아내기 위해 물에 젖은 휴지를 둘 수 있는 공간이 있기 때문에 회로 제작 시 인두기 팁에 묻어 있는 납을 제거하는데도 유용하게 사용된다.

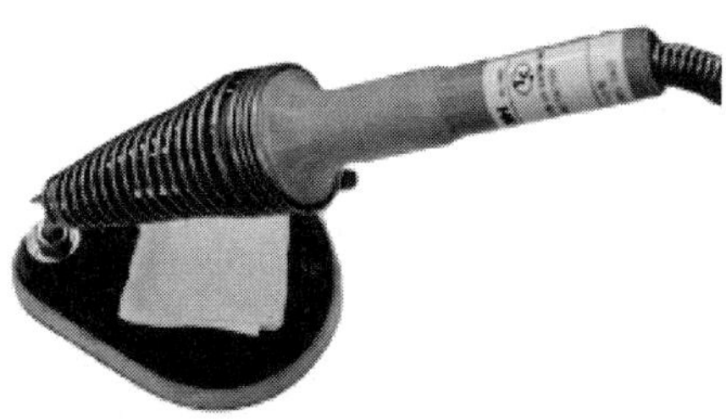

| 그림 5.3 | 인두기 거치대

3) 땜납

납은 주석과 납의 합금으로 만들어지며 부드럽고 가공이 쉬우며 전기전도도가 뛰어나기 때문에 여러 산업 분야에서 폭 넓게 사용되어 왔다. 하지만 이러한 납은 독성이 강하므로, 국제적으로 납의 사용을 규제하고 있는 금속 중 하나이며 특히 납땜 시 발생되는 연기가 신체에 해롭기 때문에 반드시 환기가 잘 되는 공간에서 작업해야 함을 명심해야 한다. 참고로 본 도서에서도 전자 소자를 전기적으로 연결하기 위해 땜납을 사용하며 그림 5.4와 같은 실납을 사용하는 것이 납을 다루기에 편리하다. 실납은 너무 굵으면 잘 녹지 않고 너무 얇으면 초보자가 다루기에 힘들기 때문에 보통 1~1.4mm 굵기의 실납을 사용할 것을 권장한다.

▌그림 5.4▐ 실납의 외형

4) 납 흡입기

납 흡입기는 완성된 회로를 수정 또는 다른 이유로 인해 이미 기판에 땜질된 납을 제거할 때 사용된다. 납 흡입기는 그림 5.5와 같이 납의 흡입을 위해 몸통의 버튼과 후면부의 레버가 있다. 후면부의 레버를 누른 상태에서 몸통의 버튼을 누르면 흡입이 되는 원리로 다음과 같은 순서로 납 흡입을 실시하도록 한다. 그림 5.5는 이 과정을 나타낸 것이다. 참고로 납 흡입기를 여러 번 사용할 경우 납 흡입기 내부에 흡입된 납이 축적된다. 그러므로 레버를 지속적으로 눌러 흡입된 납을 제거하는 것이 좋다.

① 제거하고자 하는 땜질된 납을 인두기로 가열하여 녹인다.
② 납이 녹은 상태에서 납 흡입기의 뒤에 있는 레버를 끝까지 눌러 고정시킨 후 기판으로 가져간다.
③ 이때 몸통에 있는 버튼을 누르면 처음 눌렀던 레버가 튀어나오면서 녹아 있던 납이 흡입된다.

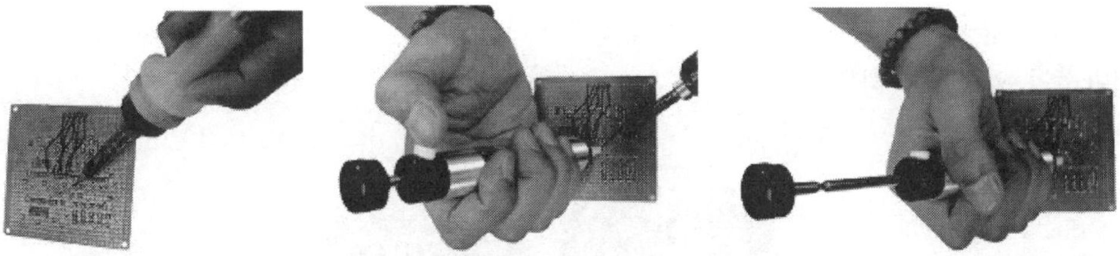

① 납을 가열 ② 흡입기 밀착 ③ 버튼을 눌러 납 흡입

▌그림 5.5▐ 납 흡입기 사용 과정

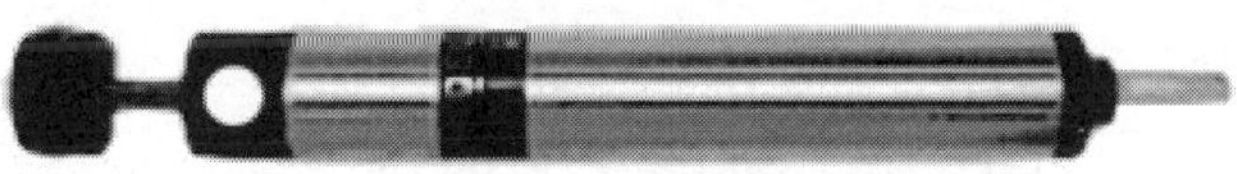

▌그림 5.6▐ 납 흡입기의 외형

5) 플럭스(soldering paste)

플럭스는 송진이 주성분이고 염소, 불소, 브롬 등의 할로겐이라고 하는 활성제가 소량 들어 있는 것으로 납땜 시에 대상물의 오염물이나 표면의 산화막을 제거해주기 위한 청정제 역할을 한다. 플럭스는 금속과 공기를 차단시킴으로서 금속이 산화되는 것을 막아주기 때문에 납땜이 잘 되게 해주는 작용을 한다. 또한 땜납이 금속 표면에서 녹을 때 둥글게 되려는 성질인 표면장력을 감소시켜 납땜할 부분의 표면적을 넓혀주어 골고루 납땜이 잘 되게끔 만들어 준다. 납땜 시 오래 가열하는 경우 납이 인두기를 따라 올라와 지저분하게 된다. 이와 같은 경우에 그림 5.7과 같이 플럭스를 인두기 팁에 살짝 묻혀 사용하면 깔끔한 납땜이 가능하다.

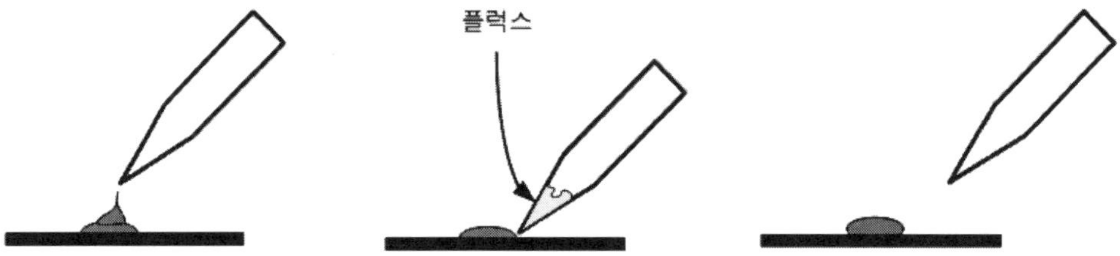

▌그림 5.7▐ 플럭스 사용 예

플럭스는 땜납에도 소량 포함되어 있어 플럭스 없이 납땜을 해도 상관없지만 인두기로 오래 가열할 경우 연기와 함께 플럭스가 소멸되게 된다. 그러므로 땜납을 오래 가열할 경우 납땜이 지저분하게 되는 경우가 발생하게 되고 이러한 경우 인두기 팁에 플럭스를 살짝 묻혀 사용하면 좋다. 또한 납땜 시 플럭스를 사용한 경우에는 납땜 주변에 끈적끈적한 찌꺼기가 남게 된다. 이것에 납똥이나 전선 부스러기 등이 붙어서 쇼트를 일으키기는 원인이 되기도 하므로 납땜이 된 주변을 깨끗이 하기 위해서는 특별한 용제를 써서 닦아내거나 작은 드라이버나 휴지 등을 사용하여 납똥이나 플럭스 찌꺼기 등을 제거해야 한다. 그림 5.8은 플럭스의 일반적인 외형을 나타낸다.

▌그림 5.8▐ 플럭스

6) 래핑 와이어

만능기판에서 부품의 단자를 서로 연결할 때 사용되며 주로 단선인 것을 사용한다. 래핑 와이어는 보통 금속선이 피복으로 둘러 싸여 있기 때문에 이 피복을 벗겨 낸 후 사용해야 한다. 즉, 래핑 와이어 사용 시 니퍼를 이용하여 사용할 만큼의 길이로 절단한 후 스트리퍼를 이용하여 금속선이 보이도록 피복을 벗겨 사용한다.

기판에 납땜을 하기위해 사용되는 래핑와이어는 보통 0.3~0.4mm를 사용하며 그림 3.9와 같이 롤 형으로 되어 휴대 및 사용이 간편하다. 또한 다양한 피복 색깔이 존재하므로 특정 기준에 의해 피복 색깔을 달리 사용하면(예를 들어, Vcc 선은 빨간색, GND선은 파란색, 일반 신호선은 검은색 또는 흰색 등), 디버깅 또는 회로 수정 시 회로를 일목요연하게 분석할 수 있어 유용하다.

▌그림 5.9▐ 래핑 와이어

7) 단선 도구

단선 도구는 납땜 시 만능기판에 장착된 부품의 다리를 잘라 내거나, 래핑 와이어를 원하는 길이로 자를 때 사용한다. 그림 5.10은 주로 사용하는 단선도구를 나타낸 것으로 (a)의 컷팅 플라이어와 (b)의 니퍼는 한 쪽 면이 비스듬히 되어 있어 표면과 밀착시켜 부품의 다리를 자르는데 유용하게 사용할 수 있다. (c)의 스트리퍼는 래핑 와이어의 피복을 벗기는데 사용한다. 스트리퍼는 래핑 와이어의 굵기가 날에 분류되어 있으며 사용하고자 하는 래핑 와이어의 굵기에 맞추어 피복을 벗기면 금속선은 잘리지 않고 피복만 벗겨 낼 수 있다. 마지막으로 (d)의 롱노우즈는 끝이 뾰족한 집게모양으로 작은 부품을 고정시키는데 사용되며 미세한 작업을 할 경우 유용하다.

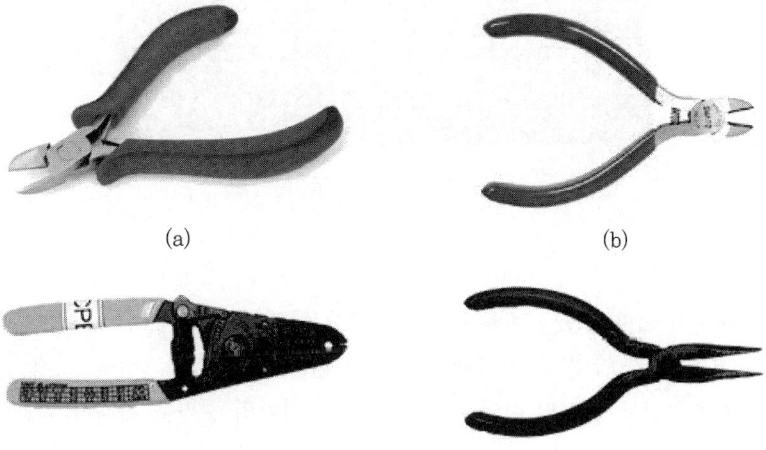

(a) (b) (c) (d)

▌그림 5.10▐ 다양한 커팅 공구들 (a) 컷팅 플라이어 (b) 니퍼 (c) 스트리퍼 (d) 롱노우즈

8) 일자 드라이버

납땜 시 그림 5.11과 같은 일자(-) 드라이버는 가열된 전자 부품을 고정시키거나 와이어를 고정시킬 때 유용하게 사용된다. 필수 장비는 아니지만 특히 미세한 납땜 작업이나 깔끔한 배선을 위해서는 일자 드라이버가 사용될 수 있다.

▌그림 5.11▐ 일자 드라이버

9) 만능기판

만능기판(Universal Board)은 설계한 회로를 직접 구성하는 기판이다. 회로 구성에 필요한 부품들을 꽂을 수 있도록 일정한 간격으로 구멍이 있으며 구멍에는 납땜 시 납을 고정시키기 위한 동판이 부착되어 있다. 그 구멍에 부품을 꽂고 뒤로 튀어나온 다리를 적절한 길이로 잘라 납땜을 한다. 납땜한 부품을 회로도에 맞게 와이어로 연결하여 회로를 제작할 수 있다. 그림 5.12는 만능기판의 외형을 나타낸 것으로 기판의 성분, 홀의 수, 납땜이 양면 또는 단면만 가능한지에 따라 다양한 제품이 존재한다.

▌그림 5.12▐ 만능기판

10) PCB 지지대

PCB 지지대(PCB support)는 보통 육각 나사형으로 되어 있으며 PCB 기판의 각 모서리에 있는 구멍에 지지대 짝(암·수컷 지지대)을 고정시킴으로써 PCB 기판을 지지할 때 사용된다. 납땜 시 PCB 기판에 납땜된 전자 부품으로 인해 기판의 수평을 유지하기가 힘들고 이로 인해 납땜할 때도 어려움이 따른다. 이때 PCB 지지대를 이용하여 PCB 기판을 수평을 유지할 뿐만 아니라 어느 정도 고정시키면 납땜을 좀 더 수월하게 진행할 수 있다. 그림 5.13은 일반적인 PCB 지지대와 PCB 기판에 장착한 PCB 지지대를 각각 나타낸다.

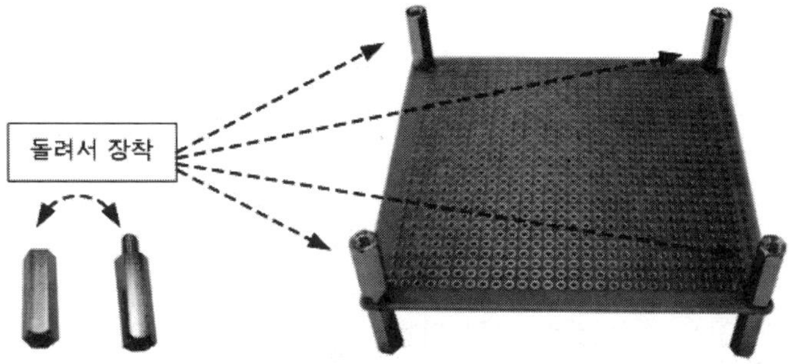

▌그림 5.13▐ PCB 지지대를 장착한 PCB 기판

2.2 납땜방법

납땜을 하기위해서 인두기는 납을 녹일 정도의 온도로 예열되어야 한다. 220V 전원을 연결한 후 2~3분 뒤 인두기를 손에 가까이 가져왔을 때 인두의 팁에서 열기가 느껴질 것이다. 이때, 납을 인두기 팁에 살짝 가져대었을 때 납이 녹는다면 사용하기에 충분한 정도로 예열된 것이다. 인두기가 예열되었나면 그림 5.14와 같은 순서로 납땜을 실시하도록 한다. 그림 5.14는 일반적인 인두기의 외형이다.

① 인두기 팁의 끝에 납을 살짝 묻힌 후 기판의 납땜할 부위를 2초 정도 가열시킨다.
② 납을 인두기 팁의 끝에 가져대어 녹인다.
③ 납이 인두기의 열에 의해 어느 정도 기판에 녹아 흘러내렸다면 납을 인두기에서 뗀다.
④ 기판의 납이 고루 퍼지면 기판에서 인두기를 45° 각도로 신속하게 뗀다.

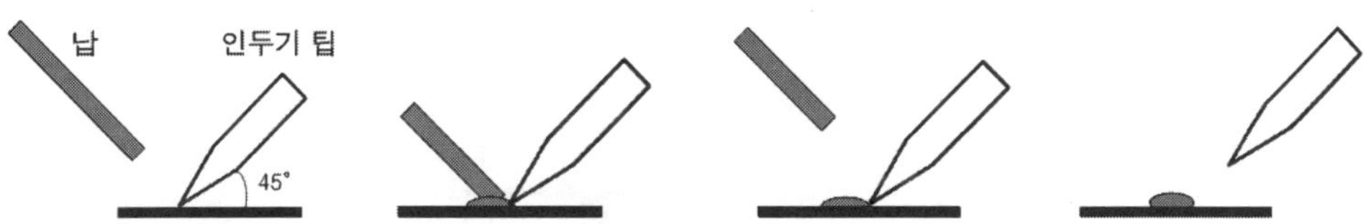

① 인두기로 기판을 가열 ② 납을 녹임 ③ 납을 뗌 ④ 인두기를 뗌

▌그림 5.14▐ 납땜 작업공정

참고로 인두기를 기판의 한 곳에 너무 오래 대고 있는 경우 만능기판의 동박이 떨어질 뿐만 아니라 트랜지스터나 IC 등 열에 약한 부품을 납땜할 때에는 인두기의 열에 의해 부품이 파괴되는 경우도 있다. 그러므로 롱노우즈 또는 핀셋으로 부품의 다리를 잡아 주어서 열이 부품 내부로 집중되는 것을 막아 주어야 하며 오래 가열하지 말고 신속히게 납땜을 하도록 한다. 납땜을 신속히 해야 하는 또 다른 이유는 땜납의 지속적인 가열로 인해 인두기를 따라 납이 따라 올라와 지저분하게 납땜이 되기 때문이다. 그리고 실제 인두기 팁의 온도는 약 400~450℃이므로 화상에 주의하여 다루어야 하며 안전사고를 예방하기 위해 인두기 거치대를 사용할 것을 권장한다.

1) 잘된 납땜

- 납량이 알맞고 크기가 일정하며, 표면에 광택이 있다.

2) 잘못된 납땜

- 납량이 일정하지 않아 납땜된 곳의 크기가 제각각이다.
- 부품의 리드선이 너무 길어 다른 곳과 합선될 가능성이 있다.
- 납이 너무 적은 곳은 접속 불량이 될 가능성이 크다.
- 납이 너무 많은 곳은 옆자리와 합선될 가능성이 있다.

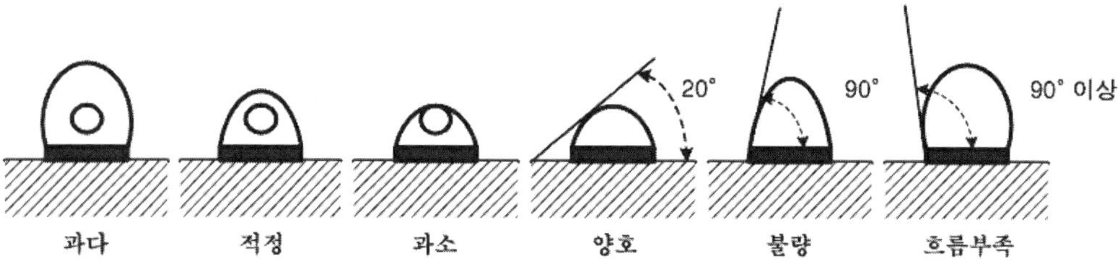

▌그림 5.15▐ 납땜의 보기

다음과 같은 절차로 소자를 만능기판에 납땜을 수행한다.

① 연습용 기판의 부품면(구리박이 없는 면)에서 납땜면 쪽으로 피복을 벗긴 전선을 꽂는다.
② 납땜면 쪽으로 나온 전선을 직각으로 구부린다.
③ 구리박을 벗어나는 전선은 니퍼로 잘라 낸다.
④ 저항이나 그 밖의 소자 등을 납땜 할 때는 그림 5.16과 같이 리드선을 소자가 위치한 반대방향으로 하며, 니퍼를 사용하여 중심에서 1mm정도의 길이로 45° 각도로 비스듬히 자른다.

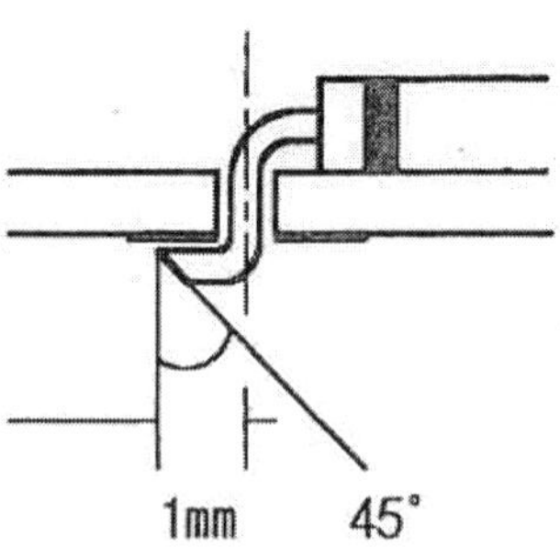

▌그림 5.16▐ 리드선의 납땜

⑤ 납땜할 기판에 인두를 가볍게 대어, 구리박과 전선을 약 2초 정도 가열한다.
⑥ 납땜할 곳에 45° 각도로 땜납을 댄다.
⑦ 납이 알맞게 녹으면 땜납과 인두를 동시에 뗀다.
⑧ 땜납이 단단하게 굳을 때까지 기판을 움직이지 않는다.

배선에 대한 납땜 작업을 위해 인두기로 가열시 와이어에도 열이 전달되므로 화상을 입을 우려가 있으므로 작업 중인 와이어는 손대신 일자 드라이버 또는 송곳을 이용하여 배선 작업을 해야 한다. 일자 드라이버는 기판에 와이어를 밀착시키기 위해 또는 미세한 작업을 위해 유용하게 사용될 수 있다. 그림 5.17은 일자 드라이버를 이용하여 'ㄱ'자 배선을 납땜하는 과정을 나타낸다. 먼저 외이어의 한쪽 부분을 납을 이용하여 고정시킨다. 그리고 'ㄱ'자로 꺾여야 하는 부분을 일자 드라이버로 고정시키고 90°로 꺾으면서 적당한 힘으로 잡아당긴다. 마지막으로 꺾인 부분을 납으로 고정시키면 된다.

또한 회로를 꾸미게 되면, 다른 회로를 뛰어 넘어 납땜을 하여야 하는 경우가 종종 발생하며 이를 점프라고 하기도 한다. 점프를 하는 방식은 크게 두 가지로 나눌 수 있다. 첫 번째 방식은 회로를 뜨고 있는 반대 방향으로 와이어 선을 넘기는 방법이 있으며 또 다른 방식은 피복을 완전히 벗기지 않은 상태에서 다른 와이어를 뛰어 넘어 땜질을 해주는 방식이다.

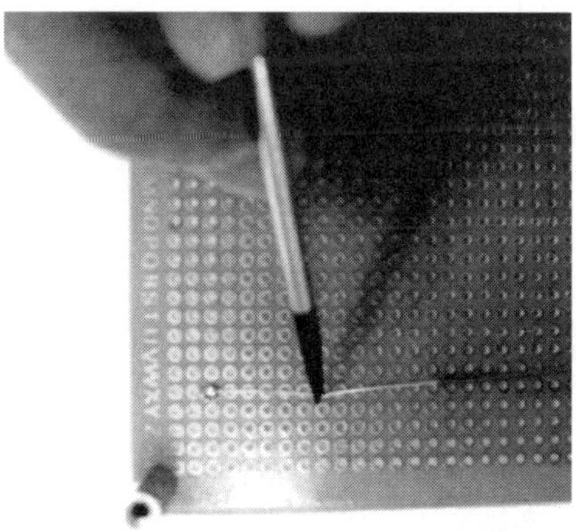

(a) 일자 드라이버로 꺾일 부분을 고정

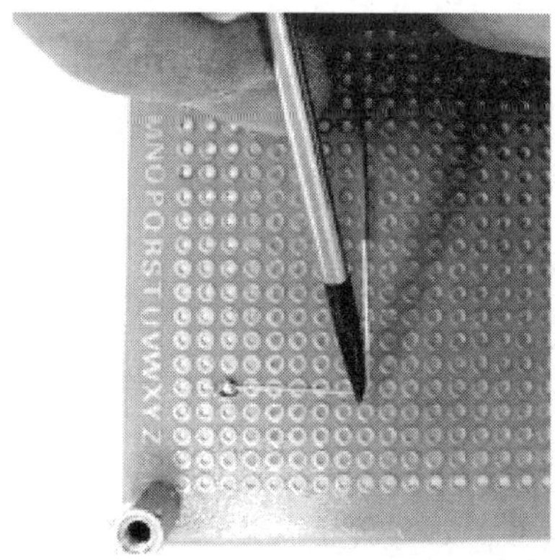

(b) 일자 드라이버를 이용하여 와이어를 꺾음

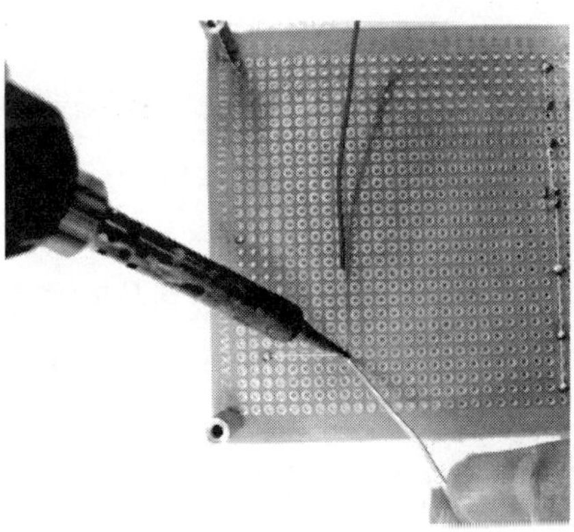

(c) 꺾인 부분을 납으로 고정

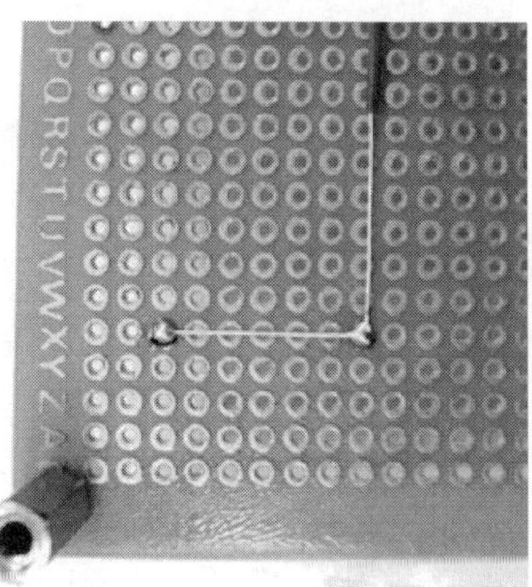

(d) 'ㄱ'자 배선 완료

▌그림 5.17▐ 'ㄱ'자 배선 과정

2.3 납땜 시 주의사항

- 인두의 온도가 너무 올라가지 않도록 장시간 동안 가열하여 방치하지 않는다.
- 납은 인두 끝에 적절한 양만을 묻혀서 납땜할 면에 뭉치지 않고 고루 퍼지게 접착되도록 한다. 기판에 납땜할 경우 납이 기판 위에 반원형으로 고루 접착되게 해야 하며 공 모양으로 뭉치는 것은 차후 떨어지기 쉽고 접촉 불량으로 완성 후 시스템에 오차가 발생하는 원인이 될 수 있으므로 좋지 않다.
- IC류는 열에 민감하므로 납땜 시 신속히 처리하고 오랫동안 가열하지 않는다. 열에 의해 부품이 손상되는 것을 방지하기 위하여 IC의 납땜 시에는 소켓을 사용하여 납땜 한다. 이렇게 하면 열이 부품에 직접 전달되는 것을 막아주며 차후 부품의 교체도 용이하게 된다.
- 인두 끝을 니퍼 등으로 자르지 않는다. 무딘 인두로는 납땜이 잘 되지 않는다. 만약 인두 끝이 무뎌 졌을 때는 새로운 끝으로 교체한다.
- 사용 중에는 반드시 인두 스탠드에 인두를 두어 화재나 화상을 입지 않도록 주의한다.
- 작업이 끝나면 인두의 전원을 제거하고 충분히 식은 것을 확인한 후 보관하여 화재의 위험성을 방지한다.

3. 실험기기 및 부품

- 인두기, 납흡입기
- 실납, 만능기판, 배선용 wire
- IC 소켓, 자신이 선택한 저항, 커패시터, 인덕터, TTL 소자

4. 실험 과정

4.1 일반 인두작업

- 만능기판 Wiring : 피복을 벗긴 전선을 기판에 그림 5.18과 같은 모양으로 납땜을 한다. 납땜 부위에 대한 외관을 확인하는 것은 물론 디지털멀티미터를 이용하여 각 접점에 대한 인두가 적절하게 되었는지 회로 연결 및 단락을 확인한다.
- IC 소켓을 만능기판에 납땜한다. 이때 IC 소켓에 IC가 있다면 납땜의 열기로 IC가 손상될 수 있으므로 제거하여야 한다.
- 저항 3개와 커패시터 1개, 인덕터 1개로 구성된 회로를 구성하고 만능기판에 납땜한다.
- 만능기판에 납땜한 IC 소켓을 제거한다.
- 저항 3개와 커패시터 1개, 인덕터 1개로 구성된 회로를 구성하여 납땜한 만능기판에 저항 2개를 제거하고 그 위치에 커패시터와 인덕터로 교체한다.

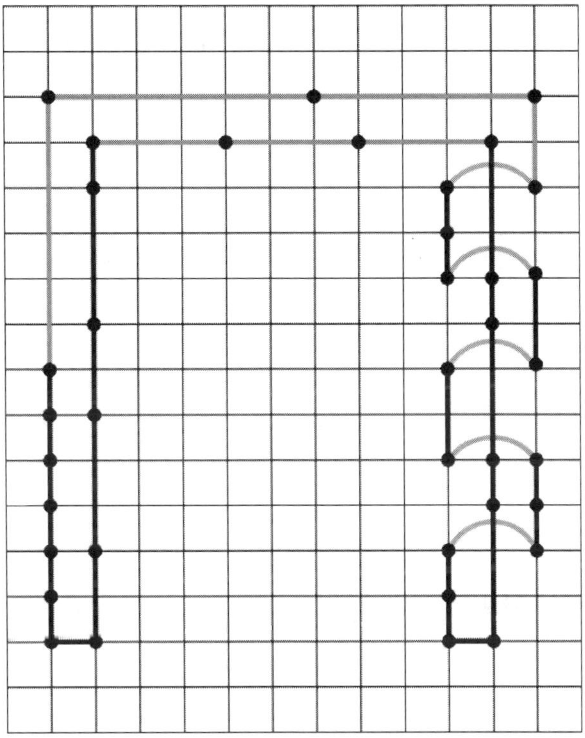

▌그림 5.18▐ 실습 예제

4.2 아날로그회로 인두작업

- 본 실험하기 전까지 수행한 아날로그 실험 중 5개 이상의 수동소자(저항, 커패시터, 인덕터)와 전원부로 구성한 회로를 선택한다. 전원 부분은 배터리를 사용하거나 전원공급기로부터 연결하는 부분을 고려하여 회로를 구성한다.
- 설계한 회로 소자와 전원 부분을 만능기판에 배치하고 뒤 부분에 인두작업을 수행한다. 인두작업 후 회로연결을 확인하고 각 소자에 걸리는 전압 또는 흐르는 전류 값이 계산값과 동일함을 확인한다.

4.3 디지털회로 인두작업

- 본 실험하기 전까지 수행한 디지털 실험 중 3개 이상의 TTL 소자와 5V 전원으로 구성한 회로를 선택한다. 전원 부분은 배터리를 사용하거나 전원공급기로부터 연결하는 부분을 고려하여 회로를 구성한다.
- 설계한 회로 소자와 전원 부분을 만능기판에 배치하고 뒤 부분에 인두작업을 수행한다. 인두작업 후 회로연결을 확인하고 각 소자에 걸리는 전압 또는 흐르는 전류 값이 계산값과 동일함을 확인한다.

Chapter 06

예비 및 결과보고서 작성

1. 예비보고서 작성 목적

- 실험 및 설계에 필요한 관련 이론을 이해하고 제한된 공간에 자신의 이해도를 충실히 표현할 수 있어야 한다.
- 실험시간에 진행할 실험 및 설계를 위한 회로 구성 및 소자 값 등을 스스로 준비하여 실험을 충실하게 진행할 수 있다.

2. 예비보고서 작성 방법

2.1 실험 목표

- 실험 주제에서 제시된 실험 목표를 확인하고 이 목표의 수준이 낮다고 판단한 경우 학생 스스로 향상된 목표를 설정할 수 있다.

2.2 관련 이론

- 실험을 하기 위해 필요한 이론들을 정리하여 PPT로 작성하되, 슬라이드에 여백이 없도록 충분하게 작성한다.
- 이론에 관련된 그림이나 표를 첨부하고 자세하게 설명한다.

2.3 실험 과정

- 관련 이론을 바탕으로 실험 전반에 대하여 구상하고 회로를 스스로 설계한다. 회로에 사용하는 소자 값은 주어진 것으로 한정하며 필요에 따라 미리 조교에게 요청하고 준비 여부를 확인하여야 한다.
- 실험 목적에 맞도록 측정하여야 하는 전압과 전류 또는 소자 값 등을 측정하는 위치도 스스로 선정하여야 한다.
- 구상한 실험 과정을 명확하게 기술하고 각 실험에 대한 직접 손으로 푼 계산값을 표로 작성하며 표 내에 빈 칸을 마련하여 측정값을 기술할 수 있도록 한다. 또한 계산값의 진위를 확인하기 위하여 PSpice 시뮬레이션 값을 얻어야 한다.
- 실험 과정 부분이 예비보고서의 70% 이상을 차지하여야 한다.

2.4 기타

- 예비보고서는 PPT 3장 이내로 작성한다.
- 실험에 사용되는 부품의 데이터시트나 매뉴얼을 조사하고 출력하여 첨부한다.
- 웹 사이트나 관련 도서를 참고하였을 시에는 출처를 기재한다.

3. 예비보고서 제출

- 예비보고서에 실험 계산값, PSpice 값을 포함한 표가 작성되어야 하며 측정값 부분은 공란으로 구성한다.
- 예비보고서와 함께 이론에 의한 계산과정이 Hand-Writing 형태로 별첨하여야 한다. 또한 PSpice를 수행하고 PSpice 프로그램 소스코드와 출력 결과도 별첨하여야 한다.
- 예비보고서는 2 부를 출력하여 한 부는 제출하고 한 부는 결과보고서로 활용한다.
- 예비보고서 예 : 부록 참조

4. 결과보고서 작성 안내

- 예비보고서에서 기술한 계산값, PSpice 시뮬레이션 값을 실험 과정에서 얻은 측정값과 비교하고 오차가 존재하는 경우 원인 분석한 결과를 조별로 작성한다. 결과보고서 양식은 예비보고서 작성 단계에서 별도로 준비하거나 예비보고서를 그대로 사용할 수 있다.
- 실험종료 후 고찰은 개인별로 제출한다.

아날로그 실험

PART 02

Chapter 01 Ohm의 법칙과 저항의 직렬 병렬

1. 실험 목표

- 전압 V, 전류 I, 저항 R의 기본 성분을 설명하고 Ohm의 법칙을 통하여 이들의 관계를 이해할 수 있다.
- 저항들이 직렬 혹은 병렬로 연결될 때 합성 저항 값을 계산할 수 있다.
- 저항들이 직렬과 병렬이 혼합될 때 합성 저항 값을 계산할 수 있다.
- 저항의 최대허용전압(전류)에 대한 개념을 이해할 수 있다.

2. 관련 이론

2.1 전기회로 용어와 특성

- 전압(Voltage)
- 전류(Current)
- 저항(Resistor)

2.2 Ohm의 법칙

Ohm의 법칙은 어떠한 전기회로에서나 적용되는 기본법칙으로써 전압, 전류, 저항 사이의 관계를 나타낸다.

2.3 저항의 직렬, 병렬연결

여러 저항들의 직렬 또는 병렬연결은 하나의 합성 저항으로 계산할 수 있으며, 이를 통해 회로를 해석할 수 있다.

2.4 저항의 직병렬연결

여러 저항들의 직렬 및 병렬 혼합 연결은 하나의 합성 저항으로 계산할 수 있으며, 이를 통해 회로를 해석할 수 있다.

2.5 저항의 최대 허용 전압(전류)

저항 양단에 걸리는 최대전압(전류)의 크기를 나타내며, 최대허용전압(전류)을 이해하면 초과된 최대허용전압(전류)으로 저항이 타거나 회로 자체가 동작하지 않는 문제를 예방할 수 있다.

> 저항의 최대허용전압(전류)은 소자 표면에 표기되어 있지 않지만 소자 매뉴얼에서 확인할 수 있다. 최대허용전압(전류)을 측정할 때에는 반드시 교수의 지시에 따라 진행되어야 한다.

3. 실험기기 및 부품

- 실험장비 : 전원공급기, Digital Multimeter
- Bread Board, 장비 Probe
- 소자 : 1KΩ 값 이상의 저항(사용가능한 저항 값은 Part 1 참조)

4. 실험 및 설계

4.1 Ohm의 법칙

- 저항의 변화에 따른 전류의 변화를 알아보기 위해 전압을 5V로 고정시킨다. 1KΩ 이상 임의의 서로 다른 저항 다섯 개를 선택한 후 각각의 저항을 바꾸어가면서 저항에 흐르는 전류를 측정한다. 계산값과 측정값을 비교하여 Ohm의 법칙 성립을 확인한다.
- 실험 전 예비보고서를 준비할 때 Ohm 법칙을 이용하여 각 다섯 개 저항에 대한 전류값을 이론적으로 계산한다.

4.2 저항의 직렬, 병렬 회로

1) 측정문제

- 임의의 서로 다른 저항 세 개를 사용하여 직렬 회로를 구성한 후 합성 저항을 측정한다. 계산값과 측정값을 비교하여 저항들이 직렬로 연결되었을 때의 합성 저항을 확인한다.
- 임의의 서로 다른 저항 세 개를 사용하여 병렬 회로를 구성한 후 합성 저항을 측정한다. 계산값과 측정값을 비교하여 저항들이 병렬로 연결되었을 때의 합성 저항을 확인한다.
- 실험 전 예비보고서를 준비할 때 직렬 및 병렬 구성회로의 합성저항이 이론적으로 구해지는 과정과 계산값을 제시한다.

2) 설계문제

- 임의의 서로 다른 저항 네 개를 이용하여 합성 저항이 14.7KΩ이 되도록 직렬 회로를 설계한다. 설계한 회로를 구성하고 계산값과 측정값이 동일함을 확인한다.
- 임의의 서로 다른 저항 네 개를 이용하여 합성 저항이 625Ω이 되도록 병렬 회로를 설계한다. 설계한 회로를 구성하고 계산값과 측정값이 동일함을 확인한다.
- 실험 전 예비보고서를 준비할 때 직렬 및 병렬 구성회로의 합성저항이 이론적으로 구해지는 과정과 계산값을 제시한다.

합성저항을 측정하는 방법

1. 디지털멀티미터의 저항측정을 선택하여 원하는 위치에서 측정함. 이 때 전압원은 개방(전류원은 단락)하고 합성저항 계산에 원하지 않는 다른 소자가 연결되지 않도록 구성하여야 함.
2. 특정 전압을 인가하고 측정되는 전류값을 기초로 $R=V/I$로 계산함. 시뮬레이션을 하는 경우 이러한 방법으로 합성저항을 실험 전에 확인할 수 있음.

4.3 저항의 식병렬 회로

1) 측정문제

- 임의의 서로 다른 저항 여섯 개를 사용하여 직렬과 병렬이 혼합된 회로를 구성한 후 합성 저항을 측정한다. 계산값과 측정값을 비교하여 저항들이 직병렬로 연결되었을 때의 합성저항을 확인한다.
- 실험 전 예비보고서를 준비할 때 직렬 및 병렬 구성회로의 합성저항이 이론적으로 구해지는 과정과 계산값을 제시한다.

2) 설계문제 I

- 4.5V 전원과 임의의 서로 다른 저항 다섯 개를 사용하여 직병렬 회로를 구성할 때 특정 저항에 4.76mA 전류가 흐르도록 설계한다. 설계한 회로를 구성하고 계산값과 측정값이 동일함을 확인한다.
- 실험 전 예비보고서를 준비할 때 설계한 회로의 특정 저항에 4.76mA의 전류 값에 대한 이론적 계산과정과 계산값을 제시한다. 그리고 설계한 회로에 대하여 PSpice를 실행하고 이 값이 계산값과 동일함을 확인한다.

3) 설계문제 II

- 1KΩ 이상의 임의의 서로 다른 저항 다섯 개 이상을 선택한 후 특정 저항 두 개에서 각각 1.45mA와 2.35mA 전류가 흐르기 위한 전압과 저항 값을 설계한다. 설계한 회로를 구성하고 계신값과 측정값이 농일함을 확인한다.

- 실험 전 예비보고서를 준비할 때 설계한 회로의 특정 저항 두 개에 각각 1.45mA와 2.35mA의 전류에 대한 이론적 계산과정과 계산값을 제시한다. 그리고 설계한 회로에 대하여 PSpice를 실행하고 이 값이 계산값과 동일함을 확인한다.

4.4 저항의 최대허용전압(전류)

- 저항 양단에 걸리는 최대전압(전류)의 크기를 알아보기 위해 50Ω, 300Ω, 1KΩ 저항을 각각 Bread Board에 고정시킨다. 인가 전압을 1V에서 점점 높여가며 어느 시점에 저항에 이상이 생기는지 측정한다. 세 개의 저항에 대한 측정결과를 비교하여 저항의 최대허용전압(전류) 값을 확인한다.
- 실험 전 예비보고서를 준비할 때 사용하는 저항의 최대허용전력을 조사하고 이 값을 기초로 최대허용전압, 최대허용전류 등에 대하여 계산한다.
- 저항 소자가 허용하는 전압, 전류를 초과하게 되면 소자의 발열, 연기 등이 발생하며 불량제품인 경우 소자 겉면 조각이 튈 수 있으므로 반드시 보안경(최소한 일반안경) 착용을 한다.

제1장 점검 문제

- 3KΩ 이상의 임의의 서로 다른 저항 4개 이상을 사용하여 직렬 또는 병렬 연결하여 5V의 전압을 인가하였을 때 합성저항 전체에 2.78mA의 전류가 흐르는 회로를 구성한다.

[회로도]

- 저항의 직렬, 병렬연결이 각각 최소 2회 이상 들어간 회로의 합성 저항이 2.7KΩ이 되도록 회로를 설계한다. 그리고 각 저항에 Ohm의 법칙이 성립함을 확인한다.

[회로도]

Chapter 02

Kirchhoff 법칙

1. 실험 목표

- Kirchhoff 전류법칙(KCL : Kirchhoff Current Law)을 이해할 수 있다.
- Kirchhoff 전압법칙(KVL : Kirchhoff Voltage Law)을 이해할 수 있다.

2. 관련 이론

2.1 KCL

KCL은 회로해석에 사용되는 기본법칙으로써 한 노드(Node)로 흘러들어 오는 전류의 합은 그 노드에서 흘러 나가는 전류의 합과 같다는 것이다.

2.2 KVL

KVL은 회로해석에 사용되는 기본법칙으로써 한 폐회로(Closed Loop)에서의 전압 강하의 합은 전압 상승의 합과 같다는 것이다.

3. 실험기기 및 부품

- 실험장비 : 전원공급기, Digital Multimeter
- Bread Board, 장비 Probe
- 소자 : 1KΩ 값 이상의 저항(사용가능한 저항 값은 Part 1 참조)

4. 실험 및 설계

4.1 KCL

1) 측정문제

- 하나의 5V 전원과 1KΩ 이상의 임의의 서로 다른 저항 여섯 개를 선택한 후 노드 세 개 이상을 포함하는 회로를 구성한다. 구성한 회로에서 각 저항에 흐르는 전류를 측정한다. 이때 측정결과 값을 바탕으로 KCL이 성립함을 확인한다.

- 실험 전 예비보고서 준비할 때 구성한 회로에 각 저항에 흐르는 전류 값과 각 노드에 들어오고 나가는 전류 값을 이론적으로 계산한다. 그리고 구성한 회로에 대하여 PSpice를 실행하고 시뮬레이션 값이 계산값과 동일함을 확인한다.

2) 설계문제

- 위 측정문제에서 구성한 회로에서 3개의 가지(Branch)가 연결된 특정 노드에 들어오고 나가는 전류 값이 1 : 2 : 3 비율로 구성될 수 있도록 저항 값을 설계한다. 설계한 회로를 구성하고 계산값과 측정값이 동일함을 확인한다.
- 실험 전 예비보고서를 준비할 때 설계한 회로가 요구사항 만족 여부를 확인할 수 있도록 이론적 계산과정과 계산값을 제시한다. 그리고 설계한 회로에 대하여 PSpice를 실행하고 시뮬레이션 값이 계산값과 동일함을 확인한다.

4.2 KVL

1) 측정문제

- 하나의 5V 전원과 1KΩ 이상의 임의의 서로 다른 저항 여섯 개를 선택한 후 폐회로 세 개 이상을 포함하는 회로를 구성한다. 구성한 회로에서 각 저항의 양단에 걸리는 전압을 측정한다. 이때 측정결과 값을 바탕으로 KVL이 성립함을 확인한다.
- 실험 전 예비보고서 준비할 때 구성한 회로에 각 저항에의 양단에 걸리는 전압 값과 각 폐회로의 전압 강하와 상승을 고려한 전압 값을 이론적으로 계산한다. 그리고 구성한 회로에 대하여 PSpice를 실행하고 시뮬레이션 값이 계산값과 동일함을 확인한다.

2) 설계문제

- 위 측정문제에서 구성한 회로에서 임의의 서로 다른 저항 세 개 이상을 포함하는 폐회로의 각 저항 양단에 걸리는 전압이 1 : 2 : 3 또는 1 : 2 : 3 : 4 비율이로 구성될 수 있도록 회로를 설계한다. 설계한 회로를 구성하고 계산값과 측정값이 동일함을 확인한다.
- 실험 전 예비보고서를 준비할 때 설계요구사항을 만족하는 회로 설계 여부를 확인할 수 있도록 이론적 계산과정과 계산값을 제시한다. 그리고 설계한 회로에 대하여 PSpice를 실행하고 시뮬레이션 값이 계산값과 동일함을 확인한다.

제2장 점검 문제

- 5.1KΩ 세 개와 10KΩ 한 개의 저항만을 사용하여 이 중 세 개 저항에 걸리는 전압이 대략 1 : 2 : 4 비율로 측정되는 회로를 설계한다. 설계한 회로의 각 노드 및 폐회로 KCL과 KVL이 성립함을 확인한다.

[회로도]

Chapter 03

브리지 회로와 △-Y 등가회로 변환

1. 실험 목표

- 휘트스톤 브리지의 개념을 이해하고 응용한 회로를 설명할 수 있다.
- △-Y 등가 회로의 특성을 이해하고 두 개의 등가회로 변환할 수 있다.
- △-Y 등가 회로 변환을 이용하여 휘트스톤 브리지 회로를 해석할 수 있다.
- 가변저항 또는 Decade Resistor를 활용할 수 있다.

2. 관련 이론

2.1 휘트스톤 브리지

네 개의 저항이 정사각형을 이루는 회로이며 불평형 휘트스톤 브리지 회로와 평형 휘트스톤 브리지 회로로 나눌 수 있다. 휘트스톤 브리지 개념을 활용하여 저항미터기나 전자저울, 온도 및 압력 측정기기 등을 제작한다.

2.2 △-Y 등가 회로

기본적인 Ohm의 법칙이나 키르히호프법칙으로 계산하기 어려운 복잡한 △모양을 포함한 회로를 Y모양을 포함한 회로로 변환하고, Y모양을 포함한 회로를 △모양을 포함한 회로로 변환함으로서 회로 해석을 용이하게 할 수 있다.

2.3 가변저항 또는 Decade Resistor

일반적인 저항 소자들은 저항 값이 고정되어 있는데 가변저항과 Decade Resistor는 저항 값을 조절할 수 있는 형태로 가변저항은 아날로그 형태라고 한다면 Decade Resistor는 디지털 형태라고 할 수 있다.

3. 실험기기 및 부품

- 실험장비 : 진원공급기, Digital Multimeter
- Bread Board, 장비 Probe
- 소자 : 1KΩ 값 이상의 저항(사용가능한 저항 값은 Part 1 참조).

4. 실험 및 설계

4.1 휘트스톤 브리지

1) 측정문제

- 임의의 서로 다른 저항을 사용하여 그림 3.1과 같이 휘트스톤 브리지 회로를 구성한다. 여기서 R_s와 R_2 값은 1KΩ 이하를 선택한다. R_4와 R_5에 걸리는 전압과 R_s와 R_2에 흐르는 전류 값을 측정한다.
- 구성한 회로에서 I_a가 0이 되도록 R_s 값을 바꾼다. I_a가 0이 될 때 R_4와 R_5에 걸리는 전압과 R_s에 흐르는 전류 값을 측정한다. 여기서 I_a가 0이라는 것은 양단의 전압 차가 없다는 것을 의미한다.
- 실험 전 예비보고서 준비할 때 구성한 각각의 회로에 R_s와 R_2에 흐르는 전류와 R_4와 R_5에 걸리는 전압 값을 이론적으로 계산한다. 그리고 각 회로에 대하여 PSpice를 실행하고 시뮬레이션 값이 계산값과 동일함을 확인한다.

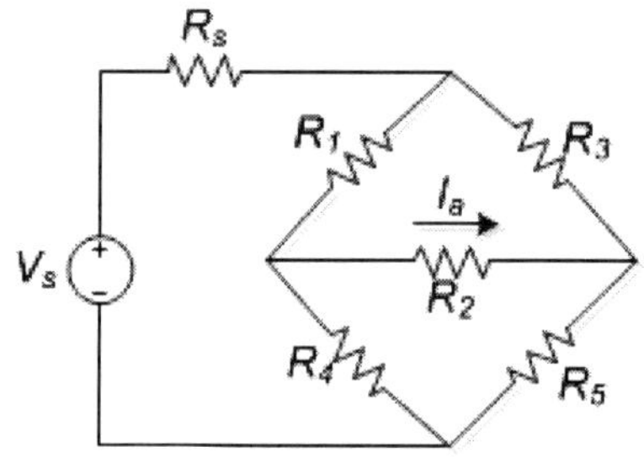

▌그림 3.1▐ 휘트스톤 브리지 회로 구성

2) 설계문제

- 위 측정 첫 번째 회로에서 측정되는 I_a 값의 1/2과 1/5 값이 되도록 R_s 값을 설계한다. 이 때 R_4와 R_5에 걸리는 전압 값 변화를 확인한다.
- 값을 알고 있는 두 개의 저항, R_1와 R_3과 하나의 가변저항 또는 Decade Resistor, R_4, 그리고 값을 모르는 저항, R_5, 하나로 휘트스톤 브리지 회로를 구성한다. 가변저항 값을 조정하며 전류계에 전류가 흐르지 않을 때의 가변저항의 값을 찾는다. 이 값이 값을 모르는 저항, R_5 값과 동일함을 확인한다. 휘트스톤 브리지 법칙에 따라 미지의 저항 값을 계산해보고, 실제 저항 값을 측정하여 휘트스톤 브리지 법칙이 성립함을 확인한다.
- 실험 전 예비보고서를 준비할 때 설계요구사항을 만족하는 회로 설계 여부를 확인할 수 있도록 이론적 계산과정과 계산값을 제시한다. 그리고 설계한 회로에 대하여 PSpice를 실행하고 시뮬레이션 값이 계산값과 동일함을 확인한다.

4.2 △-Y 등가 회로

1) 측정문제 I : R_1 R_2 R_3 저항 변환

- 그림 3.2와 같이 임의의 서로 다른 저항 세 개, 또는 4.1 휘트스톤 브리지 측정에서 사용한 저항, R_1 R_2 R_3을 사용하여 △ 회로를 구성하고 이와 등가인 Y 회로를 변환한다. △-Y 등가 회로 변환이 서로 동일함을 확인한다.
- △ 회로와 Y 회로의 각 노드에 흐르는 전류 또는 합성저항을 측정하여 두 회로가 동일함을 확인한다.

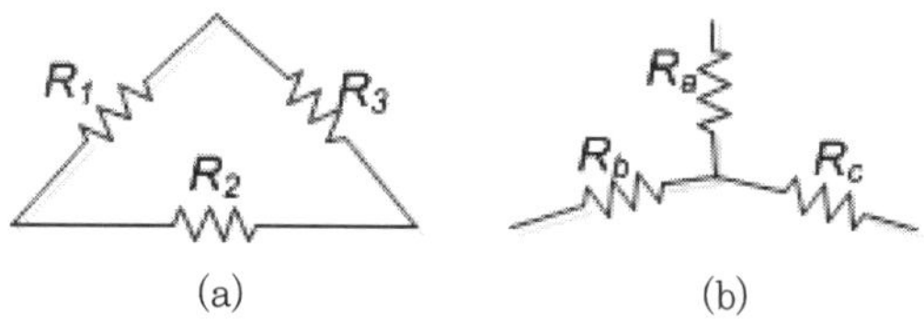

▎그림 3.2▎ △-Y 등가 회로 구성 (a) △-회로 (b) Y-회로

- 실험 전 예비보고서를 준비할 때 △-회로 및 변환한 Y-회로가 동일함을 이론적으로 확인하고 계산값을 제시한다.

2) 측정문제 II : △-Y 등가 회로 적용

- 그림 3.2 등가회로를 그림 3.1에 적용하면 그림 3.3(a)와 같고 이를 간략화하면 그림 3.3(b)와 같다. Y-△등가 회로가 적용하여 그림 3.1과 3.3(a)이 등가임을 확인하기 위하여 어느 부분의 전류나 전압 값을 확인하여야 하는지 설명한다.
- 4.1 휘트스톤 브리지 측정문제 첫 번째($I_a \neq 0$)와 두 번째($I_a = 0$) 회로에 Y-△등가 회로를 적용하여 얻어진 그림 3.3의 두 회로가 동일함을 확인한다.
- 실험 전 예비보고서 준비할 때 △-Y 등가 회로를 적용한 회로에 대하여 각 저항에 흐르는 전류와 전압 값을 이론적으로 계산한다. △-Y 등가 회로 적용 전후의 회로가 서로 동일함을 설명한다. 그리고 각 회로에 대하여 PSpice를 실행하고 시뮬레이션 값이 계산값과 동일함을 확인한다.

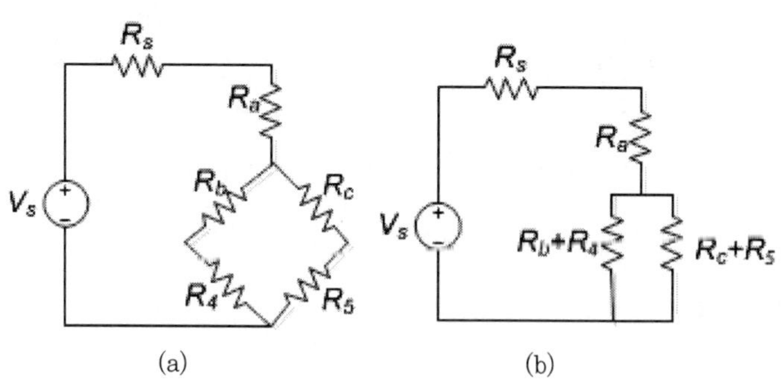

▎그림 3.3▎ △-Y 등가회로 변환을 활용 휘트스톤 브리지 회로
(a) △-Y 등가회로 변환 적용한 회로 (b) 간략화한 회로

제3장 점검 문제

- 그림 3.4와 같은 휘트스톤 브리지 회로를 꾸미고 Decade Resister과 디지털 멀티미터의 전류계를 이용하여 ?Ω 값을 구하고 왜 그 값인지 설명한다.

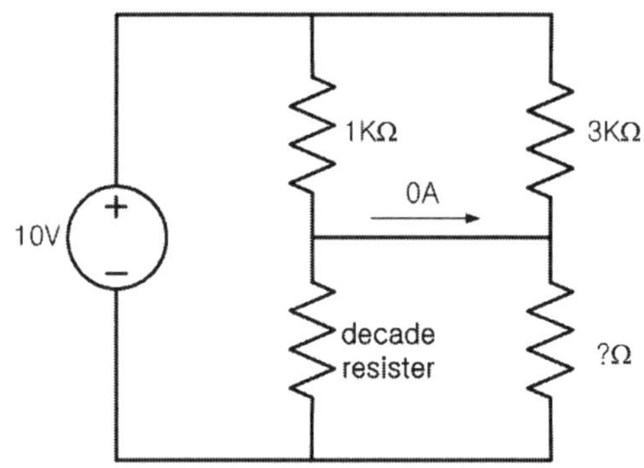

▌그림 3.4▐ 휘트스톤 브리지 회로

- 그림 3.5 회로에서 △-Y 변환을 적용시켜 R_{ab}를 구한다. R_{ab}로 10V의 전압을 인가했을 때의 전류와 △-Y 변환을 적용시키지 않은 그림 3.5의 전체 전류와 일치함을 확인한다.

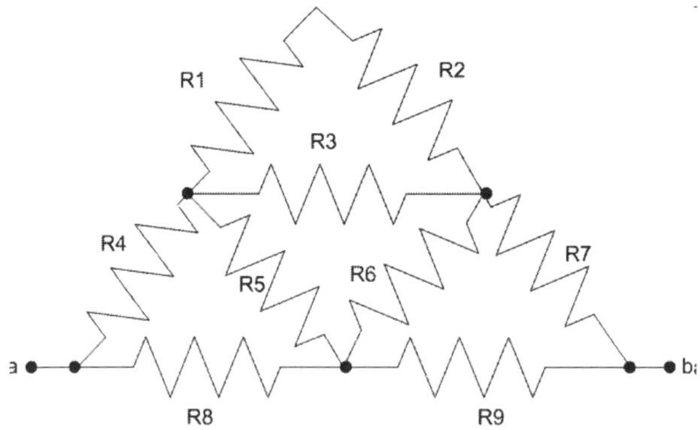

▌그림 3.5▐ 복잡한 △-Y 등가 회로

Chapter 04 노드전압 및 망전류 회로해석 방법

1. 실험 목표

- 노드전압 방법(Node-Voltage Method)을 활용하여 회로를 해석할 수 있다.
- 망전류 방법(Mesh-Current Method)을 활용하여 회로를 해석할 수 있다.

2. 관련 이론

2.1 노드전압 방법

노드전압 방법은 KCL(Kirchhoff Current Law)를 활용하여 각 노드에 브랜치 전류의 식을 수립하여 회로 각 소자에 전류, 전압 등을 계산한다.

2.2 망전류 방법

망전류 방법은 KVL(Kirchhoff Voltage Law)를 활용하여 각 폐회로에 루프 전류의 식을 수립하여 회로 각 소자에 전류, 전압 등을 계산한다.

3. 실험기기 및 부품

- 실험장비 : 전원공급기, Digital Multimeter
- Bread Board, 장비 Probe
- 소자 : 1KΩ 값 이상의 저항(사용가능한 저항 값은 Part 1 참조)

4. 실험 과정

4.1 노드전압 방법

1) 측정문제 I

- 2장 4.1 KCL 실험에서 구성한 회로의 실험결과와 PSpice 시뮬레이션 값을 확인한다.
- 노드전압 방법을 이용하여 이론적으로 각 소자의 전류, 전압 등을 계산한다. 이론적으로 계산한 값이 측정결과와 PSpice 시뮬레이션 값과 동일함을 확인한다.
- 3장 4.1 휘트스톤 브리지 실험에서 구성한 회로의 실험결과와 PSpice 시뮬레이션 값을 확인한다.

- 노드전압 방법을 이용하여 이론적으로 각 소자의 전류, 전압 등을 계산한다. 이론적으로 계산한 값이 측정결과와 PSpice 시뮬레이션 값과 동일함을 확인한다.
- 2장과 3장의 실험결과를 정상적으로 종료하였다면 실험 전 예비보고서에 이론 계산값, 시뮬레이션, 측정결과 등을 정리하고 그렇지 않다면 이번 실험에 완성하지 못한 실험 부분을 준비한다.

2) 측정문제 II

- 하나의 5V 전원과 임의의 서로 다른 저항 여덟 개 이상을 선택한 후 노드 네 개 이상을 포함하는 회로를 구성한다. 구성한 회로에서 각 저항에 흐르는 전류를 측정한다. 이때 측정결과 값이 이론적으로 계산한 값이 동일함을 확인한다.
- 실험 전 예비보고서 준비할 때 구성한 회로의 각 소자의 전류와 전압을 노드전압 방법을 이용하여 이론적으로 계산한다. 그리고 구성한 회로에 대하여 PSpice를 실행하고 시뮬레이션 값이 계산값과 동일함을 확인한다.

4.2 망전류 방법

1) 측정문제 I

- 2장 4.2 KVL 실험에서 구성한 회로의 실험결과와 PSpice 시뮬레이션 값을 확인한다.
- 망전류 방법을 이용하여 이론적으로 각 소자의 전류, 전압 등을 계산한다. 이론적으로 계산한 값이 측정결과와 PSpice 시뮬레이션 값과 동일함을 확인한다.
- 3장 4.2 △-Y 등가 회로 실험에서 구성한 회로의 실험결과와 PSpice 시뮬레이션 값을 확인한다.
- 망전류 방법을 이용하여 이론적으로 각 소자의 전류, 전압 등을 계산한다. 이론적으로 계산한 값이 측정결과와 PSpice 시뮬레이션 값과 동일함을 확인한다.
- 2장과 3장의 실험결과를 정상적으로 종료하였다면 실험 전 예비보고서에 이론 계산값, 시뮬레이션, 측정결과 등을 정리하고 그렇지 않다면 이번 실험에 완성하지 못한 실험 부분을 준비한다.

2) 측정문제 II

- 하나의 5V 전원과 임의의 서로 다른 저항 여덟 개 이상을 선택한 후 폐회로 세 개 이상을 포함하는 회로를 구성한다. 구성한 회로에서 각 저항에 흐르는 전압을 측정한다. 이때 측정결과 값이 이론적으로 계산한 값이 동일함을 확인한다.
- 실험 전 예비보고서 준비할 때 구성한 회로의 각 소자의 전류와 전압을 노드전압 방법을 이용하여 이론적으로 계산한다. 그리고 구성한 회로에 대하여 PSpice를 실행하고 시뮬레이션 값이 계산값과 동일함을 확인한다.

제4장 점검 문제

- 그림 4.1에서 임의의 전원 값과 저항들을 선택한 후 노드전압 방법과 망전류 방법 중에 한 가지 방법을 사용하여 각 저항에 흐르는 전류와 전압 값을 구한다. 회로를 구성한 후 측정한 값이 계산값과 동일함을 확인한다.

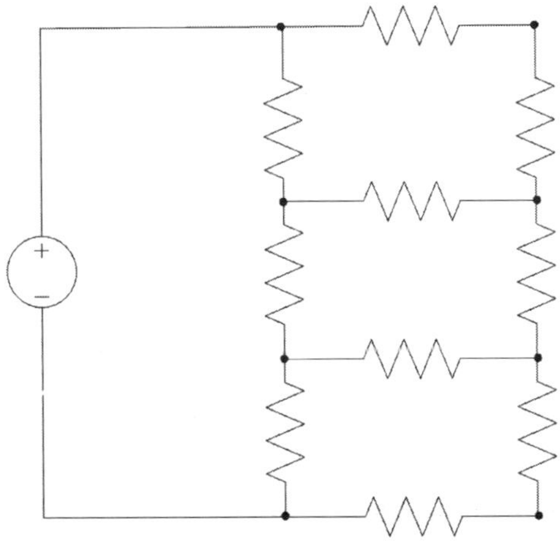

❙그림 4.1❙ 점검 문제 회로 1

- 그림 4.2에서 임의의 전원 값과 저항들을 선택한 후 노드전압 방법과 망전류 방법 중에 한 가지 방법을 사용하여 I_O에 대한 계산값을 구한다. 회로를 구성한 후 측정한 값이 계산값과 동일함을 확인한다.

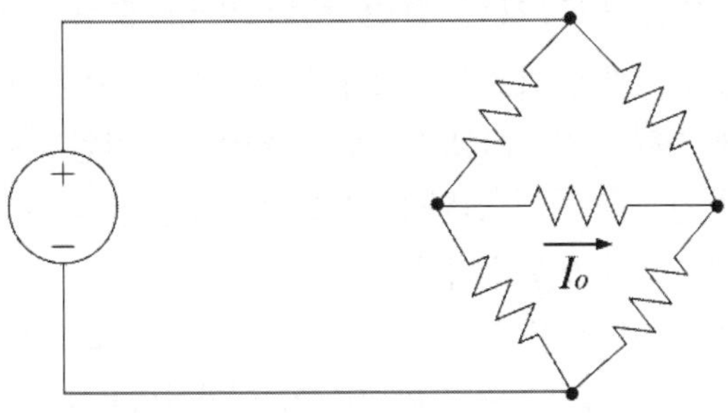

❙그림 4.2❙ 점검 문제 회로 2

Chapter 05

중첩 원리

1. 실험 목표

- 중첩 원리를 이해하고 전원 두 개 이상을 포함한 회로에 적용하여 회로 해석에 활용할 수 있다.

2. 관련 이론

여러 개의 독립전원이 있는 선형 회로에서 임의의 소자나 회로에 흐르는 전류, 전압은 독립전원이 각각에 인가되었을 때의 전류 또는 전압의 총합과 같다.

- 선형 회로
- 중첩 원리

3. 실험기기 및 부품

- 실험장비 : 전원공급기, Digital Multimeter
- Bread Board, 장비 Probe
- 소자 : 1KΩ 값 이상의 저항(사용가능한 저항 값은 Part 1 참조)

4. 실험 과정

1) 측정문제 I : 같은 위치에서 전원 분리 또는 중첩

- 4장 노드전압 및 망전류 방법 회로해석 실험에서 구성한 회로를 이용한다. 지금까지 실험에서 구성한 회로에 전원은 하나이었고 이번 실험에서는 전원을 두 개 이상을 사용한다.
- 그림 5.1(a)와 같이 같은 위치의 전원에 서로 같거나 다른 값, V_1, V_2를 각각 인가했을 때 각 소자의 전류와 전압을 측정한다.
- 그림 5.1(b)와 같이 두 개의 전원을 직렬로 인가하고 각 소자 양단에 걸리거나 흐르는 전압과 전류를 측정한다. 그리고 각각의 전원을 인가하였을 때, 각 소자 양단에 걸리거나 흐르는 전압과 전류의 합산한 값과 동일함을 확인한다.
- 실험 전 예비보고서 준비할 때 전원을 각각 인가한 회로와 동시에 인가한 회로에 대하여 각 저항에 걸리거나 흐르는 전압과 전류 값을 이론적으로 계산하여 이론적으로 중첩 원리가 성립함을 확인한다. 그리고 구성한 회로에 대하여 PSpice를 실행하고 시뮬레이션 값이 계산값과 동일함을 확인한다.

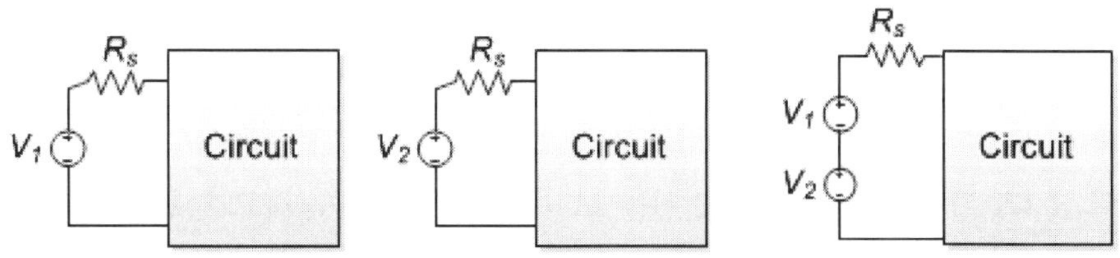

(a) (b)

▎그림 5.1▎ 같은 위치 전원 인가하는 경우 중첩 원리 실험 회로
(a) 각각 전원을 인가 (b) 두 개 전원을 동시에 인가

2) 측정문제 II : 다른 위치에서 전원 인가

- 그림 5.2(a)와 같이 서로 다른 위치의 전원에 서로 다른 값, V_1, V_2,를 각각 인가했을 때 각 소자의 전류와 전압을 측정한다. 이때 기존 전압 전원을 제거할 때에는 개방(Open)하면 되고 전류 전원을 단락(Short)하면 된다.
- 그림 5.2(b)와 같이 두 개의 전원을 동시에 연결하고 각 소자 양단에 걸리거나 흐르는 전압과 전류를 측정한다. 그리고 각각의 전원을 인가하였을 때 각 소자 양단에 걸리거나 흐르는 전압과 전류의 합산한 값과 동일함을 확인한다.
- 실험 전 예비보고서 준비할 때 전원을 각각 인가한 회로와 동시에 인가한 회로에 대하여 각 저항 양단에 걸리거나 흐르는 전압과 전류 값을 이론적으로 계산하여 중첩 원리가 성립함을 확인한다. 그리고 구성한 회로에 대하여 PSpice를 실행하고 시뮬레이션 값이 계산값과 동일함을 확인한다.

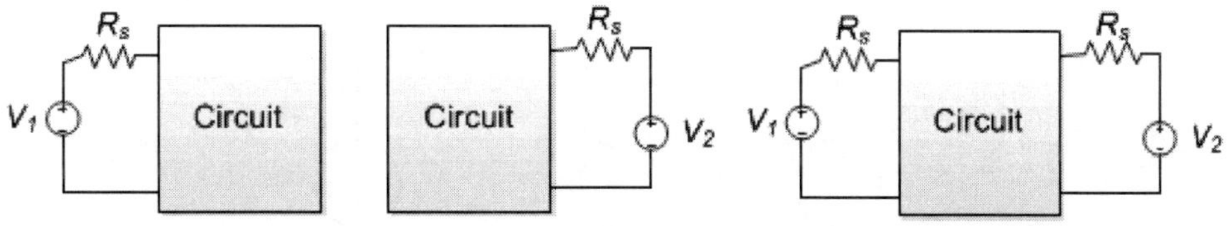

(a) (b)

▎그림 5.2▎ 다른 위치 전원 인가하는 경우 중첩 원리 실험 회로
(a) 각각 전원을 인가 (b) 두 개 전원을 동시에 인가

3) 설계문제

- 한 저항에 흐르는 전류 값이 각 전원이 독립적으로 연결될 때 각각 3.5mA와 −1.5mA가 되도록 하고 두 개 전원이 동시에 연결될 때 해당 저항에 흐르는 전류 값이 2mA가 되도록 그림 5.2와 같이 회로를 설계한다. 여기서 전류(−)는 방향이 반대라는 뜻이다.

제5장 점검 문제

- 그림 5.3과 같이 같은 방향의 전원을 포함하는 회로를 구성하고 중첩 원리가 성립함을 설명하여라.

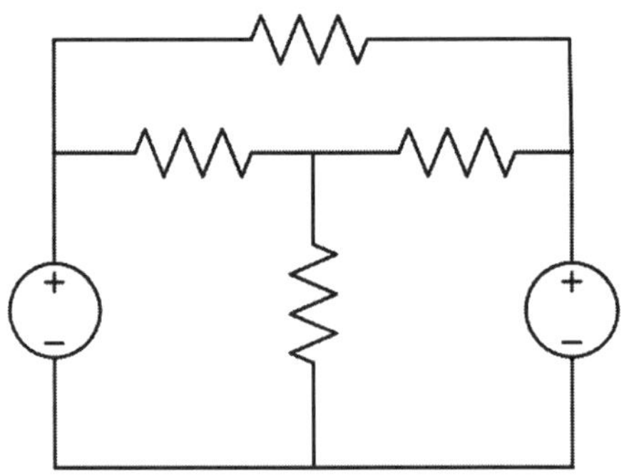

▌그림 5.3▐ 같은 방향의 전원 구성 회로

- 그림 5.4와 같이 서로 다른 방향의 전원을 포함하는 회로를 구성하고 중첩 원리가 성립함을 설명하여라.

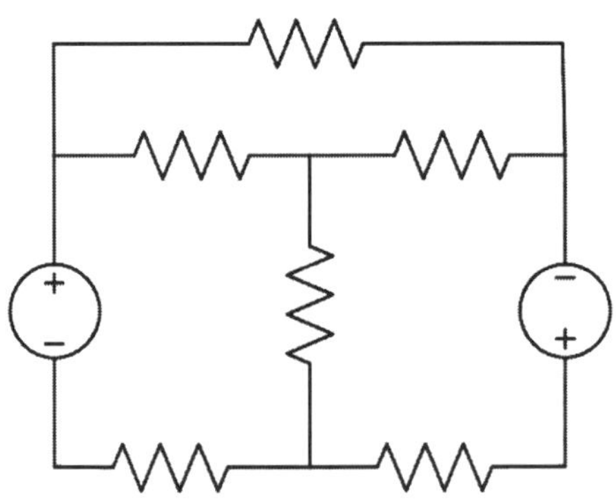

▌그림 5.4▐ 극성을 반대로 연결한 회로

Chapter 06 Thevenin/Norton회로와 DC전원장치

1. 실험 목표

- Thevenin, Norton 등가회로 개념을 이해하고 회로를 분석할 수 있다.
- DC 전원장치 정격출력을 이해하고 이를 제작할 수 있다.
- 부하가 연결되어 있지 않을 때와 부하가 연결되어 있을 때 부하 양단에 걸리거나 흐르는 전압과 전류를 계산할 수 있다.

2. 관련 이론

2.1 Thevenin 등가회로

Thevenin 등가회로는 부하의 관점에서 나머지 회로 부분을 간단히 표현할 수 있는 등가회로로써 부하 양단에 걸리는 전압과 전원을 제거하고 측정되는 합성저항의 직렬 형태로 구성된다. 여기서 합성저항을 측정하기 위해서 전원 제거는 전압 전원 단락(Short)하고 전류 전원의 경우 개방(Open)한 후 부하의 양단 관점에서 저항 값을 계산한다.

2.2 Norton 등가회로

Norton 등가회로는 부하의 관점에서 나머지 회로 부분을 간단히 표현할 수 있는 등가회로로써 부하 양단에 흐르는 전류와 전원을 제거하고 측정되는 합성저항의 병렬 형태로 구성된다.

2.3 DC전원장치 정격출력

소형가전기기는 일반적으로 DC전원으로 동작한다. 그림 6.1과 같은 DC전원 변환장치는 입력전압 DC 110V/220V를 DC전압으로 변환하며, 이 예에서는 12V, 1.5A 정격출력을 제공하게 된다.

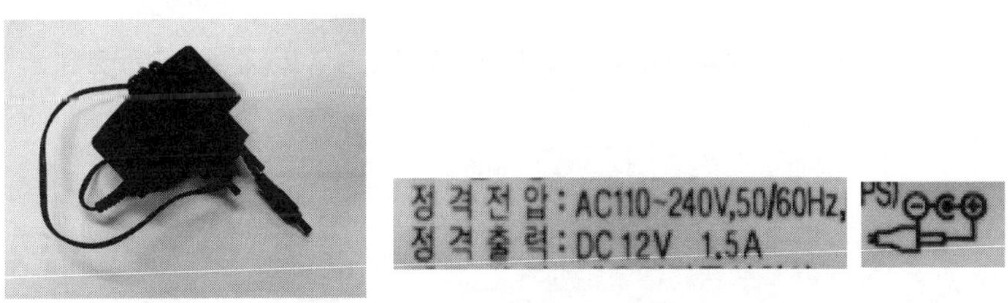

그림 6.1 DC 전원장치와 정격출력 예

3. 실험기기 및 부품

- 실험장비 : 전원공급기, Digital Multimeter
- Bread Board, 장비 Probe
- 소자 : 1KΩ 값 이상의 저항(사용가능한 저항 값은 Part 1 참조).
- DC전원장치가 포함되어 있는 소형가전(폐기가능)
- 1.5V AA 배터리
- (선택) USB 연결 커넥터, 다양한 DC전원 연결 잭

4. 실험 과정

4.1 Thevenin 등가회로

1) 측정문제 I : 부하를 제거한 후 전압과 저항 측정

- 하나의 5~10V 전원과 임의의 서로 다른 저항 네 개 이상을 선택하여 직병렬 회로를 포함하는 회로를 그림 6.2(a)와 같이 구성한다. 그림 6.2(b)와 같이 단자 a-b에서 저항, R_L,을 제외하여 구성되는 회로에 대하여 Thevenin 등가회로를 구하고 기존회로가 등가회로와 동일함을 확인한다.
- 그림 6.3(a)와 같은 등가회로를 구하기 위하여 V_{TH}와 R_{TH}는 각각 그림 6.3(b)와 (c)와 같이 측정한다.
- 실험 전 예비보고서 준비할 때 기존회로에 대하여 Thevenin 등가회로를 이론적으로 계산하고 기존회로와 Thevenin 등가회로가 서로 동일함을 확인한다. 그리고 구성한 회로에 대하여 PSpice를 실행하고 시뮬레이션 값이 계산값과 동일함을 확인한다.

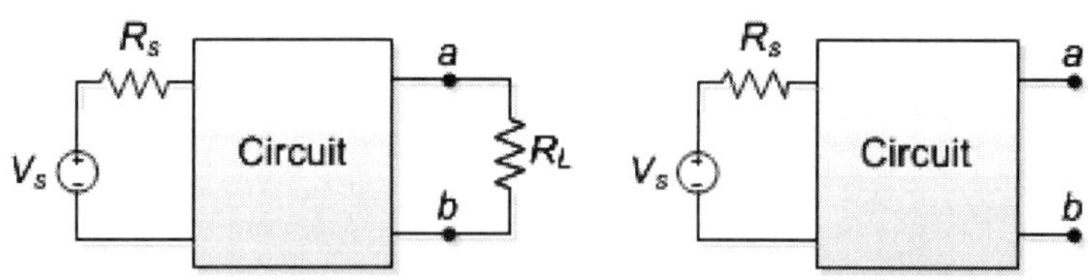

(a) (b)

❙그림 6.2❙ 실험 회로 구성 (a) 부하가 인가된 경우 (b) 부하가 없는 경우

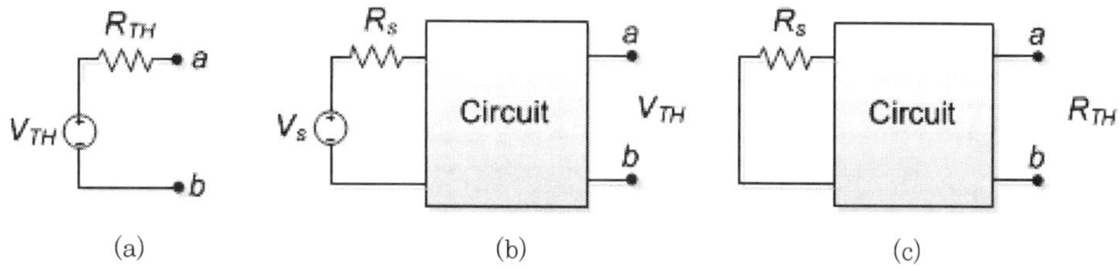

▌그림 6.3▐ Thevenin 회로 (a) 등가회로 (b) V_{TH} 측정방법 (c) R_{TH} 측정방법

2) 측정문제 II : 부하를 인가한 후 부하에 걸리는 전압과 전류 측정

- 그림 6.2(a)와 같이 단자 a-b에 부하를 인가한 후 부하에 걸리는 전압과 전류를 측정한다.
- Thevenin 등가회로로 구한 V_{TH}와 R_{TH}를 이용하여 그림 6.3(a)와 같이 회로를 구성하고 부하를 인가하여 측정한 전압과 전류가 그림 6.2(a) 회로에서 측정한 전압과 전류와 동일함을 확인한다.
- 실험 선 예비보고서 준비할 때 그림 6.2(a)와 6.3(a)의 단자 a-b에 부하를 인가한 후 부하에 걸리는 전압과 전류를 이론적으로 계산하고 부하가 인가된 이후에도 기존회로와 Thevenin 등가회로가 서로 동일함을 확인한다. 그리고 구성한 회로에 대하여 PSpice를 실행하고 시뮬레이션 값이 계산값과 동일함을 확인한다.

3) 측정문제 III : 다른 부하를 연결한 후 부하에 걸리는 전압과 전류 측정

- 측정문제 II의 부하 값을 $2 \times R_L$ 또는 $10 \times R_L$로 바꾸어서 반복 수행한다.

4) 설계문제

- 하나의 5V 전원과 임의의 서로 다른 저항 네 개 이상을 선택하여 V_{TH}와 R_{TH}가 각각 3V와 20KΩ가 출력되는 회로를 설계한다.
- 부하 10KΩ을 단자 a-b에 부하를 연결한 후 V_{TH}이 2V가 출력되도록 회로를 설계한다.

4.2 Norton 등가회로

1) 측정문제 I : 부하를 제거한 후 전류 측정

- 하나의 5~10V 전원과 임의의 서로 다른 저항 네 개 이상을 선택하여 직 병렬 회로를 포함하는 회로를 그림 6.2(a)와 같이 구성한다. 그림 6.2(b)와 같이 단자a-b에서 저항, R_L,을 제외하여 구성되는 회로에 대하여 Norton 등가회로를 구하고 기존회로가 등가회로와 동일함을 확인한다.
- 그림 6.4(a)와 같은 Norton 등가회로를 구성하기 위하여 I_{TH}를 그림 6.4(b)와 같이 측정한다. R_{TH}는 그림 6.3(c)와 같이 Thevenin 등가회로에서 구하는 과정과 동일하다.

- $V_{TH} = I_{TH} \times R_{TH}$ 관계가 성립함을 확인한다.
- 실험 전 예비보고서 준비할 때 기존회로에 대하여 Norton 등가회로를 이론적으로 계산하고 기존회로와 Norton 등가회로가 서로 동일함을 확인한다. 그리고 구성한 회로에 대하여 PSpice를 실행하고 시뮬레이션 값이 계산값과 동일함을 확인한다.

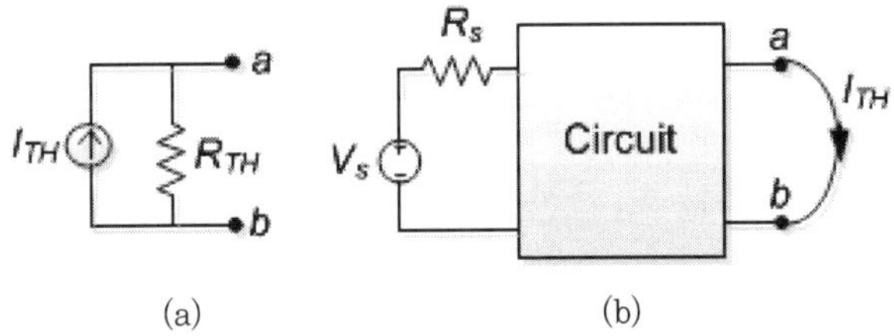

▌그림 6.4▌ Norton 회로 (a) 등가회로 (b) I_{TH} 측정방법

2) 측정문제 II : 부하를 연결한 후 부하에 걸리는 전압과 전류 측정

- 그림 6.2(a)와 같이 단자 a–b에 부하를 연결한 후 부하에 걸리는 전압과 전류를 측정한다.
- Norton 등가회로로 구한 V_{TH}와 R_{TH}를 이용하여 그림 6.3(a)와 같이 회로를 구성하고 부하를 연결하여 측정한 전압과 전류가 그림 6.2(a) 회로에서 측정한 전압과 전류와 동일함을 확인한다.
- 실험 전 예비보고서 준비할 때 그림 6.2(a)와 6.3(a)의 단자 a–b에 부하를 연결한 후 부하에 걸리는 전압과 전류를 이론적으로 계산하고 부하가 연결된 이후에도 기존회로와 Norton 등가회로가 서로 동일함을 확인한다. 그리고 구성한 회로에 대하여 PSpice를 실행하고 시뮬레이션 값이 계산값과 동일함을 확인한다.

4.3 DC전원장치를 갖는 소형가전

- 소형가전에 전원으로 DC전원장치 대신 전원공급기를 사용한다. 이 때 전원연결 잭을 대신할 수 있는 방안을 모색한다.
- 소형가전이 동작할 수 있도록 1.5V AA 배터리를 직병렬로 구성한다.
- (선택사항) 휴대폰의 전원이 공급(충전)될 수 있도록 USB의 핀 배치를 확인하고 1.5V AA 배터리를 직병렬로 구성한다.

제6장 점검 문제

- 그림 6.5 회로에서 단자 a-b에 대한 Thevenin 등가회로를 구하고 회로 구성을 통해 확인한다.

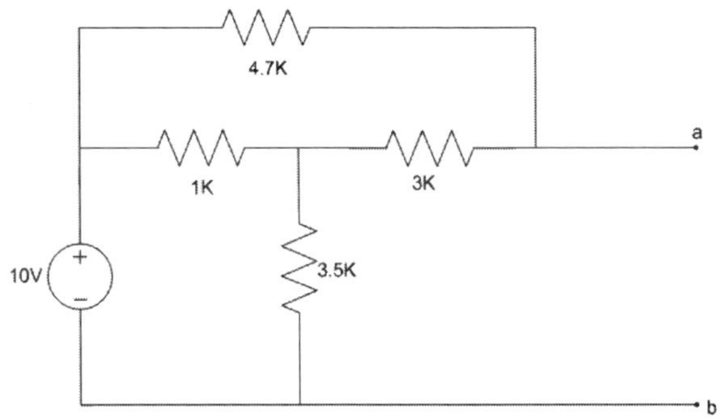

❙ 그림 6.5 ❙ Thevenin 등가회로

- 그림 6.6 회로에서 단자 a-b에 대한 Norton 등가회로를 구하고 회로 구성을 통해 확인한다.

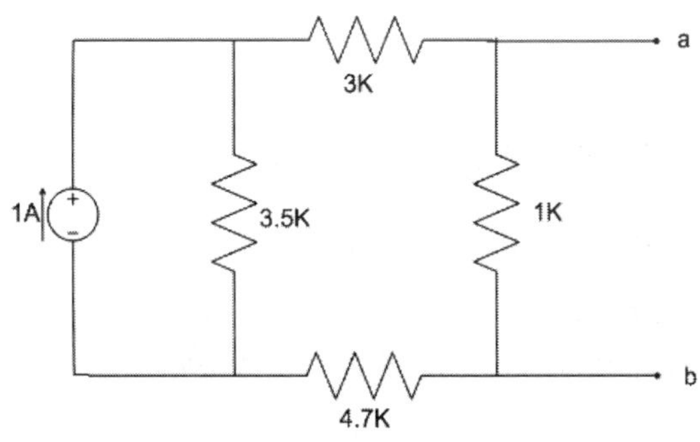

❙ 그림 6.6 ❙ Norton 등가회로

Chapter 07 최대전력전달과 모터제어

1. 실험 목표

- 부하에 최대의 전력을 전달하기 위한 조건과 그 원리를 이해한다.
- 모터를 동작하고 모터의 최대출력을 얻기 위한 회로를 구성할 수 있다.

2. 관련 이론

2.1 최대전력전달

부하에 최대전력이 공급되기 위해서는 부하의 저항과 부하를 제외한 나머지 회로의 저항의 크기가 같아야 한다.

2.2 모터제어

실생활에서 많이 사용하고 있는 모터는 다양한 형태의 입력에 따라 동작하는데 본 실험에서는 DC 전압 크기에 따라 회전속도 및 크기가 변환하는 DC 모터를 실험한다.

3. 실험기기 및 부품

- 실험장비 : 전원공급기, Digital Multimeter
- Bread Board, 장비 Probe
- 소자 : 1KΩ 값 이상의 저항(사용가능한 저항 값은 Part 1 참조).
- 가변저항
- DC모터

4. 실험 과정

4.1 최대전력전달

1) 측정문제 I

- 부하에서 최대전력을 측정하기 위해서는 부하(R_L)에 걸리는 전압(V_L)과 부하에 흐르는 전류(I_L)에 대하여 $V_L \times I_L$, $I_L^2 \times R_L$, V_L^2 / R_L 등으로 계산되기 때문에 전압이나 전류 값을 측정하여 최대전력을 얻을 수 있다.

- 그림 7.1과 같이 단자 a-b 좌측의 전원과 저항 값을 고정하고 부하의 크기를 변화시키면서 R_S가 R_L과 같을 때 부하에 최대전력이 출력되는 것을 확인한다. 여기서 부하는 가변저항을 사용한다. 실험 전 예비보고서를 작성할 때 최대전력을 얻는 R_L값을 이론적으로 구한다. 이 값의 50%, 80%, 100%, 120%, 150% 되는 부하의 값에 대한 전류, 전압, 전력 값을 구하고 R_L의 100%일 때 최대전력을 확인한다.
- 그림 7.1과 같은 회로에서 R_S가 R_L과 같을 때 부하에 최대전력이 출력되는 것을 확인한다.

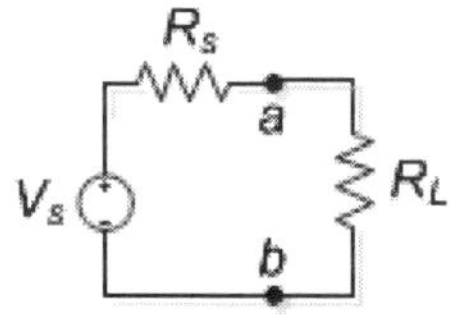

▌그림 7.1▐ 최대전력전달 실험회로

- 실험 전 예비보고서를 작성할 때 최대전력을 얻는 R_S값을 이론적으로 구한다. 이 값의 50%, 80%, 100%, 120%, 150% 되는 부하의 값에 대한 전류, 전압, 전력 값을 구하고 어느 조건일 때 RL에 최대전력을 얻을 수 있는 지 확인한다. 각 저항 값에 대한 PSpice를 실행하고 시뮬레이션 값이 계산값과 동일함을 확인한다.

R_S가 고정되었을 때 R_L이 R_S와 같을 때 최대전력을 얻을 수 있지만 R_S를 가변할 때에는 R_S가 최소일 때 R_L에 최대전력이 전달된다.

2) 측정문제 II : 가변저항 사용

- 위 측정 첫 번째 회로에서 R_L로 가변저항을 선택한다. 가변저항 값을 변화시키면서 최대전력을 얻을 때 가변저항 값을 측정한다. 이 때 측정값이 위 측정 실험에서 최대전력을 얻을 때의 저항 값과 동일함을 확인한다.

3) 측정문제 III

- 6장 Thevenin/Norton 회로와 DC전원장치 실험에서 구성한 회로를 이용하여 단자 a-b에 부하로 걸리는 R_L이 Thevenin 등가회로의 R_{TH}와 같을 때 최대전력이 출력되는 것을 확인한다.
- 실험 전 예비보고서를 작성할 때 최대전력을 얻는 R_{TH}값을 이론적으로 구한다. 그리고 선택한 회로에 대하여 PSpice를 실행하고 이 값이 계산값과 동일함을 확인한다.

4.2 DC모터제어

- DC모터를 선택하고 이 모터를 동작시키기 위한 입력전압/전류 등을 확인한다. DC모터가

최대출력(최대토크)를 낼 수 있는 조건을 확인하며 동시에 과부하가 걸리지 않기 위한 조건을 확인한다.

- 그림 7.2(a)와 같이 DC모터에 전원을 인가하고 전원 값을 변화시키면서 DC모터에서 소비되는 전력을 측정한다. 이 때, DC모터의 정격입력전압을 반드시 확인하고 입력전압이 최대입력전압을 초과하지 않도록 한다.
- 그림 7.2(a)와 같이 회로를 구성하고 DC모터가 최대출력을 얻을 수 있도록 저항 R_2와 R_3 값을 변화한다. 최대출력을 얻는 것은 전원값이 변화하여도 DC모터가 과부하가 걸리지 않도록 최적의 값을 구한다.

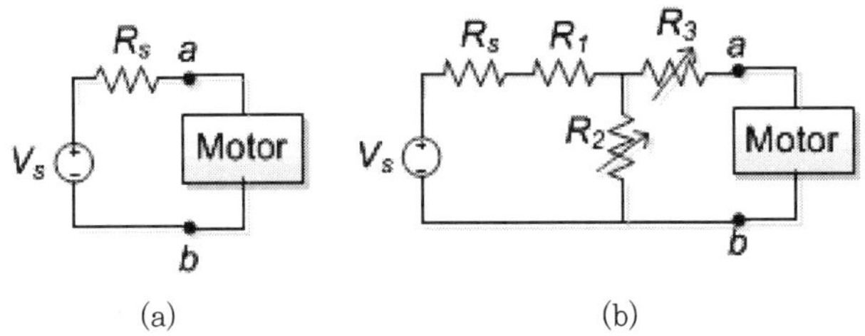

▌그림 7.2▐ DC 모터제어 (a) 직접연결 (b)최대출력

- 실험 전 예비보고서를 작성할 때 DC모터의 동작 가능한 전압 범위를 확인하고 그림 7.2(b)와 같이 회로를 구성할 때 최대출력을 얻을 수 있는 저항 값과 전원값이 순간적으로 큰 전압이 걸려도 DC모터가 과부하 걸리지 않을 수 있는 저항 값을 확인한다.

제7장 점검 문제

- 그림 7.3에서 최대전력을 전달하기 위한 Load의 값을 구하고 그 조건에 대하여 설명한다. 또한 이 값을 실험을 통하여 확인하고 측정값을 기술한다.

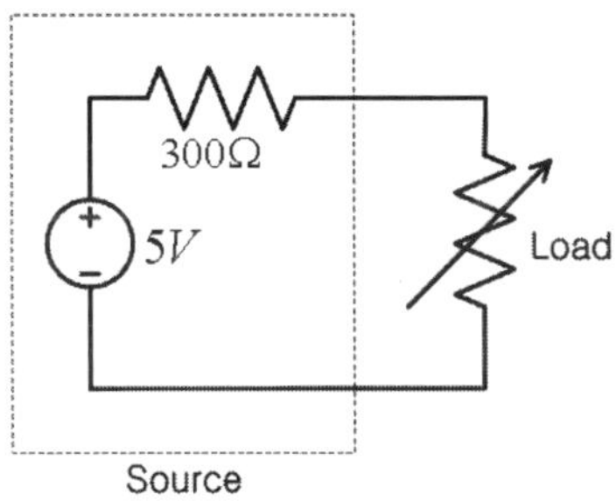

▌그림 7.3▐ 최대 전력 전달 회로

Chapter 08

인덕터

1. 실험 목표

- 인덕터(L)는 주파수 값에 따라 리액턴스(X_L)가 변화하는 것을 이해한다.
- 인덕터들이 직렬 혹은 병렬로 연결될 때의 합성 인덕턴스 값을 계산할 수 있다.
- 저항과 같이 구성된 회로의 임피던스(Z_L)을 이해한다.
- 인덕터에 인가될 수 있는 최대허용전류(전력)에 대한 개념을 이해한다.

2. 관련 이론

2.1 인덕터 소자

- 인덕터 소자는 재질에 따라 다양한 종류가 있다.
- 인덕터는 이상적으로 인덕턴스로만 구성되지만 실제 소자는 인덕턴스와 저항성분으로 구성된다.

2.2 인덕턴스

- 인덕터에 흐르는 전류의 주파수 값이 커지면 인덕터의 리액턴스(Reactance) 값도 커진다.
- 정현파 교류전원에 대하여 인덕터에 걸리는 전압은 인덕터에 흐르는 전류보다 90° 빠른 위상차를 갖는다.

2.3 시간, 주파수 및 페이저 표현

- x축이 각각 시간, 주파수, 위상일 때 교류전원, 교류전압의 관계를 도식한다.
- 인덕터에 걸리는 전압이 인덕터에 흐르는 전류보다 90° 빠르다는 특성을 전압, 전류 그리고 리액턴스의 관계로 설명할 수 있으며 이는 시간, 주파수 그리고 위상도(Phasor Diagram)로 표현된다.
- Peak 값 대신 rms(Root Mean Square) 값으로 간단히 표현할 수 있다.

2.4 인덕터의 직렬, 병렬연결

여러 인덕터들의 직렬 또는 병렬연결은 하나의 합성 인덕턴스로 계산할 수 있으며, 회로를 간략화할 수 있다.

2.5 인덕터의 최대 허용 전류

인덕터에 인가될 수 있는 최대 전류의 크기를 나타내며, 최대허용전류(전력)를 이해하면 초과된 최대허용전류로 저항이 타거나 회로 자체가 동작하지 않는 문제를 예방할 수 있다.

> 인덕터의 최대허용전압(전류)은 소자 표면에 표기되어 있지 않지만 소자 매뉴얼에서 확인할 수 있다. 인덕터의 최대허용전압(전류)를 측정할 때에는 반드시 교수의 지시에 따라 진행되어야 한다.

3. 실험기기 및 부품

- 실험장비 : 함수발생기, 오실로스코프, 디지털멀티미터, RLC Meter
- Bread Board, 장비 Probe
- 소자 : 저항, 인덕터(사용가능한 소자 값은 Part 1 참조).

4. 실험 과정

4.1 인덕터와 인덕턴스

1) 측정문제 I

- 인덕터 소자를 분해하여 소자 내부가 코일로 구성되어 있음을 확인한다.
- 서로 다른 재질로 구성된 인덕터 중 값이 서로 다른 3개 소자를 선택하여 RLC Meter로 인덕턴스를 측정하여 소자에 표기된 값과 동일함을 확인한다.
- 실험 전 예비보고서를 작성할 때 인덕터 재질에 따른 인덕터의 종류와 인덕턴스 표기하는 방법을 조사한다.

2) 측정문제 II : 위상차 및 rms 측정

- 임피던스 $X_L = 2\pi fL[\Omega]$가 250Ω, 1KΩ, 2KΩ이 되는 인덕터와 주파수를 선택하고 $5\,V_{P-P}$의 정현파의 함수발생기, 저항 1KΩ,과 직렬로 회로를 구성하고 저항과 인덕터 양단에 걸리는 전압을 측정한다. 여기서 인덕터 소자는 실험실에 비치된 소자를 선택하고 주파수는 함수발생기가 생성할 수 있는 주파수 영역을 선택한다.
- 함수발생기의 전압파형(V_S)과 저항의 측정 전압파형(V_R)의 위상이 서로 동일함을 확인한다. 이들이 전압파형은 인덕터의 측성 전압파형(V_L)과 90° 위상차가 있음을 확인한다.
- 인덕터의 측정 전압파형이 인덕터 양단에 흐르는 전류보다 90° 빠르다고 하는 것을 어떻게 측정할 것인지 조사하고 실험에서 측정한다.

- 함수발생기의 전압파형(V_S)은 저항의 측정 전압파형(V_R)과 인덕터의 측정 전압파형(V_L)의 합과 동일함을 삼각함수로 계산하여 확인하고 위상도를 이용하여 성립함을 확인한다.
- 오실로스코프의 정현파 형태의 측정과정을 디지털멀티미디어의 rms 형태의 측정으로 변경하여 $V_{S,RMS} = V_{R,RMS} + V_{L,RMS}$가 성립함을 확인한다.
- 실험 전 예비보고서를 준비할 때 선택한 인덕터와 주파수 그리고 함수발생기, 저항과의 직렬 회로에 대하여 이론적으로 계산한 각 소자의 전압 값 또는 이들 합의 관계가 성립함을 확인한다. 그리고 구성한 회로에 대하여 PSpice를 실행하고 시뮬레이션 값이 계산값과 동일함을 확인한다.

4.2 주파수 변화에 따른 리액턴스와 임피던스 변화

1) 측정문제 I : 특정 주파수

- 4.1절 측정문제 II에서 선택한 인덕터와 저항 소자를 사용하여 구성된 RL회로에 대하여 임의의 주파수의 전원이 인가되었을 때 리액턴스(X_L)와 임피던스(Z_L)를 측정한다. 그리고 측정한 값이 이론적으로 계산한 다음 관계식이 성립함을 확인한다.

$$V = \sqrt{V_R^2 + V_L^2},\ I = \frac{V}{\sqrt{R^2 + X_L^2}},\ \theta = \tan^{-1}(\frac{X_L}{R}),\ Z = \sqrt{R^2 + X_L}$$

- 오실로스코프로 측정하여 삼각함수 형태의 관계식을 확인한다.
- 디지털멀티미터로 측정하여 rms 형태의 관계식을 확인한다.
- 이론적으로 구하는 두 파형의 차이는 위상 값으로 표현되지만 오실로스코프로 측정하는 두 파형의 차이는 시간 값으로 표현된다. 이들 사이의 관계를 조사하여 실험할 때 활용한다.
- 실험 전 예비보고서를 준비할 때 선택한 인덕터와 주파수 그리고 함수발생기, 저항과의 직렬 회로에 대하여 이론적으로 계산한다. 그리고 구성한 회로에 대하여 임피던스를 계산하기 위한 PSpice를 실행하고 시뮬레이션 값이 계산값과 동일함을 확인한다.

2) 측정문제 II : 주파수 변화

- 4.2절 측정문제I에서 실험한 주파수 값의 1/5, 1/2, 2배, 5배, 10배,100배 주파수에 대해서도 지속적으로 임피던스가 유지됨을 확인한다.
- 위 관계식이 유지되는 주파수 영역을 찾는다.
- 실험 전 예비보고서를 준비할 때 인덕터 소자의 주파수 특성을 조사하여 인덕턴스의 값이 유지되는 주파수 영역을 조사한다. 위 주파수 중 임의의 2개에 대하여 임피던스를 이론적으로 계산한다. PSpice 실행은 모든 주파수에 대하여 수행하고 시뮬레이션 값이 계산값과 동일함을 확인하다.

4.3 인덕터의 직렬, 병렬 회로

1) 측정문제

- 2개의 임의의 인덕터를 사용하여 직렬 회로를 구성한 후 합성 인덕턴스를 측정한다. 계산값과 측정값을 비교하여 인덕터들이 직렬로 연결되었을 때의 합성 인덕턴스를 확인한다.
- 2개의 임의의 인덕터를 사용하여 병렬 회로를 구성한 후 합성 인덕턴스를 측정한다. 계산값과 측정값을 비교하여 인덕터들이 병렬로 연결되었을 때의 합성 인덕턴스를 확인한다.
- 합성 인덕턱스를 측정할 때 RLC Meter를 활용하여 측정한다. 그리고 임의의 주파수의 전원을 인가하여 측정되는 전압과 전류를 기초로 합성 인덕턴스 값을 계산한다.
- 실험 전 예비보고서를 준비할 때 직렬 및 병렬 구성회로의 합성 인덕턴스를 이론적으로 구해지는 과정과 계산값을 제시한다. 그리고 선택한 회로에 대하여 PSpice를 실행하고 이 값이 계산값과 동일함을 확인한다.

2) 설계문제

- 합성 인덕턴스가 143mH이 되도록 임의의 인덕터 3개를 이용한 직렬 회로를 구성한 후 확인한다.
- 합성 인덕턴스가 3.3mH이 되도록 임의의 인덕터 3개를 이용한 병렬 회로를 구성한 후 확인한다.
- 합성 인덕턱스를 측정할 때 RLC Meter를 활용하여 측정한다. 그리고 임의의 주파수의 전원을 인가하여 측정되는 전압과 전류를 기초로 합성 인덕턴스 값을 계산한다.
- 실험 전 예비보고서를 준비할 때 직렬 및 병렬 구성회로의 합성 인덕턴스를 이론적으로 구해지는 과정과 계산값을 제시한다. 그리고 설계한 회로에 대하여 PSpice를 실행하고 이 값이 계산값과 동일함을 확인한다.

4.4 인덕터의 최대 허용 전류

- 인덕터에 인가될 수 있는 최대 전류의 크기를 알아보기 위해 1mH, 10mH, 100mH 인덕터를 각각 고정시킨다. 인가 전압을 1V에서 점점 높여가며 어느 시점에 인덕터에 이상이 생기는지 측정한다. 세 개의 인덕터에 대한 측정결과를 비교하여 인덕터의 최대 허용 전류의 특징을 확인한다.
- 실험 전 예비보고서를 준비할 때 사용하는 인덕터의 최대허용전력을 조사하고 이 값을 기초로 최대허용전압, 최대허용전류 등에 대하여 계산한다.
- 인덕터 소자가 허용하는 전압, 전류를 초과하게 되면 소자의 발열, 연기 등이 발생하며 불량제품인 경우 소자 겉면 조각이 튈 수 있으므로 반드시 보안경(최소한 일반안경) 착용을 한다.

제8장 점검 문제

- 그림 8.1의 RL 직렬 회로에서 V_R, V_L, Z, i, θ를 구하고, 실험을 통해 확인한다.

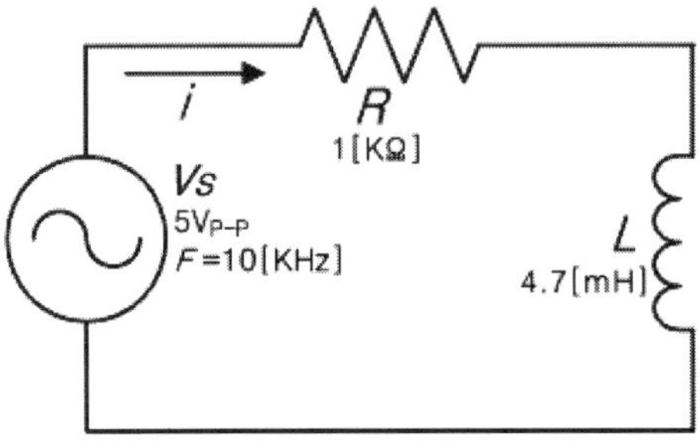

▌그림 8.1▐ *RL* 직렬 회로

- 인덕터의 직렬 및 병렬연결이 각각 최소한 한 번 이상 들어간 합성 인덕턴스가 6mH이 되도록 회로를 구성하고 이를 확인한다.

[회로도]

Chapter 09 커패시터

1. 실험 목표

- 커패시터(C)는 주파수 값에 따라 리액턴스(X_C)가 변화하는 것을 이해한다.
- 커패시터들이 직렬 혹은 병렬로 연결될 때의 합성 커패시턴스 값을 계산할 수 있다.
- 저항과 같이 구성된 회로의 임피던스(Z)을 이해한다.
- 커패시터에 인가될 수 있는 최대허용전류(전력)에 대한 개념을 이해한다.

2. 관련 이론

2.1 커패시터 소자

- 커패시터 소자는 재질에 따라 다양한 종류가 있다.
- 커패시터 이상적으로 커패시턴스로만 구성되지만 실제 소자는 커패시턴스와 저항성분으로 구성된다.

2.2 커패시턴스

- 커패시터에 흐르는 전류의 주파수 값이 커지면 커패시터의 리액턴스(Reactance) 값은 작아진다.
- 정현파 교류전원에 대하여 커패시터에 걸리는 전압은 커패시터에 흐르는 전류보다 90° 느린 위상차를 갖는다.

2.3 시간, 주파수 및 페이저 표현

- x축이 각각 시간, 주파수, 위상일 때 교류전원, 교류전압의 관계를 도식한다.
- 커패시터에 걸리는 전압이 커패시터에 흐르는 전류보다 90° 느리다는 특성을 전압, 전류 그리고 리액턴스의 관계로 설명할 수 있으며 이는 시간, 주파수 그리고 위상도(Phasor Diagram)로 표현된다.
- Peak 값 대신 rms(Root Mean Square) 값으로 간단히 표현할 수 있다.

2.4 커패시터의 직렬, 병렬연결

여러 커패시터들의 직렬 또는 병렬연결은 하나의 합성 커패시턴스로 계산할 수 있으며, 회로를 간략화할 수 있다.

2.5 커패시터의 최대 허용 전류

커패시터에 인가될 수 있는 최대 전류의 크기를 나타내며, 최대허용전류(전력)를 이해하면 초과된 최대허용전류로 저항이 타거나 회로 자체가 동작하지 않는 문제를 예방할 수 있다.

> 커패시터의 최대허용전압(전류)은 소자 표면에 표기되어 있지 않지만 소자 매뉴얼에서 확인할 수 있다. 커패시터의 최대허용전압(전류) 측정할 때에는 반드시 교수의 지시에 따라 진행되어야 한다.

3. 실험기기 및 부품

- 실험장비 : 함수발생기, 오실로스코프, 디지털멀티미터, RLC Meter
- Bread Board, 장비 Probe
- 소자 : 저항, 커패시터(사용가능한 소자 값은 Part 1 참조).

4. 실험 과정

4.1 커패시터와 커패시턴스

1) 측정문제 I

- 커패시터 소자를 분해하여 소자 내부가 두 개의 판과 그 사이에 절연체로 구성되어 있음을 확인한다.
- 서로 다른 재질로 구성된 커패시터 중 값이 서로 다른 3개 소자를 선택하여 RLC Meter로 커패시턴스를 측정하여 소자에 표기된 값과 동일함을 확인한다.
- 실험 전 예비보고서를 작성할 때 커패시터 재질에 따른 커패시터의 종류와 커패시턴스 표기하는 방법을 조사한다.

2) 측정문제 II : 위상차 및 rms 측정

- 리액턴스 $X_C = 1/2\pi f C[\Omega]$가 250Ω, 1KΩ, 2KΩ 이 되는 커패시터와 주파수를 선택하고 $5\,V_{P-P}$의 정현파의 함수발생기, 저항 1KΩ,과 직렬로 회로를 구성하고 저항과 커패시터 양단에 걸리는 전압을 측정한다. 여기서 커패시터 소자는 실험실에 비치된 소자를 선택하고 주파수는 함수발생기가 생성할 수 있는 주파수 영역을 선택한다.
- 함수발생기의 전압파형(V_S)과 저항의 측정 전압파형(V_R)의 위상이 서로 동일함을 확인한다. 이들의 전압파형은 커패시터의 측정 전압파형(V_C)과 90° 위상차가 있음을 확인한다.
- 커패시터의 측정 전압파형이 커패시터 양단에 흐르는 전류보다 90° 느리다고 하는 것을 어떻게 측정할 것인지 조사하고 실험에서 측정한다.

- 함수발생기의 전압파형(V_S)은 저항의 측정 전압파형(V_R)과 커패시터의 측정 전압파형(V_C)의 합과 동일함을 삼각함수로 계산하여 확인하고 위상도를 이용하여 성립함을 확인한다.
- 오실로스코프의 정현파 형태의 측정과정을 디지털멀티미디어의 rms 형태의 측정으로 변경하여 $V_{S,RMS} = V_{R,RMS} + V_{L,RMS}$가 성립함을 확인한다.
- 실험 전 예비보고서를 준비할 때 선택한 커패시터와 주파수 그리고 함수발생기, 저항과의 직렬 회로에 대하여 이론적으로 계산한 각 소자의 전압 값 또는 이들 합의 관계가 성립함을 확인한다. 그리고 구성한 회로에 대하여 PSpice를 실행하고 시뮬레이션 값이 계산값과 동일함을 확인한다.

4.2 주파수 변화에 따른 리액턴스와 임피던스 변화

1) 측정문제 I : 특정 주파수

- 4.1절 측정문제 II에서 선택한 커패시터와 저항 소자를 사용하여 구성된 RC회로에 대하여 임의의 주파수의 전원이 인가되었을 때 리액턴스(X_C)와 임피던스(Z_C)를 측정한다. 그리고 측정한 값이 이론적으로 계산한 다음 관계식이 성립함을 확인한다.

$$V = \sqrt{V_R^2 + V_C^2},\ I = \frac{V}{\sqrt{R^2 + X_C^2}},\ \theta = \tan^{-1}(\frac{X_C}{R}),\ Z = \sqrt{R^2 + X_C}$$

- 오실로스코프로 측정하여 삼각함수 형태의 관계식을 확인한다.
- 디지털멀티미터로 측정하여 rms 형태의 관계식을 확인한다.
- 이론적으로 구하는 두 파형의 차이는 위상 값으로 표현되지만 오실로스코프로 측정하는 두 파형의 차이는 시간 값으로 표현된다. 이들 사이의 관계를 조사하여 실험할 때 활용한다.
- 실험 전 예비보고서를 준비할 때 선택한 커패시터와 주파수 그리고 함수발생기, 저항과의 직렬 회로에 대하여 이론적으로 계산한다. 그리고 구성한 회로에 대하여 임피던스를 계산하기 위한 PSpice를 실행하고 시뮬레이션 값이 계산값과 동일함을 확인한다.

2) 측정문제 II : 주파수 변화

- 4.2절 측정문제I에서 실험한 주파수 값의 1/5, 1/2, 2배, 5배, 10배, 100배 주파수에 대해서도 지속적으로 임피던스가 유지됨을 확인한다.
- 위 관계식이 유지되는 주파수 영역을 찾는다.
- 실험 전 예비보고서를 준비할 때 커패시터 소자의 주파수 특성을 조사하여 커패시턴스의 값이 유지되는 주파수 영역을 조사한다. 위 주파수 중 임의의 2개에 대하여 임피던스를 이론적으로 계산한다. PSpice 실행은 모든 주파수에 대하여 수행한고 시뮬레이션 값이 계산값과 동일함을 확인하다.

4.3 커패시터의 직렬, 병렬 회로

1) 측정문제

- 2개의 임의의 커패시터를 사용하여 직렬 회로를 구성한 후 합성 커패시턴스를 측정한다. 계산값과 측정값을 비교하여 커패시터들이 직렬로 연결되었을 때의 합성 커패시턴스를 확인한다.
- 2개의 임의의 커패시터를 사용하여 병렬 회로를 구성한 후 합성 커패시턴스를 측정한다. 계산값과 측정값을 비교하여 커패시터들이 병렬로 연결되었을 때의 합성 커패시턴스를 확인한다.
- 합성 인덕턱스를 측정할 때 RLC Meter를 활용하여 측정한다. 그리고 임의의 주파수의 전원을 인가하여 측정되는 전압과 전류를 기초로 합성 커패시턴스 값을 계산한다.
- 실험 전 예비보고서를 준비할 때 직렬 및 병렬 구성회로의 합성 커패시턴스를 이론적으로 구해지는 과정과 계산값을 제시한다. 그리고 선택한 회로에 대하여 PSpice를 실행하고 이 값이 계산값과 동일함을 확인한다.

2) 설계문제

- 합성 커패시턴스가 0.32nF이 되도록 임의의 커패시터 3개를 이용한 직렬 회로를 구성한 후 확인한다.
- 합성 커패시턴스가 1.6nF이 되도록 임의의 커패시터 3개를 이용한 병렬 회로를 구성한 후 확인한다.
- 합성 인덕턱스를 측정할 때 RLC Meter를 활용하여 측정한다. 그리고 임의의 주파수의 전원을 인가하여 측정되는 전압과 전류를 기초로 합성 커패시턴스 값을 계산한다.
- 실험 전 예비보고서를 준비할 때 직렬 및 병렬 구성회로의 합성 커패시턴스를 이론적으로 구해지는 과정과 계산값을 제시한다. 그리고 설계한 회로에 대하여 PSpice를 실행하고 이 값이 계산값과 동일함을 확인한다.

4.4 커패시터의 최대 허용 전류

- 커패시터에 인가될 수 있는 최대 전류의 크기를 알아보기 위해 0.5nF, 10nF, 22nF 커패시터를 각각 고정시킨다. 인가 전압을 1V에서 점점 높여가며 어느 시점에 커패시터에 이상이 생기는지 측정한다. 세 개의 커패시터에 대한 측정결과를 비교하여 커패시터의 최대 허용 전류의 특징을 확인한다.
- 실험 전 예비보고서를 준비할 때 사용하는 커패시터의 최대허용전력을 조사하고 이 값을 기초로 최대허용전압, 최대허용전류 등에 대하여 계산한다.
- 커패시터 소자가 허용하는 전압, 전류를 초과하게 되면 소자의 발열, 연기 등이 발생하며 불량제품인 경우 소자 겉면 조각이 튈 수 있으므로 반드시 보안경(최소한 일반안경) 착용을 한다.

제9장 점검 문제

- 그림 9.1의 RC 병렬 회로에서 i, i_R, i_C, V_C, Z, θ, X_C를 구하고, 실험을 통해 확인한다.

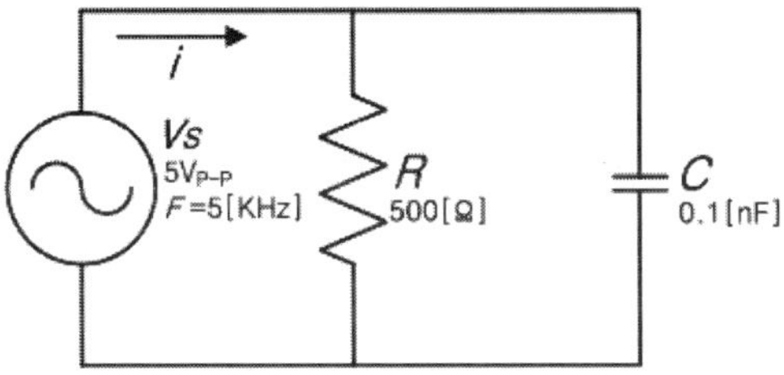

❙그림 9.1❙ RC 병렬 회로

- 커패시터의 직렬 및 병렬연결이 각각 최소한 한 번 이상 들어간 합성 커패시턴스가 0.95nF이 되도록 회로를 구성하고 이를 확인한다.

[회로도]

Chapter 10 *RL* 회로 과도 응답과 시상수

1. 실험 목표

- *RL* 회로의 자연응답(Nature Response)과 스텝응답(Step Response)을 계산할 수 있다.
- 인덕터는 에너지를 저장하고 있으며 시간 변화가 있는 순간 전류 형태로 방출하는 것을 설명할 수 있다.
- *RL* 직렬 병렬 회로에 대한 Square 파형에 대한 출력을 계산하고 회로적인 특성을 설명할 수 있다.
- 시상수(Time Constant) 개념을 이해하고 *R*, *L* 소자로 주어진 시상수에 맞추어 과도 응답 회로를 설계할 수 있다.

2. 관련 이론

2.1 *RL* 회로의 자연응답과 스텝응답

- 그림 10.1은 일반적인 *RL* 직렬 병렬 회로로써 전원으로 Square파를 이용하고 있다. 인덕터는 전원이 인가되는 순간 또는 전원값이 변화하는 순간에 에너지를 저장하거나 방출하는 특성을 가지고 있으며 이는 회로의 순간적인 전류 변화 형태로 나타난다.

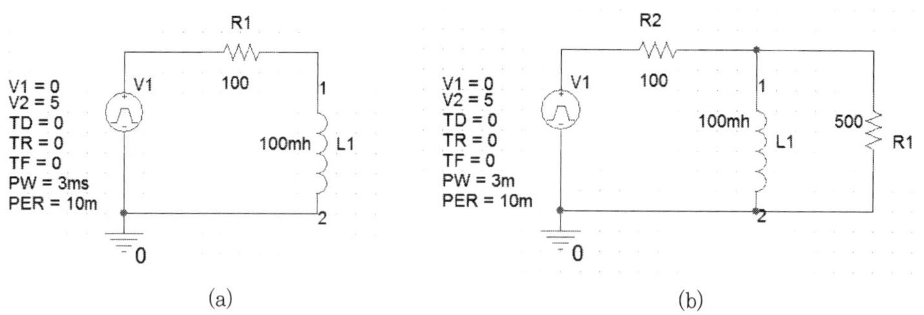

▎그림 10.1▎ 과도응답 실험을 위한 *RL* 회로 (a) 직렬회로 (b) 병렬회로

- *RL* 회로에서의 자연응답과 스텝응답은 Exponential함수 형태로 표현된다.

2.2 *L* 소자 값에 따른 전압, 전류 파형 변화

- *RL* 회로에서 에너지를 저장하는 *L* 값에 따라 자연응답 및 스텝응답의 Exponential 증감 기울기가 정해진다. 그림 10.2는 *L* 값이 각각 1H, 100mH, 33mH인 경우 3ms 동안 5V가 인가되었을 때 스텝응답과 자연응답을 시뮬레이션 결과이다.

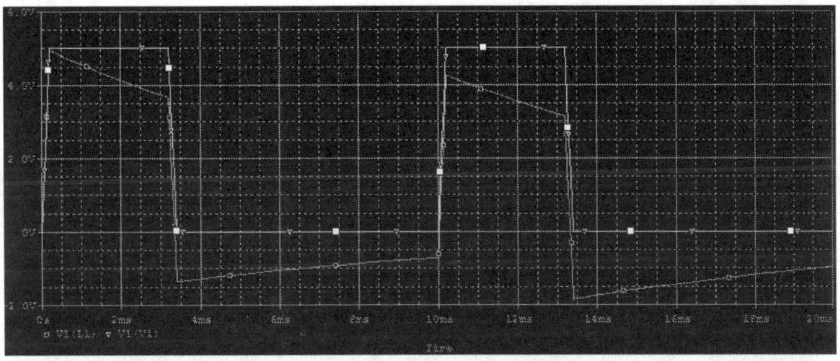

(a)

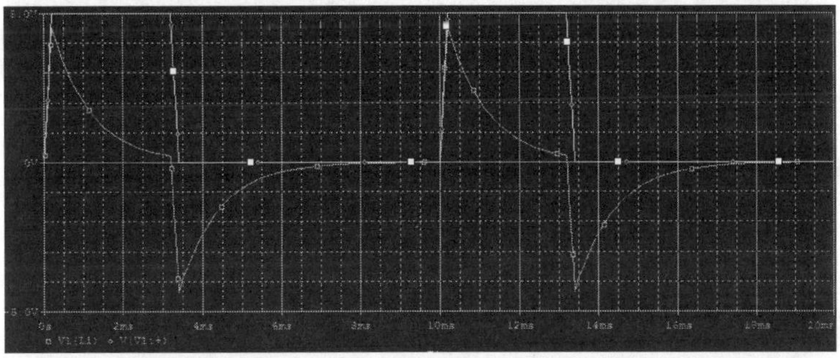

(b)

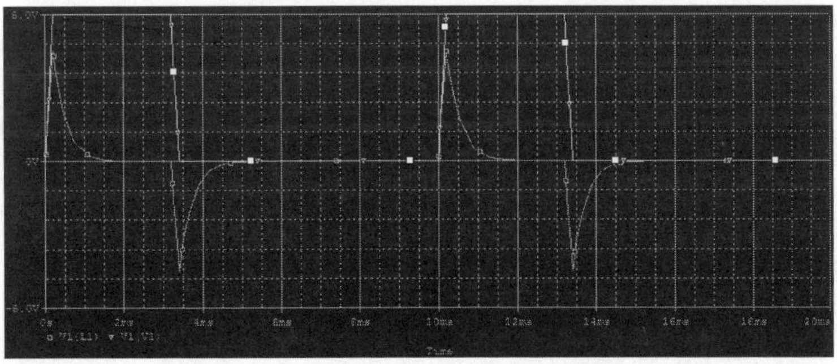

(c)

▌그림 10.2▐ *RL* 직렬회로 전압 특성 (a) 1H (b) 100mH (c) 33mH

- *RL*회로에서 각 소자에 흐르는 전류의 특성은 그림 10.3과 같다. 그림 10.3(a)는 직렬회로에서 인덕터 소자에 흐르는 전류이고 그림 10.3(b)는 병렬로 연결된 인던터와 저항에 각각 흐르는 전류와 이 두 개의 전류가 합쳐서 저항 R_2에 흐르는 전류의 파형이다.

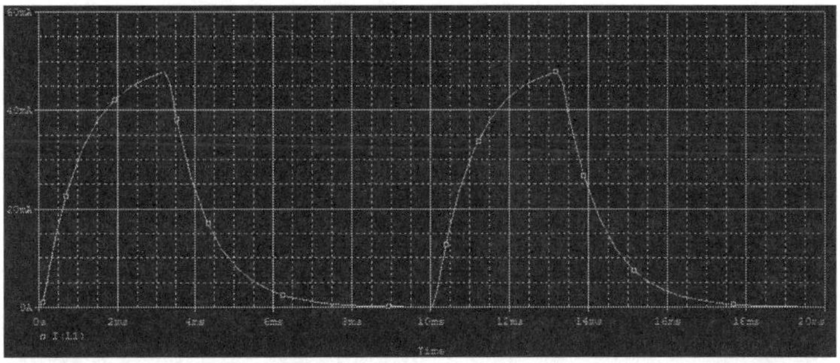

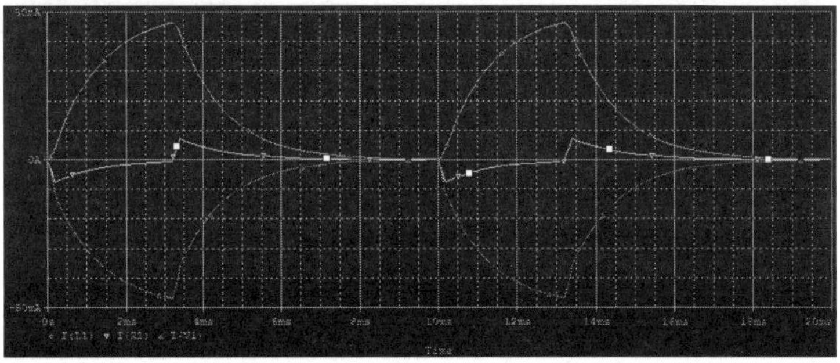

▌그림 10.3▐ 전류 값 변화 (a) L이 100mH인 경우 RL 직렬회로의 전류 특성
(b) L이 100mH인 경우 RL 병렬회로 각 브랜치 전류 특성

2.3 RL회로의 시상수

회로의 과도 응답이 있을 때 자연응답의 경우 초기값의 e^{-1}, 스텝응답의 경우 최종값의 $(1-e^{-1})$에 이르는 시간을 시상수라고 한다. RL 회로의 경우 L/R_S이다.

3. 실험기기 및 부품

- 실험장비 : 함수발생기, 오실로스코프, 디지털멀티미터, RLC Meter
- Bread Board, 장비 Probe
- 소자 : 저항, 인덕터(사용가능한 소자 값은 Part 1 참조).

4. 실험 과정

4.1 RL 직렬 회로

1) 측정문제 I : 전압측정

- 그림 10.1(a)와 같이 RL 직렬 회로를 구성하고 그림 10.2와 같이 입력 파형이 0V로 떨어지는 순간을 기준으로 에너지 방출이 지속되는 형태, 거의 일치하는 형태 그리고 이

미 방출이 끝난 형태의 *R*, *L* 값을 선택하고 각 출력파형을 확인한다. 여기서 위 설명에서 제시한 값 이외의 소자 값을 선택하여야 한다.

- 스텝응답에 대한 시상수와 자연응답에 대한 시상수를 측정한다.
- 실험 전 예비보고서를 작성할 때 선택한 *R*, *L* 값으로 구성된 *RL* 직렬회로의 스텝응답과 자연응답 파형과 시상수를 이론적으로 계산한다. 그리고 선택한 회로에 대하여 PSpice를 실행하고 이 값이 계산값과 동일함을 확인한다.

2) 측정문제 II : 전류 측정

- 측정문제 I에서 선택한 *L* 소자 중 하나에 대하여 전류 값을 측정한다. 전류에 대한 측정은 오실로스코프에서 수행할 수 없으므로 어떻게 측정할 것인지를 충분히 고려하여야 한다. 만약 측정을 하지 못하였다면 이론적으로 구하거나 시뮬레이션 구한 값을 어떻게 확인할 수 있는지 설명한다.
- 실험 전 예비보고서를 작성할 때 선택한 *R*, *L* 값으로 구성된 *RL* 직렬회로의 전류 파형을 이론적으로 계산한다. 그리고 선택한 회로에 대하여 PSpice를 실행하고 이 값이 계산값과 동일함을 확인한다.

4.2 *RL* 병렬 회로

1) 측정문제 I : 전압측정

- 그림 10.1(b)와 같이 *RL* 병렬 회로를 구성하고 그림 10.2와 같이 입력 파형이 0V로 떨어지는 순간을 기준으로 에너지 방출이 지속되는 형태, 거의 일치하는 형태 그리고 이미 방출이 끝난 형태의 *R*, *L* 값을 선택하고 각 출력파형을 확인한다. 여기서 위 설명에서 제시한 값 이외의 소자 값을 선택하여야 한다.
- 스텝응답에 대한 시상수와 자연응답에 대한 시상수를 측정한다.
- 실험 전 예비보고서를 작성할 때 선택한 *R*, *L* 값으로 구성된 *RL* 병렬회로의 스텝응답과 자연응답 파형과 시상수를 이론적으로 계산한다. 그리고 선택한 회로에 대하여 PSpice를 실행하고 이 값이 계산값과 동일함을 확인한다.

2) 측정문제 II : 전류 측정

- 측정문제 I에서 선택한 *L* 소자 중 하나에 대하여 전류 값을 측정한다. 전류에 대한 측정은 오실로스코프에서 수행할 수 없으므로 어떻게 측정할 것인지를 충분히 고려하여야 한다. 만약 측정을 하지 못하였다면 이론적으로 구하거나 시뮬레이션 구한 값을 어떻게 확인할 수 있는지 설명한다.
- 실험 전 예비보고서를 작성할 때 선택한 *R*, *L* 값으로 구성된 *RL* 병렬회로의 전류 파형을 이론적으로 계산한다. 그리고 선택한 회로에 대하여 PSpice를 실행하고 이 값이 계산값과 동일함을 확인한다.

4.3 *RL* 회로에서 시상수

1) 측정문제 : 시상수

- 4.1절 *RL* 직렬 회로에서 각 인덕터 값을 적용한 회로에 대한 시상수를 측정한다.
- 4.2절 *RL* 병렬 회로에서 각 인덕터 값을 적용한 회로에 대한 시상수를 측정한다.
- 실험 전 예비보고서를 작성할 때 앞에서 선택한 *RL* 직렬 병렬회로의 스텝응답과 자연응답 파형과 시상수를 이론적으로 계산한다. 그리고 선택한 회로에 대하여 PSpice를 실행하고 이 값이 계산값과 동일함을 확인한다.

2) 설계문제 I : *RL* 직렬 회로

- 자연응답의 시상수가 1.5ms가 되도록 *RL* 직렬 회로를 구성한 후 확인한다.
- 실험 전 예비보고서를 작성할 때 주어진 시상수를 만족할 수 있는 *RL* 직렬 회로 스텝응답의 *R*, *L* 소자 값을 이론적으로 구하는 과정과 계산값을 제시한다. 그리고 설계한 회로에 대하여 PSpice를 실행하고 이 값이 계산값과 동일함을 확인한다.

3) 설계문제 II : *RL* 병렬 회로

- 스텝응답의 시상수가 1.5ms이고 입력 전원 Pulse의 지속시간이 시상수의 2배인 순간 0V로 떨어지는 RL 병렬 회로를 구성한 후 확인한다. 여기서 자연응답의 시상수는 1.8ms가 되도록 한다.
- 실험 전 예비보고서를 작성할 때 주어진 시상수를 만족할 수 있는 *RL* 병렬 회로 스텝응답의 *R*, *L* 소자 값을 이론적으로 구하는 과정과 계산값을 제시한다. 그리고 설계한 회로에 대하여 PSpice를 실행하고 이 값이 계산값과 동일함을 확인한다.

4.4 2단 RL 회로

- 4.1절 *RL* 직렬 회로 또는 4.2절 *RL* 병렬 회로 중 하나를 선택한다. 선택한 회로의 출력을 입력으로 사용하는 *RL* 회로를 하나 더 구성한다. 즉, Cascade로 회로를 2단으로 구성하여 1단 회로의 출력이 2단 회로의 입력으로 사용하도록 회로를 설계한다. 1단의 입력전압, 1단의 출력전압 그리고 2단의 출력전압을 서로 비교한다.
- 실험 전 예비보고서를 작성할 때 1단 회로의 출력을 2단 회로의 입력으로 사용하는 경우 2단 회로의 출력파형과 시상수를 이론적으로 계산한다. 만약 이론적으로 계산이 어렵다면 대략 예상되는 결과를 기술한다. 그리고 PSpice를 실행하고 이 값이 계산값 또는 예측값과 동일함을 확인한다. 만약 예측한 결과와 다른 시뮬레이션 파형을 얻었다면 그 이유를 기술한다.

제10장 점검 문제

- 전원 Pulse의 High와 Low값이 10ms로 주기로 반복될 때 시상수가 스텝응답과 자연응답이 2ms가 되는 *RL* 직렬 회로를 설계하고 실험을 수행한다.

- 전원으로 톱니파가 사용되는 경우 *RL* 직렬 회로의 출력파형을 확인한다.

Chapter 11 RC 회로 과도 응답과 시상수

1. 실험 목표

- RC 회로의 자연응답(Nature Response)과 스텝응답(Step Response)을 계산할 수 있다.
- 커패시터는 에너지를 저장하고 있으며 시간 변화가 있는 순간 충 방전 형태로 방출하는 것을 설명할 수 있다.
- RC 직렬 병렬 회로에 대한 Square 파형에 대한 출력을 계산하고 회로적인 특성을 설명할 수 있다.
- 시상수(Time Constant) 개념을 사용하여 R, C 소자로 주어진 시상수에 맞추어 과도 응답 회로를 설계할 수 있다.

2. 관련 이론

2.1 RC 회로의 자연응답과 스텝응답

- 10장 RL 회로 과도 응답 및 시상수 실험의 그림 10.1 RL 회로를 응용하여 RC 직렬 병렬 회로를 구성한다. 일반적인 RC 직렬 병렬 회로로써 전원으로 Square파를 이용하고 있다. 커패시터는 전원이 인가되는 순간 또는 전원값이 변화하는 순간에 에너지를 저장하거나 방출하는 특성을 가지고 있으며 이는 회로의 순간적인 전류 변화 형태로 나타난다.
- RC 회로에서의 자연응답과 스텝응답은 Exponential함수 형태로 표현된다.

2.2 C 소자 값에 따른 전압, 전류 파형 변화

- RC 회로에서 에너지를 저장하는 C 값에 따라 자연응답 및 스텝응답의 Exponential 증감 기울기가 정해진다. 10장 RL 회로 과도 응답 및 시상수 실험의 그림 10.2과 같이 C 값에 따라 스텝응답과 자연응답의 형태의 출력이 다양하다.
- RC 회로에서 각 소자에 흐르는 전류의 특성은 10장 RL 회로 과도 응답 및 시상수 실험의 그림 10.3과 유사한 형태를 얻을 수 있다.

2.3 RC 회로의 시상수

회로의 과도 응답이 있을 때 자연응답의 경우 초기값의 e^{-1}, 스텝응답의 경우 최종값의 $(1-e^{-1})$에 이르는 시간을 시상수라고 한다. RC 회로의 경우 $1/RC$s 이다.

3. 실험기기 및 부품

- 실험장비 : 함수발생기, 오실로스코프, 디지털멀티미터, RLC Meter
- Bread Board, 장비 Probe
- 소자 : 저항, 커패시터(사용가능한 소자 값은 Part 1 참조).

4. 실험 과정

4.1 *RC* 직렬 회로

1) 측정문제 I : 전압측정

- 10장 *RL* 회로 과도 응답 및 시상수 실험의 그림 10.1(a)와 같이 *RC* 직렬 회로를 구성하고 그림 10.2와 같이 입력 파형이 0V로 떨어지는 순간을 기준으로 에너지 방출이 지속되는 형태, 거의 일치하는 형태 그리고 이미 방출이 끝난 형태의 *R*, *C* 값을 선택하고 각 출력파형을 확인한다. 여기서 위 설명에서 제시한 값 이외의 소자 값을 선택하여야 한다.
- 실험 전 예비보고서를 작성할 때 선택한 *R*, *C* 값으로 구성된 *RC* 직렬회로의 스텝응답과 자연응답 파형과 시상수를 이론적으로 계산한다. 그리고 선택한 회로에 대하여 PSpice를 실행하고 이 값이 계산값과 동일함을 확인한다.

2) 측정문제 II : 전류 측정

- 측정문제 I에서 선택한 *C* 소자 중 하나에 대하여 전류 값을 측정한다. 전류에 대한 측정은 오실로스코프에서 수행할 수 없으므로 어떻게 측정할 것인지를 충분히 고려하여야 한다. 만약 측정을 하지 못하였다면 이론적으로 구하거나 시뮬레이션 구한 값을 어떻게 확인할 수 있는지 설명한다.
- 실험 전 예비보고서를 작성할 때 선택한 *R*, *C* 값으로 구성된 *RC* 직렬회로의 전류 파형을 이론적으로 계산한다. 그리고 선택한 회로에 대하여 PSpice를 실행하고 이 값이 계산값과 동일함을 확인한다.

4.2 *RC* 병렬 회로

1) 측정문제 I : 전압측정

- 10장 *RL* 회로 과도 응답 및 시상수 실험의 그림 10.1(b)와 같이 *RC* 병렬 회로를 구성하고 그림 10.2와 같이 입력 파형이 0V로 떨어지는 순간을 기준으로 에너지 방출이 지속되는 형태, 거의 일치하는 형태 그리고 이미 방출이 끝난 형태의 *R*, *C* 값을 선택하고 각 출력파형을 확인한다.

- 실험 전 예비보고서를 작성할 때 선택한 *R*, *C* 값으로 구성된 *RC* 병렬회로의 스텝응답과 자연응답 파형과 시상수를 이론적으로 계산한다. 그리고 선택한 회로에 대하여 PSpice를 실행하고 이 값이 계산값과 동일함을 확인한다.

2) 측정문제 II : 전류 측정

- 측정문제 I에서 선택한 *C* 소자 중 하나에 대하여 전류 값을 측정한다. 전류에 대한 측정은 오실로스코프에서 수행할 수 없으므로 어떻게 측정할 것인지를 충분히 고려하여야 한다. 만약 측정을 하지 못하였다면 이론적으로 구하거나 시뮬레이션 구한 값을 어떻게 확인할 수 있는지 설명한다.
- 실험 전 예비보고서를 작성할 때 선택한 *R*, *C* 값으로 구성된 *RC* 병렬회로의 전류 파형을 이론적으로 계산한다. 그리고 선택한 회로에 대하여 PSpice를 실행하고 이 값이 계산값과 동일함을 확인한다.

4.3 *RC* 회로에서 시상수

1) 측정문제 : 시상수

- 4.1절 *RC* 직렬 회로에서 각 인덕터 값을 적용한 회로의 스텝응답 및 자연응답의 시상수를 측정한다.
- 4.2절 *RC* 병렬 회로에서 각 인덕터 값을 적용한 회로의 스텝응답 및 자연응답의 시상수를 측정한다.
- 실험 전 예비보고서를 작성할 때 앞에서 선택한 *RC* 직렬 병렬회로의 스텝응답과 자연응답 파형과 시상수를 이론적으로 계산한다. 그리고 선택한 회로에 대하여 PSpice를 실행하고 이 값이 계산값과 동일함을 확인한다.

2) 설계문제 I : *RC* 직렬 회로

- 자연응답의 시상수가 1.5ms가 되도록 *RC* 직렬 회로를 구성한 후 확인한다.
- 실험 전 예비보고서를 작성할 때 주어진 시상수를 만족할 수 있는 *RC* 직렬 회로 스텝응답의 *R*, *C* 소자 값을 이론적으로 구하는 과정과 계산값을 제시한다. 그리고 설계한 회로에 대하여 PSpice를 실행하고 이 값이 계산값과 동일함을 확인한다.

3) 설계문제 II : *RC* 병렬 회로

- 스텝응답의 시상수가 1.5ms이고 입력 전원 Pulse의 지속시간이 시상수의 2배인 순간 0V로 떨어지는 *RC* 병렬 회로를 구성한 후 확인한다. 여기서 자연응답의 시상수는 1.8ms가 되도록 한다.
- 실험 전 예비보고서를 작성할 때 주어진 시상수를 만족할 수 있는 *RC* 병렬 회로 스텝응답의 *R*, *C* 소자 값을 이론적으로 구하는 과정과 계산값을 제시한다. 그리고 설계한 회로에 대하여 PSpice를 실행하고 이 값이 계산값과 동일함을 확인한다.

4.4 2단 *RC* 회로

- 4.1절 *RC* 직렬 회로 또는 4.2절 *RC* 병렬 회로 중 하나를 선택한다. 선택한 회로의 출력을 입력으로 사용하는 *RC* 회로를 하나 더 구성한다. 즉, Cascade로 회로를 2단으로 구성하여 1단 회로의 출력이 2단 회로의 입력으로 사용하도록 회로를 설계한다. 1단의 입력전압, 1단의 출력전압 그리고 2단의 출력전압을 서로 비교한다.
- 실험 전 예비보고서를 작성할 때 1단 회로의 출력을 2단 회로의 입력으로 사용하는 경우 2단 회로의 출력파형과 시상수를 이론적으로 계산한다. 만약 이론적으로 계산이 어렵다면 대략 예상되는 결과를 기술한다. 그리고 PSpice를 실행하고 이 값이 계산값 또는 예측값과 동일함을 확인한다. 만약 예측한 결과와 다른 시뮬레이션 파형을 얻었다면 그 이유를 기술한다.

제11장 점검 문제

- 전원 Pulse의 High와 Low값이 10ms로 주기로 반복될 때 시상수가 스텝응답과 자연응답이 2ms가 되는 RC 직렬 회로를 설계하고 실험을 수행한다.

- 전원으로 톱니파가 사용되는 경우 RC 직렬 회로의 출력파형을 확인한다.

Chapter 12

RLC 병렬 회로의 자연응답

1. 실험 목표

- 특성방정식(Characteristic Equation)을 이용하여 *RLC* 병렬 회로의 자연응답에 대한 회로 해석을 할 수 있다.
- *R*, *L*, *C* 값에 따라 Over-Damped, Critically Damped와 Under-Damped한 특성을 결정할 수 있고 각 특성의 자연응답 파형을 도식할 수 있다.
- 과도상태의 자연응답 특성에 맞는 *RLC* 병렬회로를 설계할 수 있다.

2. 관련 이론

2.1 과도기 상태 해석

- 그림 12.1은 *RLC* 병렬회로로써 자연응답 특성을 구하기 위하여 짧은 시간 동안 Square파를 인가한 후 *L*과 *C*에 에너지를 저장하거나 방출하는 특성에 따라 시간 변화에 따라 전압 및 전류 값이 변한다.

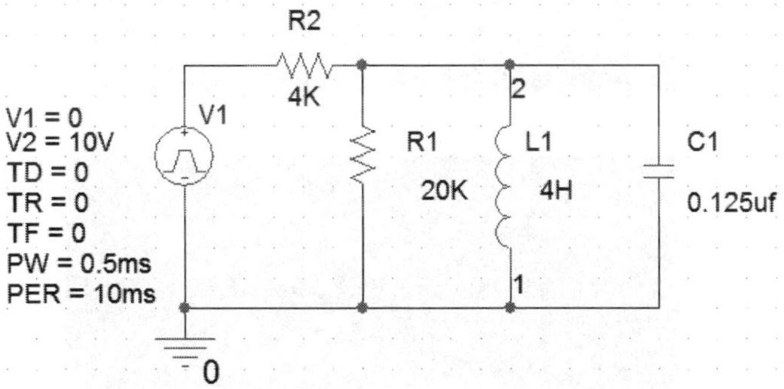

▍그림 12.1▍ 자연응답 특성을 확인하기 위한 *RLC* 병렬회로

- *RL* 회로 및 *RC* 회로의 과도상태의 자연응답 특성은 1차 미분방정식에서 해를 구하지만 *RLC* 회로의 과도상태의 자연응답 특성은 2차 미분방정식의 해에서 구해진다.
- Laplace Transform을 통하여 특성방정식으로 변환하여 2개의 해를 Neper Frequency와 Resonant Radian Frequency 관계식으로 정리된다.

2.2 *R*, *L*, C 소자 값에 따른 자연응답 특성

- *R*, *L*, *C* 소자 값에 따라 자연응답은 그림 12.2와 같이 다양한 형태로 출력된다.

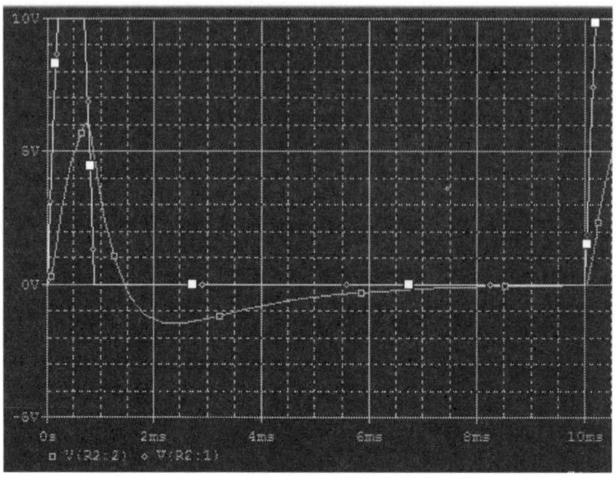

(a)

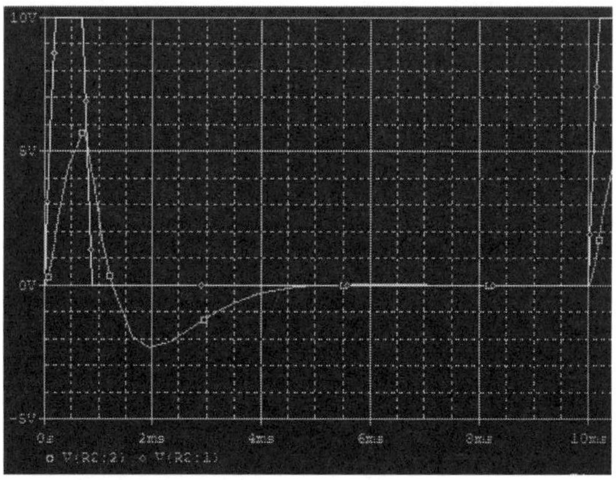

(b)

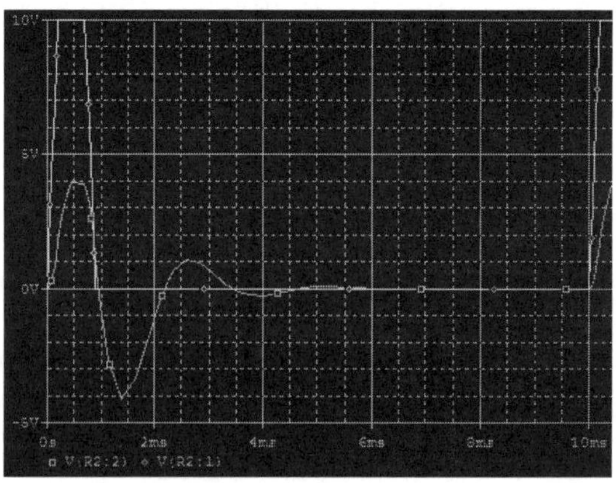

(c)

| 그림 12.2 | *RLC* 병렬회로 자연응답 특성 (a) 8H (b) 4H (c) 1H

- 그림 12.2(a)와 (c)는 각각 Over-Damped와 Under-Damped로 에너지를 서로 주고받는 형태이다. 그림 12.2(b)는 이 두 사이의 경계에 해당하는 Critically Damped 상태로 Neper Frequency와 Resonant Radian Frequency가 같을 경우에 이루어진다.

3. 실험기기 및 부품

- 실험장비 : 함수발생기, 오실로스코프, 디지털멀티미터, RLC Meter
- Bread Board, 장비 Probe
- 소자 : 저항, 인덕터, 커패시터(사용가능한 소자 값은 Part 1 참조).

4. 실험 과정

1) 측정문제

- 그림 12.1과 같이 *RLC* 병렬 회로를 구성하고 그림 12.2와 같이 입력 파형이 0V로 떨어지는 순간을 기준으로 Over-Damped, Critically Damped와 Under-Damped 형태의 *R*, *L*, *C* 값을 선택하고 각 출력파형을 확인한다. 여기서 위 설명에서 제시한 값 이외의 소자 값을 선택하여야 한다.
- 실험 전 예비보고서를 작성할 때 선택한 *R*, *L*, *C* 값으로 구성된 *RLC* 병렬회로의 자연응답 파형을 특성방정식을 이용하여 이론적으로 계산한다. 그리고 선택한 회로에 대하여 PSpice를 실행하고 이 값이 계산값과 동일함을 확인한다.

2) 설계문제

- Neper Frequency와 Resonant Radian Frequency가 각각 1.25×10^4rad/s, 10^4rad/s가 되도록 *RLC* 병렬회로를 구성한 후 이 회로가 Over-Damped, Critically Damped와 Under-Damped 중 어디에 해당하는지 확인한다.
- 실험 전 예비보고서를 작성할 때 선택한 *R*, *L*, *C* 값으로 구성된 *RLC* 병렬회로의 자연응답 파형을 특성방정식을 이용하여 이론적으로 계산한다. 그리고 선택한 회로에 대하여 PSpice를 실행하고 이 값이 계산값과 동일함을 확인한다.

제12장 점검 문제

- 4절 설계문제에서 Critically Damped 되기 위하여 바꾸어야 할 소자 값은 무엇이며 바꾼 소자가 적용되었을 때 *RLC* 병렬회로의 자연응답의 특성을 이론적으로 계산하고 PSpice로 이 값이 동일함을 확인한다.
- Critically Damped 특성의 회로 소자로 변경하여 실험한다.

Chapter 13

임피던스 직병렬 회로

1. 실험 목표

- R, L, C로 구성된 임피던스 소자의 직렬 및 병렬 회로의 각 소자의 전압과 전류 특성을 이해하고 통합 임피던스를 계산할 수 있다.
- 임피던스 소자의 직렬 및 병렬 회로의 전압과 전류 특성에 대하여 주파수 변화에 따른 위상차 및 rms 형태의 관계식을 수립할 수 있다.
- 임피던스 소자로 구성된 회로도 KCL과 KVL이 성립됨을 설명할 수 있다.

2. 관련 이론

2.1 임피던스 직렬회로

- 그림 13.1과 같은 임피던스 직렬회로에 대하여 $Z = Z_1 + Z_2 + Z_3$가 성립한다.
- Kirchhoff 전압 법칙(Kirchhoff Voltage Law : KVL), $v_s = v_1 + v_2 + v_3$,은 삼각파형, 위상도(Phasor Diagram)와 rms(Root Mean Square) 형태에 모두 성립한다.

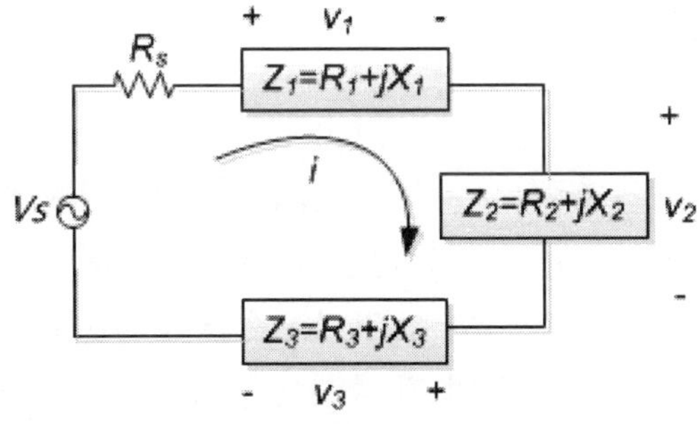

❙그림 13.1❙ 임피던스 직렬회로

2.2 임피던스 병렬회로

- 그림 13.2와 같은 임피던스 병렬회로에 대하여 $Z = Z_1 \parallel Z_2 \parallel Z_3$가 성립한다.
- Kirchhoff 전류 법칙(Kirchhoff Current Law : KCL), $i_s = i_1 + i_2 + i_3$,은 삼각파형, 위상도와 rms 형태에 모두 성립한다.

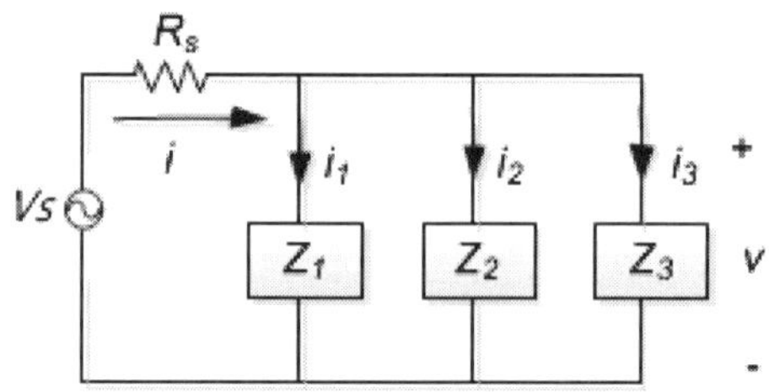

▌그림 13.2▌ 임피던스 병렬회로

2.3 임피던스 회로에서 KCL과 KVL

임피던스 소자로 구성된 회로에서 노드 및 폐회로에 대하여 KCL과 KVL이 성립한다.

3. 실험기기 및 부품

- 실험장비 : 함수발생기, 오실로스코프, 디지털멀티미터, RLC Meter
- Bread Board, 장비 Probe
- 소자 : 저항, 인덕터, 커패시터(사용가능한 소자 값은 Part 1 참조).

4. 실험 과정

4.1 임피던스 직렬회로

1) 측정문제 I

- 임피던스 Z_1, Z_2, Z_3를 결정할 R, L, C값을 선택하고 함수발생기 정현파 전원의 진폭과 주파수를 선택하여 그림 13.1과 같은 임피던스 직렬회로를 구성한다. 오실로스코프로 전압을 측정하여 $v_s = v_1 + v_2 + v_3$가 성립함을 확인한다.
- 전류를 측정하거나 계산을 수행하여 각 소자에서 측정 또는 계산되는 임피던스가 선택한 값과 동일함을 확인한다. 측정되는 전체 전압과 전류를 통하여 $Z = Z_1 + Z_2 + Z_3$가 성립함을 확인한다.
- 위상도로 변경하여 전압, 전류 그리고 임피던스 관계식이 성립함을 확인한다.
- 오실로스코프의 정현파 형태의 측정과정을 디지털멀티미디어의 rms 측정으로 변경하여 전압, 전류 그리고 임피던스 관계식이 성립함을 확인한다.
- 실험 전 예비보고서를 작성할 때 그림 13.1의 회로 구성을 위하여 선택한 전원의 진폭, 주파수와 R, L, C값으로부터 임피던스를 계산한다. 그리고 각 임피던스에 걸리는 전

압과 전체 전류를 삼각파형, 위상도 그리고 rms 형태의 이론적 계산한다. 각각 이론적으로 구한 값이 $Z = Z_1 + Z_2 + Z_3$와 $v_s = v_1 + v_2 + v_3$가 성립함을 확인한다. 그리고 구성한 회로에 대하여 PSpice를 실행하고 시뮬레이션 값이 계산값과 동일함을 확인한다.

> 임피던스에 흐르는 전류를 측정할 수 없다면 어떻게 실험할 것인지 예비보고서 작성 과정에서 준비한다.

2) 측정문제 II : 주파수 변경

- 측정문제 I의 실험 과정에서 사용한 주파수 값을 5배로 바꾸어 반복한다.

4.2 임피던스 병렬회로

1) 측정문제 I

- 임피던스 Z_1, Z_2, Z_3를 결정할 R, L, C값을 선택하고 함수발생기 정현파 전원의 진폭과 주파수를 선택하여 그림 13.2와 같은 임피던스 병렬회로를 구성하고 오실로스코프로 전압, V_s을 측정한다. 그리고 각 임피던스에 흐르는 전류를 측정하거나 계산을 수행하여 $i_s = i_1 + i_2 + i_3$를 확인한다.
- 각 소자에서 측정 또는 계산되는 임피던스가 선택한 값과 동일함을 확인한다. 측정되는 전체 전압과 전류를 통하여 $Z = Z_1 \parallel Z_2 \parallel Z_3$가 성립함을 확인한다.
- 위상도로 변경하여 전압, 전류 그리고 임피던스 관계식이 성립함을 확인한다.
- 오실로스코프의 정현파 형태의 측정과정을 디지털멀티미디어의 rms 측정으로 변경하여 전압, 전류 그리고 임피던스 관계식이 성립함을 확인한다.
- 실험 전 예비보고서를 작성할 때 그림 13.2의 회로 구성을 위하여 선택한 전원의 진폭, 주파수와 R, L, C값으로부터 임피던스를 계산한다. 그리고 각 임피던스에 걸리는 전압과 전체 전류를 삼각파형, 위상도 그리고 rms 형태의 이론적 계산한다. 각각 이론적으로 구한 값이 $Z = Z_1 \parallel Z_2 \parallel Z_3$와 $i_s = i_1 + i_2 + i_3$가 성립함을 확인한다. 그리고 구성한 회로에 대하여 PSpice를 실행하고 시뮬레이션 값이 계산값과 동일함을 확인한다.

2) 측정문제 II : 주파수 변경

- 측정문제 I의 실험 과정에서 사용한 주파수 값을 5배로 바꾸어 반복한다.

제13장 점검 문제

- 정현파의 진폭이 ±5V, 주파수가 10MHz인 톱니파가 인가되는 임피던스 직렬회로의 임피던스 값이 같은 소자 두 개에 대하여 KVL이 성립함을 확인한다.

- 정현파의 진폭이 ±5V, 주파수가 10KHz인 톱니파가 인가되는 임피던스 병렬회로의 임피던스 값이 같은 소자 두 개에 대하여 KCL이 성립함을 확인한다.

Chapter 14 임피던스 회로 해석방법

1. 실험 목표

- R, L, C로 구성된 임피던스 소자의 직병렬 회로에 대하여 노드전압 방법(Node-Voltage Method)과 망전류 방법(Mesh-Current Method)을 활용하여 회로를 해석할 수 있다.
- R, L, C로 구성된 임피던스 소자의 직병렬 회로에 대하여 중첩의 원리가 적용되어 회로 해석에 활용할 수 있다.
- R, L, C로 구성된 임피던스 소자의 직병렬 회로에 대하여 Thevenin/Norton 회로의 개념을 적용하여 회로 해석에 활용할 수 있다.

2. 관련 이론

2.1 노드전압 및 망전류 방법

일반 저항으로 구성된 회로에서 적용한 노드전압 및 망전류 회로해석 방법은 그림 14.1과 같은 일반적인 임피던스 회로에도 적용하여 회로해석을 할 수 있다.

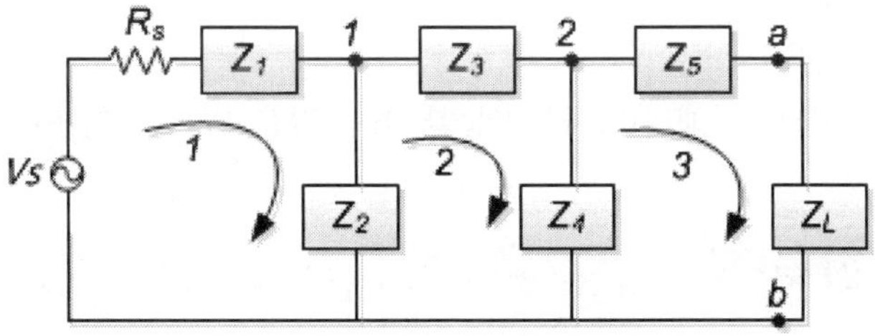

┃그림 14.1┃ 임피던스 회로 구성 예

2.2 중첩의 원리

일반 저항으로 구성된 회로에서 적용한 중첩의 원리 회로해석 방법은 일반적인 임피던스 회로에도 적용하여 회로해석을 할 수 있다. 그림 14.2(a)와 같이 두 개 이상의 전원이 각각 인가된 회로를 해석하여 구한 각 임피던스에 전압 및 전류의 합은 그림 14.2(b)와 같이 동시에 인가된 회로를 해석한 값과 같다.

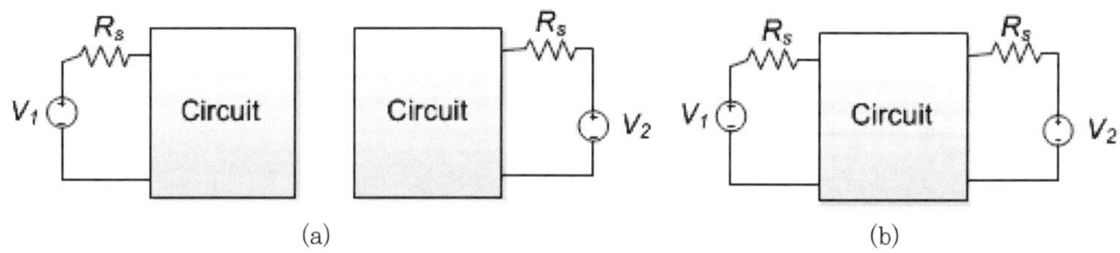

▎그림 14.2▎ 중첩의 원리 (a) 전원 각각 인가된 회로 (b) 전원 동시 인가된 회로

2.3 Thevenin/Norton 회로

일반 저항으로 구성된 회로에서 적용한 Thevenin/Norton 회로해석 방법은 일반적인 임피던스 회로에도 적용하여 회로해석을 할 수 있다. 즉, 그림 14.1의 회로에 대하여 Thevenin 회로해석을 적용하면 그림 14.3과 같이 간략화할 수 있다.

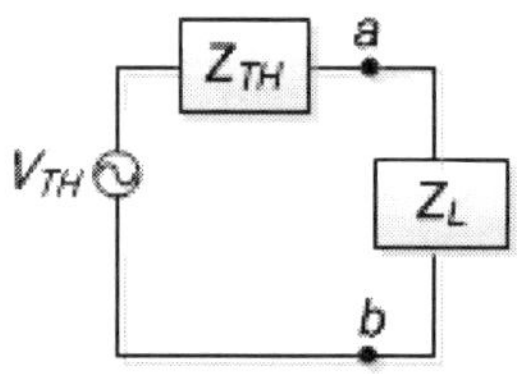

▎그림 14.3▎ 간략화된 Thevenin 등가회로

3. 실험기기 및 부품

- 실험장비 : 함수발생기, 오실로스코프, 디지털멀티미터, RLC Meter
- Bread Board, 장비 Probe
- 소자 : 저항, 인덕터, 커패시터(사용가능한 소자 값은 Part 1 참조).

4. 실험 과정

4.1 임피던스 회로의 노드전압 및 망전류 방법

1) 측정문제 I : 노드전압 회로해석 방법

- 그림 14.1과 같은 회로의 임의의 R, L, C 값을 선택하고 함수발생기 정현파 전원의 진폭과 주파수를 선택한다. 각 폐회로 및 노드에 대하여 노드전압을 삼각파형 형태로 측정하고 각 임피던스에 걸리거나 흐르는 전압과 전류를 측정한다. 특히 Thevenin 등가회로 실험에서 사용되는 Z_L에 걸리는 전압과 전류 값은 반드시 측정한다.
- 임피던스 양단에서 측정한 전압과 전류 값이 이론적으로 계산한 값과 동일함을 확인한다.

- 삼각파형 형태로 분석, 측정한 값을 위상도(Phasor Diagram) 형태로 변경하여 분석, 측정한 값과 동일함을 확인한다.
- 오실로스코프의 정현파 형태의 측정과정을 디지털멀티미디어의 rms 측정으로 변경하여 측정한 임피던스 양단에 걸리는 rms 전압 값이 이론적으로 계산한 값과 동일함을 확인한다.
- 임피던스 회로에서 삼각파형, 위상도, rms 등 표현 방법이 달라도 노드전압 회로해석 방법이 적용됨을 확인한다.
- 실험 전 예비보고서를 작성할 때 그림 14.1의 회로 구성을 위하여 전원의 진폭, 주파수와 R, L, C 값 등을 설정하고 해당 주파수에서 각 소자의 임피던스를 계산한다. 그리고 각 임피던스에 걸리는 전압과 전체 전류를 삼각파형, 위상도 그리고 rms 형태 등으로 각각 계산한다. 이 때 회로해석은 노드전압 회로해석 방법을 적용한다. 그리고 구성한 회로에 대하여 PSpice를 실행하고 시뮬레이션 값이 계산값과 동일함을 확인한다.

2) 측정문제 II : 망전류 회로해석 방법

- 측정문제 1)의 실험 과정에서 망전류 회로해석 방법을 적용하여 반복하여 임피던스 회로에서도 망전류 회로해석 방법이 적용됨을 확인한다.

4.2 임피던스 회로의 중첩의 원리 적용

1) 측정문제 I : 같은 위치에서 전원 분리 또는 중첩

- 그림 14.1의 회로에 그림 14.4와 같이 같은 위치에 정현파 v_1과 v_2를 각각 인가하였을 때와 동시에 인가했을 때 각 임피던스 소자의 전압과 전류를 삼각파형, 위상도 및 rms 형태로 측정한다.
- 전원을 각각 인가했을 때 각 임피던스 소자에서 측정되는 전압 및 전류 값들의 합이 동시에 인가되었을 때 값과 동일함을 확인한다.
- 실험 전 예비보고서를 작성할 때 그림 14.4의 회로의 각각의 전원이 인가된 경우와 동시에 인가된 경우 각 임피던스에 걸리는 전압과 전체 전류를 삼각파형, 위상도 그리고 rms 형태의 이론적 계산한다. 이론적으로 계산한 값들이 중첩의 원리가 성립됨을 확인한다. 그리고 구성한 회로에 대하여 PSpice를 실행하고 시뮬레이션 값이 계산값과 동일함을 확인한다.

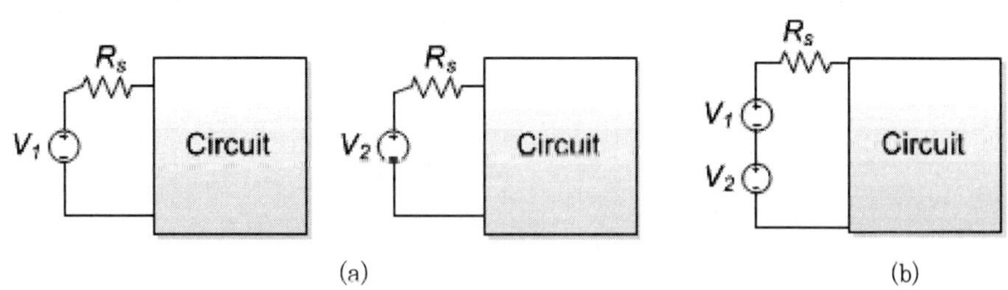

| 그림 14.4 | 같은 위치 전원 인가하는 경우 중첩 원리 실험 회로
(a) 각각 전원을 인가 (b) 두 개 전원을 동시에 인가

2) 측정문제 II : 다른 위치에서 전원 인가

- 그림 14.1의 회로에 그림 14.2와 같이 서로 다른 위치에 정현파 v_1과 v_2를 각각 인가하였을 때와 동시에 인가했을 때 각 임피던스 소자의 전압과 전류를 삼각파형, 위상도 및 rms 형태로 측정한다.
- 비록 전원의 위치가 달라도 전원을 각각 인가했을 때 각 임피던스 소자에서 측정되는 전압 및 전류 값들의 합이 동시에 인가되었을 때 값과 동일함을 확인한다.
- 실험 전 예비보고서를 작성할 때 그림 14.2의 회로의 서로 다른 위치에서 각각의 전원이 인가된 경우와 동시에 인가된 경우 각 임피던스에 걸리는 전압과 전체 전류를 삼각파형, 위상도 그리고 rms 형태의 이론적 계산한다. 이론적으로 계산한 값들이 중첩의 원리가 성립됨을 확인한다. 그리고 구성한 회로에 대하여 PSpice를 실행하고 시뮬레이션 값이 계산값과 동일함을 확인한다.

4.3 임피던스 회로의 Thevenin 등가회로

1) 측정문제 I : Thevenin 등가회로

- 그림 14.1의 회로에서 단자 a-b의 Z_L을 제외한 회로에 대하여 Thevenin 등가회로를 측정하여 구하고 기존회로와 동일함을 확인한다. 등가회로의 V_{TH}은 단자 a-b를 개방하고 측정되는 전압이다. 그리고 Z_{TH}은 전원을 제거하고 측정되는 임피던스 값 또는 단자 a-b를 단락하여 측정되는 전류에서 전압과 전류를 계산하여 Z_{Th}를 측정할 수 있다.
- 삼각파형 형태와 위상측정이 어렵다면 rms로 간략화하여 등가회로를 확인한다.
- 실험 전 예비보고서를 작성할 때 그림 14.1의 회로에 대하여 Thevenin 등가회로를 이론적으로 계산하고 두 회로가 서로 동일함을 삼각파형, 위상도 그리고 rms 형태로 확인한다. 그리고 구성한 회로에 대하여 PSpice를 실행하고 시뮬레이션 값이 계산값과 동일함을 확인한다.

2) 측정문제 II : 부하를 연결한 후 부하에 걸리는 전압과 전류 측정

- 그림 14.3과 같이 Thevenin 등가회로에 Z_L을 연결한 후 부하에 걸리는 전압과 전류값이 4.1절의 실험에서 측정한 Z_L의 전압과 전류와 동일함을 확인한다.

제14장 점검 문제

- 임피던스 회로에서 Norton 등가회로도 성립함을 확인한다.

Chapter 15 RLC 공진회로와 최대전력전달

1. 실험 목표

- 임피던스 회로에서 부하에 최대전략전달의 의미와 조건을 이해할 수 있다.
- RLC 직렬회로의 공진주파수를 계산할 수 있고 공진주파수에서의 회로특성을 이해하고 공진회로를 설계할 수 있다.
- RLC 병렬회로의 공진주파수를 계산할 수 있고 공진주파수에서의 회로특성을 이해하고 공진회로를 설계할 수 있다.

2. 관련 이론

2.1 임피던스 회로의 최대전력전달

임피던스 회로를 그림 15.1과 같이 등가회로로 간략화되고 $Z_L = Z^*{}_{TH}$[3](Conjugate) 관계일 때 부하에 최대전력이 전달된다.

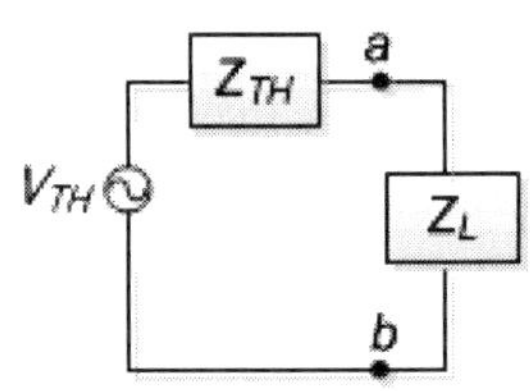

❙그림 15.1❙ 부하 관점의 등가회로

2.2 공진주파수

R, L, C를 포함하는 전기회로에서는 이들의 위상특성의 차이에 기인하여 새로운 현상이 나타난다. 즉, 커패시터와 인덕터는 전압과 전류의 위상에 있어서 서로 반대되는 특성을 지니고 있으므로 특정한 주파수에서 전류와 전압이 동일 위상으로 형성되는 공진현상이 나타나게 된다. 공진이 일어나는 특정 주파수를 공진주파수라고 한다.

---

3) $Z(=R+jX)$에 대한 Z^*는 $R-jX$이다.

3. 실험기기 및 부품

- 실험장비 : 함수발생기, 오실로스코프, 디지털멀티미터, RLC Meter
- Bread Board, 장비 Probe
- 소자 : 저항, 인덕터, 커패시터, 가변인덕터, 가변커패시터(사용가능한 소자 값은 Part 1 참조).

4. 실험 과정

4.1 최대전력전달

1) 측정문제 I : 임피던스 변화

- 부하에서 최대전력을 측정하기 위해서는 부하, Z_L,에 걸리는 전압, V_L,과 부하에 흐르는 전류(I_L)에 대하여 $V_L \times I_L$, $I_L^2 \times Z_L$, V_L^2 / Z_L 등으로 계산되기 때문에 전압이나 전류 값을 측정하여 최대전력을 얻을 수 있다.
- 그림 15.1과 같이 단자 a-b 좌측의 전원과 임피던스, Z_{TH}, 값을 고정하고 부하의 크기를 변화시키면서 Z_L가 $Z^*{}_{TH}$과 같을 때 부하에 최대전력이 출력되는 것을 확인한다. 여기서 부하는 가변저항, 가변커패시터 또는 가변인덕터를 사용한다. 실험 전 예비보고서를 작성할 때 최대전력을 얻는 Z_L값을 이론적으로 구한다. 이 값의 50%, 80%, 100%, 120%, 150% 되는 임피던스의 값에 대한 전류, 전압, 전력 값을 구하고 $Z_L = Z^*{}_{TH}$ 일 때 최대전력을 확인한다.
- 그림 15.1의 회로에서 $Z_L = Z^*{}_{TH}$일 때 부하에 최대전력이 출력되는 것을 확인한다.
- 실험 전 예비보고서를 작성할 때 최대전력을 얻는 Z_L값을 이론적으로 구한다. 이 값의 50%, 80%, 100%, 120%, 150% 되는 임피던스의 값에 대한 전류, 전압, 전력 값을 구하고 $Z_L = Z^*{}_{TH}$일 때 최대전력을 확인한다. 각 임피던스 값에 대한 PSpice를 실행하고 시뮬레이션 값이 계산값과 동일함을 확인한다.

2) 측정문제 II : 주파수 변화

- 그림 15.1의 회로 단자 a-b 좌측의 전원과 임피던스, Z_{TH}값과 부하 Z_L의 크기를 서로 위상이 반대가 되도록 회로를 구성하고 전원의 주파수를 변경하면서 공진주파수를 찾는다.
- 특정 주파수의 정현파에서 임피던스, Z_{TH}와 부하 Z_L이 서로 다른 위상과 크기를 갖는 값을 선택하고 주파수를 변화시키면 크기가 서로 같아지는 주파수 대역을 선택하여 전원의 주파수를 변화시키면서 위상이 반대이면서 리액턴스 크기가 같은 주파수를 측정한

다. 예를 들어 공진주파수가 f일 때, 이 값은 50%, 80%, 95%, 100%, 105%, 120%, 150% 되는 주파수에 대하여 부하 양단에 걸리거나 흐르는 전압과 전류를 측정하여 부하에서 소비되는 전력을 측정한다.

- 그림 15.1의 회로에서 Z_L과 Z^*_{TH}에 대한 공진주파수에서 부하에 최대전력이 출력되는 것을 확인한다.
- 실험 전 예비보고서를 작성할 때 선택한 회로 전원의 특정 주파수에 대하여 부하 및 각 소자 양단에 걸리거나 흐르는 전압과 전류를 이론적으로 계산한다. 그리고 선택한 회로의 공진주파수를 이론적으로 계산하고 이 때 부하 및 각 소자 양단에 걸리거나 흐른 전압과 전류를 이론적으로 계산한다. 공진주파수의 80%, 95%, 100%, 105%, 120%되는 주파수에 대하여 부하 양단에 걸리거나 흐르는 전압과 전류를 이론적으로 계산한다. 그리고 주파수 값을 변화하면서 PSpice를 실행하고 이 값이 계산값과 동일함을 확인한다.

3) 설계문제

- 주파수가 10MHz에서 최대전력이 전달되는 그림 15.1과 같은 회로를 구성한 후 10MHz에서 최대전력이 측정되는지 확인한다.
- 실험 전 예비보고서를 작성할 때 공진주파수가 10MHz가 되는 전원의 주파수 및 R, L, C 소자 값을 선택하고 이 값을 선택한 과정을 기술하고 이론적으로 설계의 논리를 설명한다. 제시한 회로의 공진주파수가 10MHz임을 이론적으로 계산하고 PSpice를 실행하고 이 값이 계산값과 동일함을 확인한다.

4.2 RLC 직렬회로의 공진주파수

1) 측정문제

- 저항 500Ω, 인덕터 10mH, 커패시터 10nF 값의 그림 15.2와 같은 RLC 직렬회로를 구성한다. 전원 v_S에는 함수발생기를 이용하여 1~50KHz, 10Vp-p의 정현파를 인가하면서 오실로스코프로 v_R, v_L, v_C를 각각 측정한다. 전원의 주파수를 변화시키면서 이 회로의 공진주파수를 측정한다. 만약 이 주파수 대역이 아니라면 어느 주파수에서 공진주파수인지 찾으며 회로소자 값이 공진의 특성을 확인하기 어려울 때에는 다른 소자 값을 선택한다.
- 공진주파수에서 리액턴스 성분 구성 및 임피던스 소자들의 전류, 전압 등을 고려하여 최대전력을 확인한다.

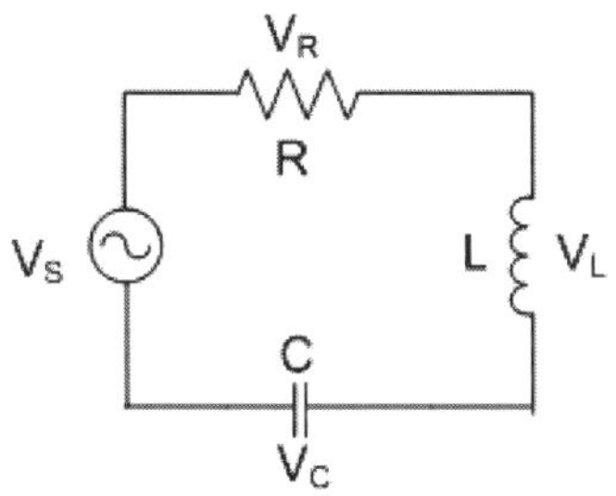

▌그림 15.2▌ *RLC* 직렬회로

- 실험 전 예비보고서를 작성할 때 선택한 회로 전원의 특정 주파수에 대하여 부하 및 각 소자 양단에 걸리거나 흐르는 전압과 전류를 이론적으로 계산한다. 그리고 선택한 회로의 공진주파수를 이론적으로 계산하고 이 때 부하 및 각 소자 양단에 걸리거나 흐르는 전압과 전류를 이론적으로 계산한다. 공진주파수의 80%, 95%, 100%, 105%, 120%되는 주파수에 대하여 부하 양단에 걸리거나 흐르는 전압과 전류를 이론적으로 계산한다. 그리고 주파수 값을 변화하면서 PSpice를 실행하고 이 값이 계산값과 동일함을 확인한다.

2) 설계문제

- 주파수가 10MHz에서 최대전력이 전달되는 그림 15.2와 같은 회로를 구성한 후 10MHz에서 최대전력이 측정되는지 확인한다.
- 실험 전 예비보고서를 작성할 때 공진주파수가 10MHz가 되는 전원의 주파수 및 *R*, *L*, *C* 소자 값을 선택하고 이 값을 선택한 과정을 기술하고 이론적으로 설계의 논리를 설명한다. 제시한 회로의 공진주파수가 10MHz임을 이론적으로 계산하고 PSpice를 실행하고 이 값이 계산값과 동일함을 확인한다.

4.3 *RLC* 병렬회로의 공진주파수

1) 측정문제

- 저항 500Ω, 인덕터 10mH, 커패시터 10nF 값의 그림 15.3과 같은 *RLC* 병렬회로를 구성한다. 전원 v_S에는 함수발생기를 이용하여 1~50KHz, $10V_{p-p}$의 정현파를 인가하면서 각 임피던스 소자에 흐르는 전류 값과 오실로스코프로 v_R를 측정한다. 여기서 각 임피던스 소자에 흐르는 전류는 rms로 측정하고 전원의 주파수를 변화시키면서 이 회로의 공진주파수를 찾는다. 만약 이 주파수 대역이 아니라면 어느 주파수에서 공진주파수인지 찾으며 회로소자 값이 공신의 특성을 확인하기 어려울 때에는 다른 소자 값을 선택한다.
- 공진주파수에서 리액턴스 성분 구성 및 임피던스 소자들의 전류, 전압 등을 고려하여 최대전력을 확인한다.

- 실험 전 예비보고서를 작성할 때 선택한 회로 전원의 특정 주파수에 대하여 부하 및 각 소자 양단에 걸리거나 흐르는 전압과 전류를 이론적으로 계산한다. 그리고 선택한 회로의 공진주파수를 이론적으로 계산하고 이 때 부하 및 각 소자 양단에 걸리거나 흐르는 전압과 전류를 이론적으로 계산한다. 공진주파수의 80%, 95%, 100%, 105%, 120%되는 주파수에 대하여 부하 양단에 걸리거나 흐르는 전압과 전류를 이론적으로 계산한다. 그리고 주파수 값을 변화하면서 PSpice를 실행하고 이 값이 계산값과 동일함을 확인한다.

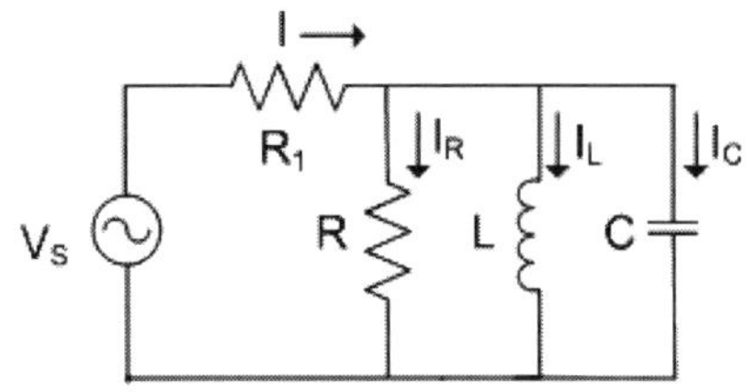

▌그림 15.3▐ *RLC* 병렬 회로

2) 설계문제

- 주파수가 10MHz에서 최대전력이 전달되는 그림 15.3과 같은 회로를 구성한 후 10MHz에서 최대전력이 측정되는지 확인한다.
- 실험 전 예비보고서를 작성할 때 공진주파수가 10MHz가 되는 전원의 주파수 및 R, L, C 소자 값을 선택하고 이 값을 선택한 과정을 기술하고 이론적으로 설계의 논리를 설명한다. 제시한 회로의 공진주파수가 10MHz임을 이론적으로 계산하고 PSpice를 실행하고 이 값이 계산값과 동일함을 확인한다.

제15장 점검 문제

- 그림 15.4과 같은 회로를 구성한 후 함수발생기의 출력전압을 최대로 하고 v_R이 최대, v_L과 v_C의 합이 최소가 되는 주파수를 찾고 이론적으로 구한 공진주파수와 비교한다.

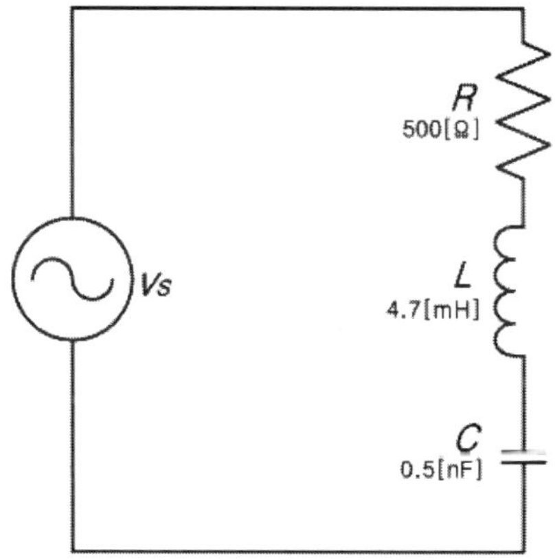

▌그림 15.4▐ *RLC* 직렬회로

- 그림 15.5와 같은 회로를 구성한 후 함수발생기의 출력전압을 최대로 하고 전류 i_X가 최소로 되는 주파수를 찾고 이론적으로 구한 공진주파수와 비교한다.

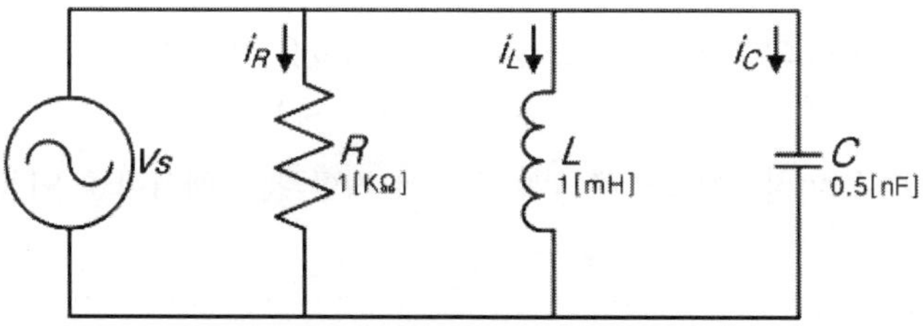

▌그림 15.5▐ *RLC* 병렬회로

Chapter 16 OP Amp 활용한 가감산기와 미적분기

1. 실험 목표

- OP Amp의 특성을 이해할 수 있다.
- OP Amp를 이용하여 가산기, 감산기, 미분기 및 적분기를 설계할 수 있다.

2. 관련 이론

2.1 OP Amp

- OP Amp는 피드백(Feedback)을 하지 않는 개방회로(Open Loop)인 경우 OP Amp의 이득(Gain)만큼 입력값이 출력에 증폭된다.
- OP Amp에 폐회로(Closed Loop)의 피드백 회로를 구성하면 이 회로에 연결하는 소자값에 따라 가산기, 감산기, 미분기와 적분기로 동작하며 출력값은 OP Amp 동작 전압 범위를 초과할 수 없다.

2.2 OP Amp 이용한 가산기, 감산기, 미분기와 적분기

- DC 입력의 OP Amp의 폐회로 피드백 회로에 저항을 연결하여 가산기와 감산기를 설계한다.
- AC 입력의 OP Amp의 폐회로 피드백 회로에 저항과 커패시터를 이용하여 미분기와 적분기를 설계한다.

3. 실험기기 및 부품

- 실험장비 : 함수발생기, 오실로스코프
- Bread Board, 장비 Probe
- 소자 : 저항, 커패시터(사용가능한 소자 값은 Part 1 참조).
- uA741 General-Purpose OP Amplifiers

4. 실험 과정

4.1 가산기

1) 설계문제 I : Inverting 가산기

- uA741 OP Amp 칩을 사용하여 OP Amp의 기본동작을 확인한다.
- $V_o = -(a\times V_1 + b\times V_2 + c\times V_3)$ 조건을 만족하는 Inverting 가산기를 구성하고 출력을 확인한다.
- 실험 전 예비보고서를 작성할 때 uA741 OP Amp 칩의 사용설명서를 조사한다. 그리고 OP Amp의 폐회로 피드백 회로를 이용한 Inverting 가산기에 대한 이론을 제시하고 이 회로에 대한 PSpice를 실해하여 이 값이 이론적으로 계산한 값과 동일함을 확인한다.

2) 설계문제 II : Non-Inverting 증폭기

- $V_o = a\times V_1$ 조건을 만족하는 Non-Inverting 증폭기를 구성하고 출력을 확인한다.
- 실험 전 예비보고서를 작성할 때 OP Amp의 폐회로 피드백 회로를 이용한 Non-Inverting 증폭기에 대한 이론을 제시하고 이 회로에 대한 PSpice를 실해하여 이 값이 이론적으로 계산한 값과 동일함을 확인한다.

4.2 감산기

- $V_o = a\times V_1 - b\times V_2$ 조건을 만족하는 감산기를 구성하고 출력을 확인한다.
- 실험 전 예비보고서를 작성할 때 OP Amp의 폐회로 피드백 회로를 이용한 감산기에 대한 이론을 제시하고 이 회로에 대한 PSpice를 실해하여 이 값이 이론적으로 계산한 값과 동일함을 확인한다.

4.3 미분기

- $V_o = a\times dV_1/dt$ 조건을 만족하는 미분기를 구성하고 톱니파와 Square파에 대한 출력을 확인한다.
- 실험 전 예비보고서를 작성할 때 OP Amp의 폐회로 피드백 회로를 이용한 미분기에 대한 이론을 제시하고 이 회로에 대한 PSpice를 실해하여 이 값이 이론적으로 계산한 값과 동일함을 확인한다.

4.4 적분기

- $V_o = a\times \int v_1\,dt$ 조건을 만족하는 적분기를 구성하고 톱니파와 Square파에 대한 출력을 확인한다.
- 실험 전 예비보고서를 작성할 때 OP Amp의 폐회로 피드백 회로를 이용한 적분기에 대한 이론을 제시하고 이 회로에 대한 PSpice를 실해하여 이 값이 이론적으로 계산한 값과 동일함을 확인한다.

제16장 점검 문제

- 그림 16.1과 같은 미적분회로를 구성한 후 입·출력파형을 측정하고 그 결과를 이론적으로 설명한다.

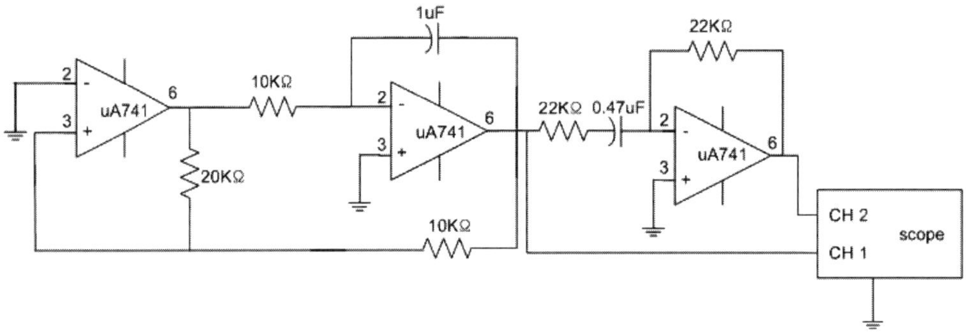

▌그림 16.1▐ 미적분회로

디지털 실험

PART 03

Chapter 01 논리회로의 기초 및 응용

1. 실험 목표

- AND, OR, NOT, NAND 및 NOR 논리게이트(Logic Gate) 동작을 이해할 수 있다.
- 범용 게이트를 이용하여 기본 논리게이트를 구성할 수 있다.
- IC 칩 데이터시트(Data Sheet)를 보고 논리게이트 입출력 핀 배치를 이해할 수 있다.
- IC 칩의 최대허용전압(전류)에 대한 개념을 이해할 수 있다.

2. 관련 이론

2.1 논리게이트

논리게이트는 디지털 회로의 논리연산을 수행하는 디지털 소자로서 일반적으로 하나 이상의 입력 단자와 하나의 출력 단자로 구성되며 기본 게이트로 AND, OR, NOT, NAND, NOR, XOR, XNOR 게이트 등이 있다. 논리게이트마다 논리회로 기호, 논리식, 진리표가 있으며, 이는 디지털 회로를 설계하는데 사용된다.

2.2 범용게이트

논리게이트 중에서도 NAND 게이트나 NOR 게이트는 범용게이트(Universal Gate)라고 불린다. 그 이유는 NAND 게이트 또는 NOR 게이트의 조합만으로 AND, OR, NOT 게이트를 구현할 수 있기 때문이다. 이는 실제 시스템 구현이나 칩 설계에서 가장 많이 사용하는 소자이다.

2.3 논리게이트 IC 칩의 최대/최소 허용전압(전류)

논리게이트를 설계 제작한 IC 칩은 동작 가능한 허용 입출력 전압(전류)이 있다. 최대허용전압은 IC 칩에 인가할 수 있는 최대 전압(전류)의 크기를 나타내며, 최대허용전압(전류)을 초과하면 논리게이트가 동작하지 않거나 심한 경우 칩이 타는 문제가 발생할 수 있다. 최대허용전압(전류)과 반대 개념으로 IC칩이 동작하기 위해서는 최소 인가되어야 하는 입력전압(전류)이 있다.

> IC소자의 최대허용전압(전류)은 IC소자 표면에 표기되어 있지 않지만 IC소자 매뉴얼에서 확인할 수 있다. 최대허용전압(전류)를 측정할 때에는 반드시 교수의 지시에 따라 진행되어야 한다.

3. 실험기기 및 부품

- 전원공급기, 디지털 멀티미터
- Bread Board, 장비 Probe
- IC : 7400, 7402, 7404, 7408, 7432, 7486
- IC 칩 데이터시트 : IC 제조업체 웹 사이트 참조

4. 실험 과정

4.1 논리게이트 IC 칩 데이터시트 이해

- 실험에서 사용할 IC 칩들이 동작하기 위해서 인가되는 +5V와 GND의 핀 위치를 확인한다.
- 각 IC 칩들의 입력과 출력 핀을 확인한다. 그림 1.1은 NOR 게이트 7402 입출력 배치도이다.

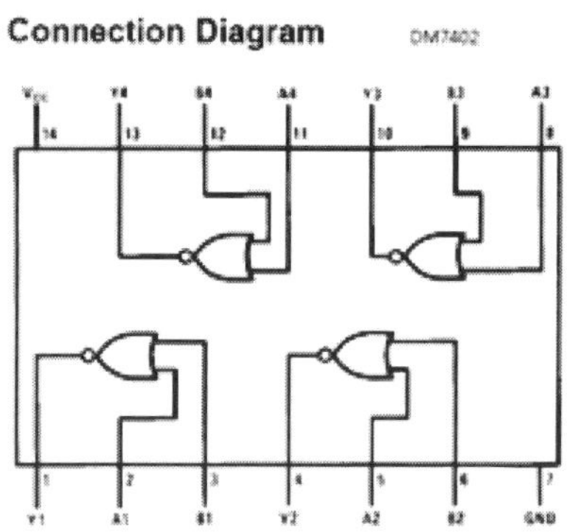

▌그림 1.1▐ NOR 게이트 7402 핀 배치도

- 실험 전 예비보고서 준비할 때 IC 칩 데이터시트를 조사하고 IC 칩이 동작하기 위한 방안을 확인한다. 또한 Bread Board에 +5V와 GND 핀과 함께 입출력 핀의 연결 방법을 확인한다. 여기서, 다양한 IC 칩 중 7402 IC 칩을 중심으로 확인한다.

4.2 논리게이트

1) 측정문제 : NAND와 NOR 게이트

- 그림 1.2와 같이 NAND 게이트인 7400 IC칩을 이용한 회로도를 구성하고 표 1.1의 진리표를 작성한다. 진리표의 입력에 따른 출력을 측정하고 측정값이 계산값과 동일함을 확인한다.
- 그림 1.2 회로도의 NAND 게이트를 NOR 게이트로 변경하여 회로도를 구성하고 진리표를 작성한다. 진리표의 입력에 따른 출력을 측정하고 측정값이 계산값과 동일함을 확인한다.

- 실험 전 예비보고서 준비할 때 NAND 게이트 7400 IC 칩 회로도 구성을 도식하고 진리표를 작성한 후 Bread Board에 +5V와 GND 핀과 함께 입출력 핀의 연결 구성도를 제시한다. 그리고 NAND 게이트에 대한 PSpice를 실행한 후 그림 1.3과 같은 결과를 확인하고 표 1.1의 진리표의 계산값과 동일함을 확인한다.
- 실험 전 예비보고서 준비할 때 NOR 게이트 IC 칩 회로도 구성을 도식하고 진리표를 작성한 후 Bread Board에 +5V와 GND 핀과 함께 입출력 핀의 연결 구성도를 제시한다. 그리고 NOR 게이트에 대한 PSpice를 실행하고 진리표의 계산값과 동일함을 확인한다.

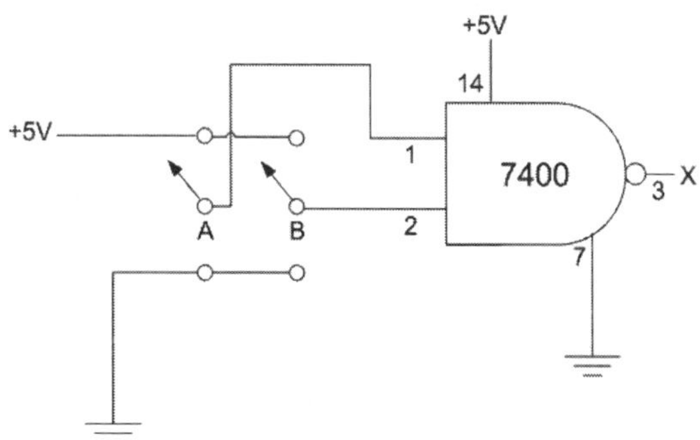

▌그림 1.2▐ NAND 게이트

▌표 1.1▐ NAND 게이트 진리표

A	B	X 계산값	X 측정값
0	0		
0	+5		
+5	0		
+5	+5		

※ 본 양식은 샘플임. 나머지는 개별적으로 작성요망.

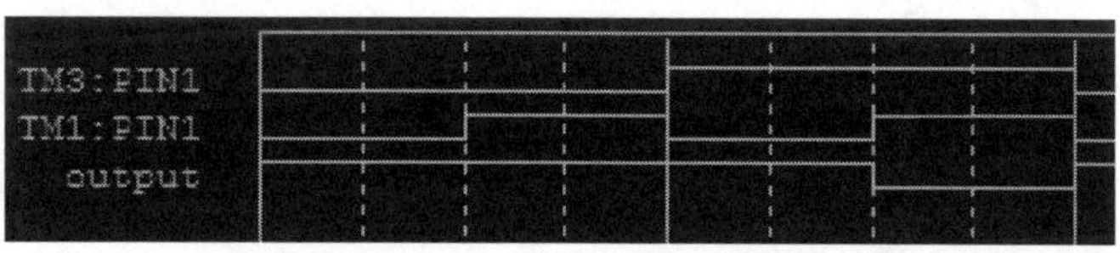

▌그림 1.3▐ NAND 게이트 PSpice 결과

2) 측정문제 : NAND와 NOR 게이트 조합

- 그림 1.4의 논리회로를 구성하여 회로도와 표 1.2의 진리표를 작성한다. 진리표의 입력에 따른 출력을 측정하고 측정값이 계산값과 동일함을 확인한다.

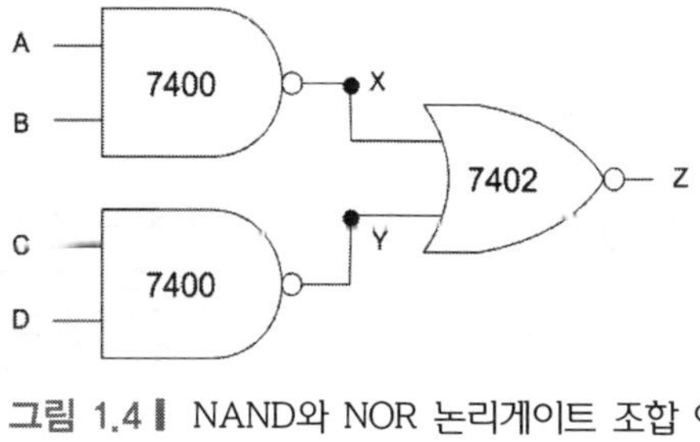

▌그림 1.4▐ NAND와 NOR 논리게이트 조합 예

▎표 1.2▐ 논리회로 진리표

A	B	C	D	X		Y		Z	
				계산값	측정값	계산값	측정값	계산값	측정값
0	0	0	0						
⋮	⋮	⋮	⋮	⋮	⋮	⋮	⋮	⋮	⋮
+5	+5	+5	+5						

- 실험 전 예비보고서 준비할 때 그림 1.4의 회로도의 진리표를 작성하고 Bread Board에 +5V와 GND 핀과 함께 입출력 핀의 연결 구성도를 제시한다. 그리고 이 회로도에 대한 PSpice를 실행하고 진리표의 계산값과 동일함을 확인한다.

4.3 범용게이트

1) 측정문제 : NOT 게이트

- NAND 게이트나 NOR를 사용하여 NOT 게이트를 만든다.
- (NAND 게이트 선택한 경우) 그림 1.5와 같이 NAND 게이트만을 이용하여 NOT 게이트를 구성하고 표 1.3의 진리표를 작성한다. 진리표의 입력에 따른 출력을 측정하고 측정값이 계산값과 동일함을 확인한다.

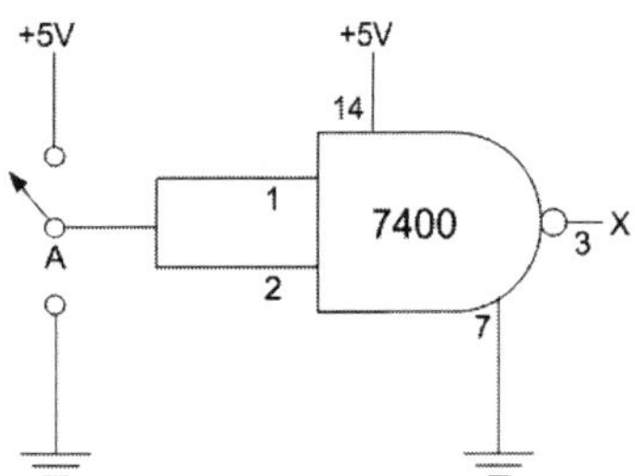

▎그림 1.5▐ NOT 게이트 구현

▎표 1.3▐ NOT 게이트 진리표

A	X	
	계산값	측정값
0		
+5		

- (NOR 게이트 선택한 경우) 그림 1.6과 같이 NOR 게이트만을 이용하여 NOT 게이트를 구성하고 표 1.4의 진리표를 작성한다. 진리표의 입력에 따른 출력을 측정하고 측정값이 계산값과 동일함을 확인한다.

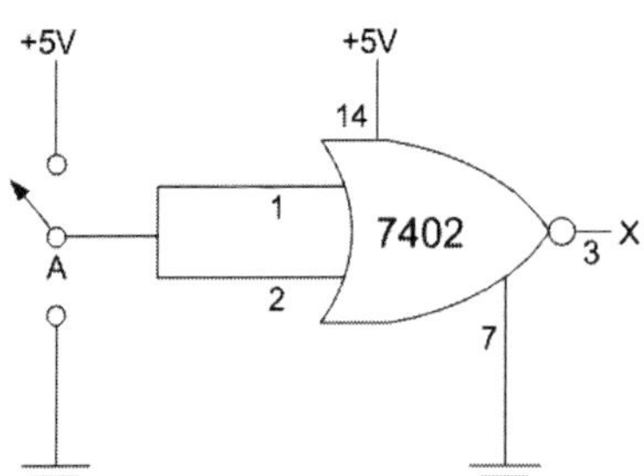

▎그림 1.6▐ NOT 게이트 구현

▎표 1.4▐ NOT 게이트 진리표

A	X	
	계산값	측정값
0		
+5		

- 실험 전 예비보고서 준비할 때 NAND 게이트 또는 NOR 게이트를 이용한 NOT 게이트 회로도 구성을 도식하고 진리표를 작성한 후 Bread Board에 +5V와 GND 핀과 함께 입출력 핀의 연결 구성도를 제시한다.

2) 설계문제 : AND 게이트와 OR 게이트 구성

- NAND 또는 NOR 게이트만을 이용하여 AND, OR 게이트와 같은 출력값이 나올 수 있도록 회로를 구성하고 진리표를 작성한다.
- (NAND 게이트 선택한 경우) NAND 게이트만을 이용하여 AND 게이트와 OR 게이트를 구성하고 진리표를 작성한다. 진리표의 입력에 따른 출력을 측정하고 측정값이 계산값과 동일함을 확인한다.
- (NOR 게이트 선택한 경우) NOR 게이트만을 이용하여 AND 게이트와 OR 게이트를 구성하고 진리표를 작성한다. 진리표의 입력에 따른 출력을 측정하고 측정값이 계산값과 동일함을 확인한다.
- 실험 전 예비보고서 준비할 때 NAND 게이트 또는 NOR 게이트를 이용한 AND 게이트와 OR 게이트 회로도 구성을 도식하고 진리표를 작성한 후 Bread Board에 +5V와 GND 핀과 함께 입출력 핀의 연결 구성도를 제시한다. 그리고 이 회로도에 대한 PSpice를 실행하고 진리표의 계산값과 동일함을 확인한다.

4.4 IC 칩의 최대허용전압

- 7400 IC 칩의 데이터시트를 찾아서 표 1.5와 같은 정격전압과 정격전류를 확인한다.
- 그림 1.7(a) 회로에서 Logic Gate 부분에 NAND 게이트를 넣고 Vcc 전압을 0V에서 10V까지 단계별로 증가시키면서 입력값과 출력값을 측정한다. 실제 정상적으로 동작하는 전압 범위와 데이터시트에서 조사한 전압 범위를 비교한다.

표 1.5 IC 동작가능 전압, 전류 및 실내온도

Symbol	Parameter	Min	Typical	Max	Unit
Vcc	Supply Voltage	4.75	5.0	5.25	V
T_A	Operating Temperature	0	25	70	℃
I_O	Output Current	−0.4		8	mA

- 그림 1.7(b)와 같이 Vcc 전압을 5V로 고정시키고 입력값 A, B를 0V에서 10V까지 단계별로 증가시키면서 입력값과 출력값을 측정한다. 실제 정상적으로 동작하는 전압 범위와 데이터시트에서 조사한 전압 범위를 비교한다.
- IC 소자가 허용하는 전압, 전류를 초과하게 되면 소자의 발열, 연기 등이 발생하며 불량제품인 경우 IC 소자 겉면 조각이 튈 수 있으므로 반드시 보안경(최소한 일반안경) 착용을 한다.

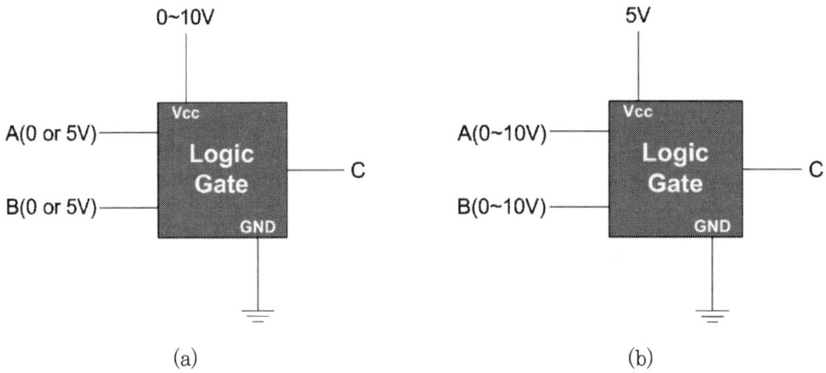

▌그림 1.7▐ 최대 허용 전압 (a) 입력값 고정 (b) Vcc 고정

제1장 점검 문제

- 그림 1.8의 논리회로에서 Logic Gate 부분에 여러 논리게이트를 넣어 실험하면서 표 1.6의 진리표를 완성하였다. 출력 W, X, Y, Z에 해당하는 논리 게이트를 찾아라. 여기서 사용 가능한 소자는 IC 칩 7400, 7402, 7404, 7408, 7432, 7486이다.

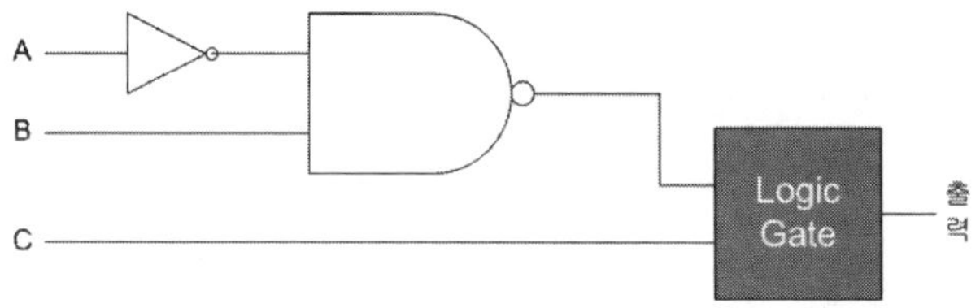

❙그림 1.8❙ 논리회로

❙표 1.6❙ 논리회로 진리표

입력			출력			
A	B	C	W	X	Y	Z
0	0	0	+5	+5	+5	0
0	0	+5	+5	0	0	0
0	+5	0	0	0	+5	+5
0	+5	+5	+5	+5	+5	0
+5	0	0	+5	+5	+5	0
+5	0	+5	+5	0	0	0
+5	+5	0	+5	+5	+5	0
+5	+5	+5	+5	0	0	0

Chapter 02 Boolean 대수와 논리식 간략화

1. 실험 목표

- 논리식의 Boolean 대수 기본 법칙을 이해할 수 있다.
- 논리식의 간략화를 수행할 수 있다.

2. 관련 이론

2.1 Boolean 대수

Boolean 대수는 구성된 논리회로를 간략화한 형태로 변경시킬 수 있는 일련의 법칙이다. 디지털 시스템을 설계할 때 논리회로에 대한 식이 주어지면 그 식을 구성하는 항과 변수의 수를 최소화함으로써 논리회로를 간략화할 수 있다.

Boolean 대수에서 사용하는 기로는 다음과 같다.

- AND : ‘ · ’ 또는 생략가능. U A·B 또는 AB
- OR : ‘ + ’. U A + B
- NOT : ‘바(Bar)’ 또는 ′(Prime) 사용. U $\overline{A}$ 또는 A′

2.2 Boolean 대수의 기본법칙과 논리식 간략화

다음 Boolean 대수 기본법칙을 활용하여 논리회로를 간략화 할 수 있다.

1. $A+0=A$	2. $A+1=1$	3. $A\cdot 0=0$
4. $A\cdot 1=A$	5. $A+A=A$	6. $A+\overline{A}=A$
7. $A\cdot A=A$	8. $A\cdot\overline{A}=0$	9. $\overline{\overline{A}}=A$
10. $A+AB=A$	11. $A\cdot(B+C)=A\cdot B+A\cdot C$	12. $(A+B)\cdot(A+C)=A+BC$

3. 실험기기 및 부품

- 전원공급기, 디지털 멀티미터
- Bread Board, 장비 Probe
- IC : 7400, 7402, 7404, 7408, 7432, 7486, <u>3-Input인 AND와 OR 게이트 IC 칩</u>

4. 실험 과정

4.1 Boolean 대수

1) 측정문제 : AND, OR, NOT 게이트만 사용하여 구성

- Boolean 대수 기본법칙 1번식과 2번식 또는 3번식과 4번식에 해당하는 회로를 구성하고 진리표를 작성한다. 이 때 회로 구성에 사용하는 논리게이트는 AND, OR, NOT 게이트만 사용한다. 진리표의 입력에 따른 출력을 측정하고 측정값이 계산값과 동일함을 확인한다.
- Boolean 대수 기본법칙 5번식과 6번식 또는 7번식과 8번식에 해당하는 회로를 구성하고 진리표를 작성한다. 이 때 회로 구성에 사용하는 논리게이트는 AND, OR, NOT 게이트만 사용한다. 진리표의 입력에 따른 출력을 측정하고 측정값이 계산값과 동일함을 확인한다.
- Boolean 대수 기본법칙 10번식에 해당하는 회로를 구성하고 진리표를 작성한다. 이 때 회로 구성에 사용하는 논리게이트는 AND, OR, NOT 게이트만 사용한다. 진리표의 입력에 따른 출력을 측정하고 측정값이 계산값과 동일함을 확인한다.
- Boolean 대수 기본법칙 12번식에 해당하는 회로를 구성하고 진리표를 작성한다. 이 때 회로 구성에 사용하는 논리게이트는 AND, OR, NOT 게이트만 사용한다. 진리표의 입력에 따른 출력을 측정하고 측정값이 계산값과 동일함을 확인한다.
- 실험 전 예비보고서 준비할 때 Boolean 대수 기본법칙들에 대한 회로도 구성을 도식하고 진리표를 작성한 후 Bread Board에 +5V와 GND 핀과 함께 입출력 핀의 연결 구성도를 제시한다. 그리고 이 회로도에 대한 PSpice를 실행하고 진리표의 계산값과 동일함을 확인한다.

2) 설계문제 : NAND, NOR 게이트만 사용하여 구성

- 측정문제 1)은 AND, OR, NOT 게이트를 사용하였는데 NAND 게이트 또는 NOR 게이트로 변경하도록 하며 이때 사용하는 IC 칩 수는 최소화한다.
- Boolean 대수 기본법칙 10번식에 해당하는 회로를 구성하고 진리표를 작성한다. 이 때 회로 구성에 사용하는 논리게이트는 NAND 게이트 또는 NOR 게이트만 사용한다. 진리표의 입력에 따른 출력을 측정하고 측정값이 계산값과 동일함을 확인한다.
- Boolean 대수 기본법칙 12번식에 해당하는 회로를 꾸미고 진리표를 작성한다. 이 때 회로 구성에 사용하는 논리게이트는 NAND 게이트 또는 NOR 게이트만 사용한다. 진리표이 입력에 따른 출력을 측정하고 측정값이 계산값과 동일함을 확인한다.
- 실험 전 예비보고서 준비할 때 Boolean 대수 기본법칙 10번과 12번에 대한 회로도를 NAND 게이트 또는 NOR 게이트 구성을 도식하고 진리표를 작성한 후 Bread Board에 +5V와 GND 핀과 함께 입출력 핀의 연결 구성도를 제시한다. 그리고 이 회로도에 대한 PSpice를 실행하고 진리표의 계산값과 동일함을 확인한다.

4.2 간략화문제

1) 측정문제 I : 3-Input인 AND, OR 게이트 사용 가능

- $X = AB + ABC + \overline{A}B + A\overline{B}C$ 식에 대한 회로도를 구성하고 표 2.1의 진리표를 작성한다. 진리표의 입력에 대한 출력을 측정하고 측정값이 계산값과 동일함을 확인한다.
- 논리식 X를 간략화하고 간략화한 식에 대한 회로도를 구성하고 표 2.1 형태의 진리표의 입력에 대한 출력을 측정하고 측정값이 계산값과 동일함을 확인한다.
- 논리식 X와 간략화 식의 진리표 값을 기초로 동일함을 확인한다.

표 2.1 $X = AB + ABC + \overline{A}B + A\overline{B}C$ 진리표

입 력			중간값								X	
A	B	C	AB		ABC		$\overline{A}B$		$A\overline{B}C$		계산값	측정값
			계산값	측정값	계산값	측정값	계산값	측정값	계산값	측정값		
0	0	0										
0	0	+5										
0	+5	0										
0	+5	+5										
+5	0	0										
+5	0	+5										
+5	+5	0										
+5	+5	+5										

- 실험 전 예비보고서 준비할 때 논리식 X의 회로도를 구성하고 진리표를 작성한 후 Bread Board에 +5V와 GND 핀과 함께 입출력 핀의 연결 구성도를 제시한다. 그리고 이 회로도에 대한 PSpice를 실행하고 진리표의 계산값과 동일함을 확인한다.
- 실험 전 예비보고서 준비할 때 논리식 X의 간략화 과정을 제시하고 간략화 식의 회로도를 구성하고 진리표를 작성하고 간략화 식 회로도에 대한 PSpice를 실행하고 진리표의 계산값과 동일함을 확인한다. 그리고 간략화 식이 논리식 X와 동일함을 확인한다.

2) 측정문제 II : 3-Input인 AND, OR 게이트 사용 불가

- 측정문제 1)에 대하여 3-Input AND, OR 게이트를 사용할 수 없을 경우 회로를 2-Input AND, OR 게이트만 사용하여 회로를 구성하고 주어진 X와 간략화한 *X*가 동일함을 확인한다.
- 실험 전 예비보고서 준비할 때 측정문제 1)의 2-Input AND, OR 게이트틀 사용한 논리식 X의 회로도를 구성하고 진리표를 작성한 후 Bread Board에 +5V와 GND 핀과 함께 입출력 핀의 연결 구성도를 제시한다. 그리고 이 회로도에 대한 PSpice를 실행하고 진리표의 계산값과 동일함을 확인한다.

3) 설계문제

- 측정문제 1)의 $X = f(A, B, C)$ 형태로 입력은 3개, NOT 게이트는 2개, AND 게이트는 6개, OR 게이트는 3개가 활용되었다. 다음 제한조건을 만족하는 Y = $f(A, B, C)$를 구성하고 논리식을 간략화한 후 선택한 Y와 간략화한 논리식이 서로 동일함을 확인한다.
(제한조건) NOT 게이트는 3개 이하, AND 게이트는 동시 3개 입력형태 구성이 2개 이하, OR 게이트는 4개 이하
- 3-Input인 AND, OR 게이트 사용이 불가능한 경우 주어진 2-Input AND, OR 게이트만 사용하여 회로를 재구성하고 주어진 Y와 간략화된 Y가 동일함을 확인한다.
- 실험 전 예비보고서 준비할 때 논리식 Y의 회로도를 구성하고 진리표를 작성한 후 Bread Board에 +5V와 GND 핀과 함께 입출력 핀의 연결 구성도를 제시한다. 그리고 이 회로도에 대한 PSpice를 실행하고 진리표의 계산값과 동일함을 확인한다.
- 실험 전 예비보고서 준비할 때 논리식 Y의 2-Input AND, OR 게이트를 사용한 논리식 Y의 회로도를 구성하고 진리표를 작성한 후 Bread Board에 +5V와 GND 핀과 함께 입출력 핀의 연결 구성도를 제시한다. 그리고 이 회로도에 대한 PSpice를 실행하고 진리표의 계산값과 동일함을 확인한다.

제2장 점검 문제

- 그림 2.1은 Boolean 대수 기본법칙의 'A + AB = A + B' 식을 설명하는 회로도이다. 회로를 구성한 후 표 2.2의 진리표를 작성하고 계산값이 측정값과 동일함을 확인한다.

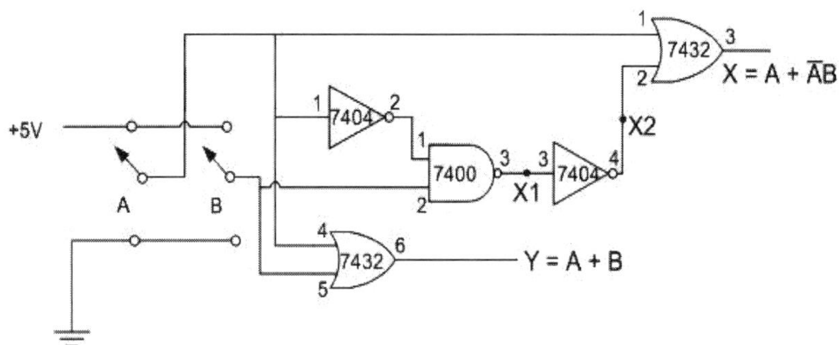

▍그림 2.1▍ Boolean A + $\overline{A}$B = A + B을 확인할 수 있는 논리회로

▍표 2.2▍ A + AB = A + B 확인 진리표

입 력		중 간 값				출 력			
A	B	X1		X2		X = A+$\overline{A}$B		Y = A+B	
		계산값	측정값	계산값	측정값	계산값	측정값	계산값	측정값
0	0								
0	+5								
+5	0								
+5	+5								

Chapter 03

De Morgan 정리와 편리한 입출력

1. 실험 목표

- De Morgan 정리를 활용하여 논리식을 간략화할 수 있다.
- 스위치와 Pull-Up/Down 저항을 사용하여 논리회로 입력을 안정한 상태로 편리하게 할 수 있고 출력으로 LED를 사용할 수 있다.

2. 관련 이론

De Morgan 정리는 논리곱을 논리합으로, 논리합을 논리곱으로 등가하는 법칙이다. 즉, AND 연산을 OR 연산으로, OR 연산을 AND 연산으로 변환한다. 이 외에도 변수를 부정하거나 이중 부정에 의하여 간략화할 때에도 사용되며, 그 식은 다음과 같다.

1. $\overline{A \cdot B} = \overline{A} + \overline{B}$
2. $\overline{A} + \overline{B} = \overline{A \cdot B}$
3. $A \cdot B = \overline{\overline{A} + \overline{B}}$

3. 실험기기 및 부품

- 1안) 전원공급기, 디지털 멀티미터
- 2안) 함수발생기(Function Generator), 오실로스코프
- 3안) 논리분석기(Logic Analyser)
- Bread Board, 장비 Probe
- IC : 7400, 7402, 7404, 7408, 7432, 7486
- 접촉식(Tactile) 스위치, 누름(Push) 스위치 또는 슬라이드(Slide) 스위치, LED

4. 실험 과정

4.3 편리한 입력방식 및 LED 사용

- 출력단자의 값이 0과 1인지 디지털멀티미터를 사용하지 않고 간단히 LED[4])를 사용한다. LED 데이터시트를 보고 +, - 단자를 확인하고 동작범위를 확인하다.

4) LED 내부동작 및 특성은 본 실험 범위에 포함하지 않음.

- LED가 켜지기 위한 최소전압을 확인하고 논리회로 출력이 1일 때 LED가 켜지기 위한 최소전압이상으로 논리회로 출력값인지 측정한다. 또한 LED가 커지는 최대전압을 확인하고 논리회로 출력이 0일 때 LED가 커지는 최대전압이하로 논리회로 출력값인지 측정한다.

> LED의 최대허용전압(전류)은 LED 소자 표면에 표기되어 있지 않지만 LED 소자 매뉴얼에서 확인할 수 있다. LED의 최대허용전압(전류)을 측정할 때에는 반드시 교수의 지시에 따라 진행되어야 한다.

- (1안) 논리회로 2개의 입력단자가 *A*, *B*이고 출력단자가 *Y*인 경우 각각의 입력단자에 0V와 +5V를 입력하여야 한다. 즉, *(B, A)* = (0V, 0V), (0V, 5V), (5V, 0V), (5V, 5V)를 입력하고 출력단자 *Y*가 0V인지 5V인지 측정을 한다. 단순히 전원공급기를 사용하면 네 번을 수행하여야 한다.
- (2안) 함수발생기에 구형파(Square Wave)[5]를 선택하여 입력단자 A로 연결하고 전원공급기를 입력단자 B로 연결하고 0V와 5V를 입력하면서 출력값을 측정하면 측정 횟수를 줄일 수 있다. 오실로스코프를 활용하여 입력과 출력을 비교할 수 있다.
- (3안) 논리분석기를 사용하면 그림 3.1과 같이 입력 2개와 출력 1개를 선택하여 한 번에 수행할 수 있다.

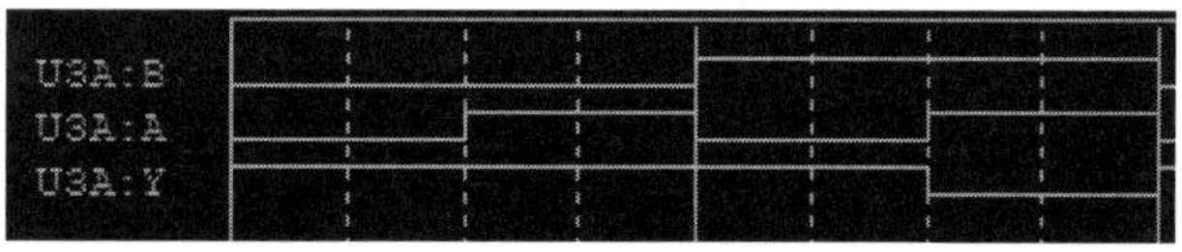

▌그림 3.1▐ 논리분석기의 입력과 출력 형태

- 1안을 선택한 경우 그림 3.2와 같이 논리회로 입력단자에 Push-Up/Down 저항과 스위치를 구성하여 입력을 용이하게 구성한다.

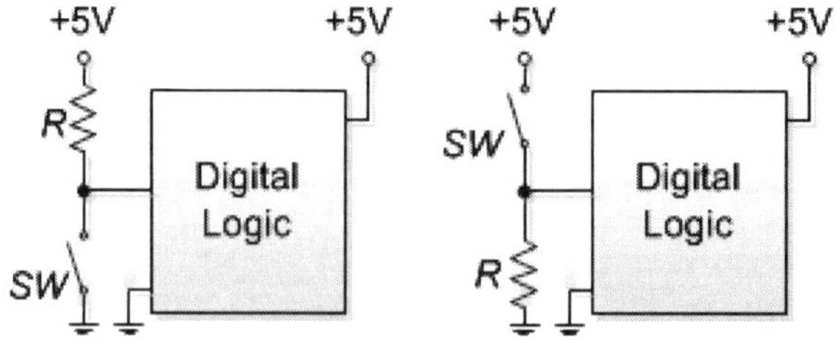

(a) Pull-Up 저항 (b) Pull-Down 저항

▌그림 3.2▐ 스위치 입력 선택

5) 함수발생기 출력값이 원하는 형태로 출력하고 있는지 여부는 오실로스코프로 측정하여야 알 수 있음.

- 1안을 선택한 경우 그림 3.3과 입출력 단자에 LED를 작은 값의 저항과 함께 연결하여 LED의 On/Off에 따라 1/0의 입출력을 확인할 수 있다.
- LED를 저항 소자와 직렬로 연결하지 않는 경우 LED의 허용 전압, 전류를 초과하게 되면 소자의 발열, 연기 등이 발생하며 불량제품인 경우 소자 겉면 조각이 튈 수 있으므로 반드시 보안경(최소한 일반안경) 착용을 한다.

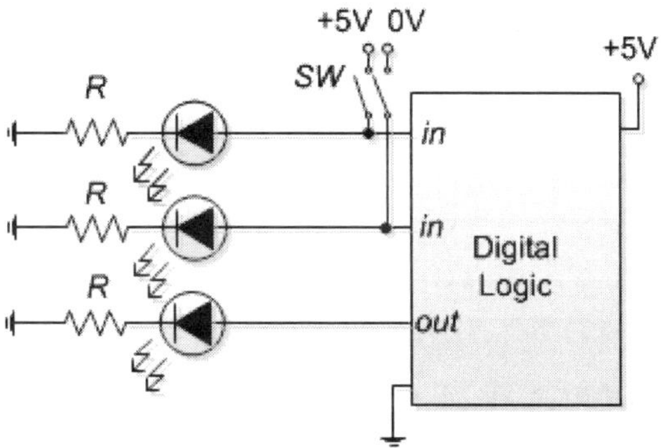

▌그림 3.3▐ LED를 입출력 표현으로 사용한 회로

- 실험 전 예비보고서 준비할 때 접촉식(Tactile) 스위치, 누름(Push) 스위치 또는 슬라이드(Slide) 스위치, LED 사용 방법을 조사하고 간단하게 이를 활용할 수 있는 회로도를 구성하고 Bread Board에 연결 방법을 확인한다. 2안과 3안을 선택할 때 사용하는 실험기기 사용 방법을 확인하고 동작 여부를 확인할 수 있는 방법을 확인한다.

4.4 De Morgan 정리

1) 측정문제

- De Morgan 정리 $\overline{A \cdot B} = \overline{A} + \overline{B}$ 식이 성립함을 확인할 수 있는 회로를 구성하고 진리표를 작성한다. 진리표의 입력에 따른 출력을 측정하고 측정값이 계산값과 동일함을 확인한다. 실험할 때 입 출력단자에 LED를 연결한다.
- De Morgan 정리 $A \cdot B = \overline{\overline{A} + \overline{B}}$ 식이 성립함을 확인할 수 있는 회로를 구성하고 진리표를 작성한다. 진리표의 입력에 따른 출력을 측정하고 측정값이 계산값과 동일함을 확인한다. 실험할 때 입 출력단자에 LED를 연결한다.
- De Morgan 정리를 사용하여 다음 식과 동일한 출력을 갖는 논리식을 작성하고 주어진 논리식과 De Morgan 정리로 얻어진 논리식이 동일함을 확인한다.

$$(A + \overline{B}) \cdot \overline{C}$$

- 실험 전 예비보고서 준비할 때 위 세 개의 De Morgan 정리 적용 전후 회로도 구성을 도식하고 진리표를 작성한 후 Bread Board에 +5V, GND, LED 핀과 함께 입출력 핀의

연결 구성도를 제시한다. De Morgan 정리 적용 과정을 제시한다. 그리고 이 회로도에 대한 PSpice를 실행하고 진리표의 계산값과 동일함을 확인한다.

2) 설계문제

- 측정문제 중 $A \cdot B = \overline{\overline{A} + \overline{B}}$ 식 성립함을 확인할 때 NAND 게이트 또는 NOR 게이트만을 사용하여 구성하고 진리표를 작성한다. 진리표의 입력에 따른 출력을 측정하고 측정값이 계산값과 동일함을 확인한다. 실험할 때 입 출력단자에 LED를 연결한다.
- $(A + \overline{B}) \cdot \overline{C}$식은 Y = $f(A,\ B,\ C)$ 형태로서, 입력은 3개, NOT 게이트는 2개, AND 게이트는 1개, OR 게이트는 1개가 활용되었다. 다음 제한조건을 만족하는 Y = $f(A,\ B,\ C)$를 구성하고 De Morgan 정리를 활용하여 논리식을 간략화한 후 선택한 Y와 간략화한 논리식이 서로 동일함을 확인한다.

  (제한조건) NOT 게이트는 3개 이하, AND게이트는 2개 이하, OR 게이트는 2개 이하
- 실험 전 예비보고서 준비할 때 $A \cdot B = \overline{\overline{A} + \overline{B}}$ 식의 회로도를 구성을 도식하고 진리표를 작성한 후 Bread Board에 +5V, GND, LED 핀과 함께 입출력 핀의 연결 구성도를 제시한다. De Morgan 정리 적용 과정을 제시한다. 그리고 이 회로도에 대한 PSpice를 실행하고 진리표의 계산값과 동일함을 확인한다.
- 실험 전 예비보고서 준비할 때 논리식 Y의 회로도를 구성하고 진리표를 작성한 후 Bread Board에 +5V와 GND 핀과 함께 입출력 핀의 연결 구성도를 제시한다. 그리고 이 회로도에 대한 PSpice를 실행하고 진리표의 계산값과 동일함을 확인한다.

4.5 LED 최대허용전압(전류)

- LED의 데이터시트를 조사하여 정격전압과 정격전류를 확인한다.
- LED 입력에 0V에서 단계별로 증가시키면서 입력값과 출력값을 측정한다. 그리고 저항을 함께 연결하여 입력 변화하면서 측정한다. 실제 정상적으로 동작하는 전압 범위와 데이터시트에서 조사한 전압 범위를 비교한다.
- LED가 허용하는 전압, 전류를 초과하게 되면 소자의 발열, 연기 등이 발생하며 불량제품인 경우 LED 소자 겉면 조각이 튈 수 있으므로 반드시 보안경(최소한 일반안경) 착용을 한다.

제3장 점검 문제

- De Morgan 정리 $\overline{A}+\overline{B}=\overline{A \cdot B}$ 식이 성립 여부를 확인하는 회로를 구성한다.

- De Morgan 정리를 사용하여 다음 식과 동일한 출력을 갖는 논리식을 작성하고 주어진 논리식과 De Morgan 정리로 얻어진 논리식이 서로 동일함을 확인한다.

$$\overline{(\overline{\overline{A}+B})+C\cdot\overline{D}}$$

Chapter 04 Karnaugh Map 활용

1. 실험 목표

- Karnaugh Map을 활용하여 복잡하게 표현된 Boolean 대수식을 Karnaugh Map을 통해 간략화할 수 있다.
- Karnaugh Map을 활용하여 곱의 합 형식을 합의 곱 형식으로, 합의 곱 형식을 곱의 합 형식으로 변형할 수 있다.

2. 관련 이론

2.1 Karnaugh Map

Karnaugh Map은 Boolean 대수의 진리표를 Karnaugh Map에 맵핑하는 방법으로, 적은 수의 변수들을 가진 Boolean 대수식을 간략화하기 위한 편리한 방법이다. 여기서, Karnaugh Map은 nn개의 2진 변수들에 대한 모든 조합들을 나타내는 사각형들의 배열로 이루어진다. 즉 Boolean 대수식의 변수의 수를 n이라고 하면 Karnaugh Map은 2^n개의 셀을 가지게 된다.

2.2 합의 함수를 곱의 함수로 간략화

Karnaugh Map에서 '1'로 표시된 항들을 묶어서 간략화 된 식이 곱의 합 형식이 되고, 반대로 '0'의 항을 묶어서 간략화 된 식이 합의 곱 형식이 된다.

3. 실험기기 및 부품

- 1안) 전원공급기, 디지털 멀티미터
- 2안) 함수발생기(Function Generator), 오실로스코프
- 3안) 논리분석기(Logic Analyser)
- Bread Board, 장비 Probe
- IC : 7400, 7402, 7404, 7408, 7432, 7486, 3/4-Input인 AND와 OR IC 칩

4. 실험 과정

4.1 Karnaugh Map

1) 측정문제 I

- 논리식 X 회로를 구성하고 진리표 입력에 따른 출력을 측정한다. Karnaugh Map을 활용하여 간략화된 논리식을 구성하고 진리표 입력에 따른 출력을 측정한다. 측정값이 계산값과 동일함을 확인한다. 실험할 때 입 출력단자에 LED를 연결한다.

$$X = \overline{(\overline{A}B)}(\overline{A} + \overline{C} + D)(A + B + \overline{C})$$

- 주어진 논리식과 Karnaugh Map을 활용하여 간략화한 논리식과 동일함을 확인한다.
- 실험 전 예비보고서 준비할 때 논리식 X를 표 4.1에 맵핑하고 Karnaugh Map을 활용하여 간략화한다. Karnaugh Map 적용 전후 회로도 구성을 도식하고 진리표를 작성한 후 Bread Board에 +5V, GND, LED 핀과 함께 입출력 핀의 연결 구성도를 제시한다. Karnaugh Map 정리 적용 과정을 제시한다. 그리고 이 회로도에 대한 PSpice를 실행하고 진리표의 계산값과 동일함을 확인한다.

표 4.1 입력변수 4개에 대한 Karnaugh Map

AB \ CD	00	01	11	10
00				
01				
11				
10				

2) 측정문제 II

- 논리식 $Y(A, B, C, D) = \sum(0, 1, 2, 4, 5, 6, 8, 9, 12, 13, 14)$를 구성하고 진리표 입력에 따른 출력을 측정한다. Karnaugh Map을 활용하여 간략화된 논리식을 구성하고 진리표 입력에 따른 출력을 측정한다. 측정값이 계산값과 동일함을 확인한다.
- 주어진 논리식과 Karnaugh Map을 활용하여 간략화한 논리식과 동일함을 확인한다.
- 실험 전 예비보고서 준비할 때 논리식 Y를 표 4.1에 맵핑하고 Karnaugh Map을 활용하여 간략화한다. Karnaugh Map 적용 전후 회로도 구성을 도식하고 진리표를 작성한 후 Bread Board에 +5V, GND, LED 핀과 함께 입출력 핀의 연결 구성도를 제시한다. Karnaugh Map 정리 적용 과정을 제시한다. 그리고 이 회로도에 대한 PSpice를 실행하고 진리표의 계산값과 동일함을 확인한다.

3) 설계문제

- 논리식 $Z(A, B, C)$를 구성하고 진리표 입력에 따른 출력을 측정한다. Karnaugh Map을 활용하여 간략화된 논리식을 구성하고 진리표 입력에 따른 출력을 측정한다. 측정값이 계산값과 동일함을 확인한다.
- 주어진 논리식과 Karnaugh Map을 활용하여 간략화한 논리식과 동일함을 확인한다.
- 실험 전 예비보고서 준비할 때 Karnaugh Map을 활용하여 논리식 Z를 간략화한다. Karnaugh Map 적용 전후 회로도 구성을 도식하고 진리표를 작성한 후 Bread Board에 +5V, GND, LED 핀과 함께 입출력 핀의 연결 구성도를 제시한다. Karnaugh Map 정리 적용 과정을 제시한다. 그리고 이 회로도에 대한 PSpice를 실행하고 진리표의 계산값과 동일함을 확인한다.

4.2 합의 함수를 곱의 함수로 변환

1) 측정문제 I

- 논리식 $X = A + AB$에 회로를 구성하고 진리표 입력에 따른 출력을 측정한다. Karnaugh Map을 활용하여 논리식 X를 합의 함수에서 곱의 함수 형태로 변환한 후 변환된 식의 회로를 구성하고 진리표 입력에 따른 출력을 측정한다. Karnaugh Map 적용 전후 회로도 진리표 입력에 따른 출력을 측정한다. 측정값이 계산값과 동일함을 확인한다.
- 주어진 논리식과 Karnaugh Map을 활용하여 간략화한 논리식과 동일함을 확인한다.
- 실험 전 예비보고서 준비할 때 Karnaugh Map을 활용하여 논리식 $X = A + AB$를 간략화한다. 합의 함수와 곱의 함수 변환 전후 회로도 구성을 도식하고 진리표를 작성한 후 Bread Board에 +5V, GND, LED 핀과 함께 입출력 핀의 연결 구성도를 제시한다. Karnaugh Map 정리 적용 과정을 제시한다. 그리고 이 회로도에 대한 PSpice를 실행하고 진리표의 계산값과 동일함을 확인한다.

2) 측정문제 II

- 논리식 $Y = A+BC+\overline{B}C$에 회로를 구성하고 진리표 입력에 따른 출력을 측정한다. Karnaugh Map을 활용하여 논리식 Y를 합의 함수에서 곱의 함수 형태로 변환한 후 변환된 식의 회로를 구성하고 진리표 입력에 따른 출력을 측정한다. Karnaugh Map 적용 전후 회로도 진리표 입력에 따른 출력을 측정한다. 측정값이 계산값과 동일함을 확인한다.
- 주어진 논리식과 Karnaugh Map을 활용하여 얻어진 논리식과 동일함을 확인한다.
- 실험 전 예비보고서 준비할 때 표 4.2의 Karnaugh Map을 활용하여 논리식 $Y = A+BC+\overline{B}C$를 간략화한다. 합의 함수와 곱의 함수 변환 전후 회로도 구성을 도식하고 진리표를 작성한 후 Bread Board에 +5V, GND, LED 핀과 함께 입출력 핀의 연결 구성도를 제시한다. Karnaugh Map 정리 적용 과정을 제시한다. 그리고 이 회로도에 대한 PSpice를 실행하고 진리표의 계산값과 동일함을 확인한다.

▮표 4.2▮ 입력변수 3개에 대한 Karnaugh Map

A \ BC	00	01	11	10
0				
1				

3) 설계문제

- 임의의 논리식 $Z(A, B, C)$를 정하고 이 회로를 구성한 후 진리표 입력에 따른 출력을 측정한다. Karnaugh Map을 활용하여 논리식 Z를 합의 함수에서 곱의 함수 형태로 변환한 후 변환된 식의 회로를 구성하고 진리표 입력에 따른 출력을 측정한다. Karnaugh Map 적용 전후 회로도 진리표 입력에 따른 출력을 측정한다. 측정값이 계산값과 동일함을 확인한다.
- 주어진 논리식과 Karnaugh Map을 활용하여 간략화한 논리식과 동일함을 확인한다.
- 실험 전 예비보고서 준비할 때 임의의 논리식 $Z(A, B, C)$를 정한다. 이 논리식을 Karnaugh Map을 활용하여 간략화한다. 합의 함수와 곱의 함수 변환 전후 회로도 구성을 도식하고 진리표를 작성한 후 Bread Board에 +5V, GND, LED 핀과 함께 입출력 핀의 연결 구성도를 제시한다. Karnaugh Map 정리 적용 과정을 제시한다. 그리고 이 회로도에 대한 PSpice를 실행하고 진리표의 계산값과 동일함을 확인한다.

제4장 점검 문제

- 논리식 $X=\overline{A}B+A\overline{B}+\overline{A}BCD$ 에 회로를 구성하고 진리표 입력에 따른 출력을 측정한다. Karnaugh Map을 활용하여 논리식 X를 간략화한 후 간략화된 식의 회로를 구성하고 진리표 입력에 따른 출력을 측정한다. 논리식 X와 Karnaugh Map을 활용하여 얻어진 논리식과 동일함을 확인한다.

Chapter 05

n-Bit 이진 가산기

1. 실험 목표

- XOR 게이트의 논리회로 동작을 이해할 수 있다.
- XOR, AND, OR 게이트 또는 NAND/NOR 범용 게이트를 이용하여 반가산기(Half Adder)와 전가산기(Full Adder)를 구성할 수 있다.
- 반가산기 하나와 $(n-1)$개의 전가산기를 이용하여 n-Bit 이진 가산기를 구성할 수 있다.

2. 관련 이론

2.1 XOR

XOR 게이트는 수리 논리학에서 주어진 2개의 명제 가운데 1개만 참일 경우를 판단하는 논리 연산 회로이다.

2.2 반가산기

반가산기 회로는 2진수 덧셈에서 두 개의 비트 A_0와 B_0을 더한 합 S_0와 자리 올림 C_0을 출력하는 조합회로이다.

2.3 전가산기

전가산기 회로는 두 개의 비트 A_1, B_1와 밑자리로부터의 자리올림 C_0을 더한 합 S_1와 윗자리로의 자리올림 C_1을 출력하는 조합회로이다.

2.4 n-Bit 이진 가산기

가장 낮은 비트(LSB : Least Significant Bit)의 가산기에는 반가산기를, 나머지 상위 비트 계산 부분에는 전가산기를 구성하여 n-Bit 이진 가산기를 구성한다.

3. 실험기기 및 부품

- 전원공급기, 디지털 멀티미터
- Bread Board, 장비 Probe
- 저항, LED

- IC : 7400, 7402, 7404, 7483, 7486
- SN7483 4-Bit 이진 전가산기

4. 실험 과정

4.1 XOR 게이트

- XOR 게이트를 이용한 간단한 회로도를 구성하고 진리표를 작성한다. 진리표의 입력에 따른 출력을 측정하고 측정값이 계산값과 동일함을 확인한다.
- 논리식 $X = A\overline{B} + \overline{A}B$을 만족하는 회로를 구성하고 진리표를 작성한다. 진리표의 입력에 따른 출력을 측정하고 측정값이 계산값과 동일함을 확인한다.
- 논리식 $X = A\overline{B} + \overline{A}B$값이 XOR 게이트 출력값과 동일함을 확인한다.
- 실험 전 예비보고서 준비할 때 XOR 게이트 칩을 조사하고 내부 구성도를 확인한다. XOR 게이트 동작을 확인할 수 있도록 Bread Board에 +5V, GND, LED 핀과 함께 입출력 핀의 연결 구성도를 제시한다.

4.2 반가산기

1) 설계문제 I : XOR와 AND 게이트 조합

- 반가산기 회로를 구성하고 진리표 입력에 따른 출력을 측정한다. 구성한 회로의 반가산기 역할 수행 여부를 확인한다. 실험할 때 입출력단자에는 LED를 사용한다.
- 실험 전 예비보고서 준비할 때 반가산기 연산 규칙을 확인한다. 이 연산규칙에 따른 논리회로를 구성하고 진리표를 작성한 후 Bread Board에 +5V와 GND 핀과 함께 입출력 핀의 연결 구성도를 제시한다. 그리고 구성한 회로도에 대한 PSpice를 실행하고 진리표의 계산값과 동일함을 확인한다.

2) 설계문제 II : NAND 또는 NOR 게이트 활용

- 설계문제 1)은 XOR, AND 게이트를 사용하였는데 2-Input NAND 또는 NOR 게이트만을 이용하여 반가산기 회로를 구성하고 입력 값을 변화시키면서 출력을 측정한다. 구성한 회로의 반가산기 역할 수행 여부를 확인한다.
- 실험 전 예비보고서 준비할 때 NAND 또는 NOR 게이트만으로 반가산기 기능에 대한 이론적 논리회로를 구성하고 진리표를 작성한 후 Bread Board에 +5V와 GND 핀과 함께 입출력 핀의 연결 구성도를 제시한다. 그리고 구성한 회로도에 대한 PSpice를 실행하고 진리표의 계산값과 동일함을 확인한다.

논리게이트 출력을 다른 논리게이트 입력으로 사용하는 회로 구성에서 중간 출력값을 예비보고서에서 작성하여 실험할 때 회로 구성 중간 단계의 출력값을 확인하도록 한다.

4.3 전가산기

1) 설계문제 I : XOR, AND와 OR 게이트 조합

- 전가산기 회로를 구성하고 진리표 입력에 따른 출력을 측정한다. 구성한 회로의 전가산기 역할 수행 여부를 확인한다. 실험할 때 입출력단자에는 LED를 사용한다.
- 실험 전 예비보고서 준비할 때 전가산기 연산 규칙을 확인한다. 이 연산규칙에 따른 논리회로를 구성하고 진리표를 작성한 후 Bread Board에 +5V와 GND 핀과 함께 입출력 핀의 연결 구성도를 제시한다. 그리고 구성한 회로도에 대한 PSpice를 실행하고 진리표의 계산값과 동일함을 확인한다.

2) 설계문제 II : NAND 또는 NOR 게이트 활용

- 설계문제 1)에 대하여 2-Input NAND 또는 NOR 게이트만을 이용하여 전가산기 회로를 구성하고 입력 값을 변화시키면서 출력을 측정한다. 구성한 회로의 전가산기 역할 수행 여부를 확인한다.
- 실험 전 예비보고서 준비할 때 NAND 또는 NOR 게이트만으로 전가산기 기능에 대한 이론적 논리회로를 구성하고 진리표를 작성한 후 Bread Board에 +5V와 GND 핀과 함께 입출력 핀의 연결 구성도를 제시한다. 그리고 구성한 회로도에 대한 PSpice를 실행하고 진리표의 계산값과 동일함을 확인한다.

3) 측정문제

- 4-Bit 전가산기 기능 수행을 SN7483에 대하여 확인하고 입력 값을 변화시키면서 출력을 측정한다. SN7483이 4-Bit 전가산기 기능 수행 여부를 확인한다.
- SN7483 내부 회로도와 4.3절 설계 2)의 NAND 또는 NOR 게이트 활용 실험에서 자신이 설계한 회로도를 비교하고 차이점을 확인한다.
- 실험 전 예비보고서 준비할 때 4-Bit 전가산기 SN7483 IC에 대한 데이터시트를 찾고 내부회로도 구성과 입출력 단자를 확인한다. 또한 Bread Board에 4-Bit 전가산기 SN7483 IC의 동작 확인할 수 있는 회로를 구성한다. 그리고 구성한 회로도에 대한 PSpice를 실행하고 진리표의 계산값과 동일함을 확인한다.

4.4 3-Bit 이진 가산기 설계

- 4.2와 4.3절에서 구성한 회로를 활용하여 3-Bit 이진 가산기를 구성한다. 즉, 3-Bit인 이진수 값(X_2 X_1 X_0)와 (Y_2 Y_1 Y_0)를 입력하여 두 자리수의 반올림 C_3과 (S_2 S_1 S_0)가 출력되는 3-Bit 이진 가산기를 구성하고 입력 값을 변화시키면서 출력을 측정한다. 구성한 회로의 가산기 역할 수행 여부를 확인한다.
- 실험 전 예비보고서 준비할 때 3-Bit 이진 가산기 기능에 대한 이론적 논리회로를 구성하고 진리표를 작성한 후 Bread Board에 +5V와 GND 핀과 함께 입출력 핀의 연결

구성도를 제시한다. 그리고 구성한 회로도에 대한 PSpice를 실행하고 진리표의 계산값과 동일함을 확인한다.

제5장 점검 문제

- 2-Input NAND 또는 NOR 게이트만을 이용하여 3-Bit 이진 가산기 회로를 설계한다.

Chapter 06

인코더, 디코더와 7-Segment Display

1. 실험 목표

- 인코더(Encoder)와 디코더(Decoder)의 기능을 이해하고 구성할 수 있다.
- BCD(Binary-Coded Decimal) 인코더와 디코더 기능을 이해하고 구성할 수 있다..
- 7-Segment Display을 활용할 수 있다.

2. 관련 이론

2.1 인코더

인코더는 부호화하는 과정으로 일반적으로 이진수로 변환하는 기능을 수행한다. 인코더는 2^n개의 입력단자와 n개의 출력단자로 구성되어 입력단자 중 하나의 단자를 선택하였을 때 해당하는 값을 n-Bit의 이진수의 출력값을 표현한다.

2.2 디코더

디코더는 부호화된 값을 다시 원래의 값으로 변환하는 기능을 수행하며 인코더와 반대로 n-bit의 이진수의 입력값을 받아 출력단자 2^n개 중 해당하는 하나의 단자에 출력값을 표현한다.

2.3 BCD 인코더와 디코더

인코더와 디코더는 2^n개의 입출력단자와 n개의 입출력단자로 구성되는데 BCD 인코더와 디코더는 십진수를 이진수로 변환하는 기능을 수행한다.

2.4 7-Segment Display

7-Segment Display는 Flexible Numeric Display(FND)로 그림 6.1(a)와 같이 8자 모양으로 구성되고 동작 전압의 위치에 따라 Anode 형태와 Cathode 형태로 나뉘며 내부 LED 구성은 각각 그림 6.1(b), (c)와 같다. 표 6.1은 node 형태와 Cathode 형태에 따른 진리표 값이다.

1) Anode 형태

Anode 형태는 여덟 개의 LED로 구성되어 있으며, 공통 단자에 Vcc, 5V를 연결하며,

Anode 형태의 입력 신호는 저항을 통하여 연결한다. Anode 형태의 입력 신호가 Low, 0V일 경우 LED가 켜지고, High, 5V일 경우 LED는 꺼지게 된다.

2) Cathode 형태

Cathode 형태는 여덟 개의 LED로 구성되어 있으며, 공통 단자에 GND, 0V를 연결하며, Cathode 형태의 입력 신호는 저항을 통하여 연결한다. Cathode 형태의 입력 신호가 Low, 0V일 경우 LED가 꺼지고, High, 5V일 경우 LED는 켜지게 된다. 그림 6.1은 7-Segment Display의 회로도이다.

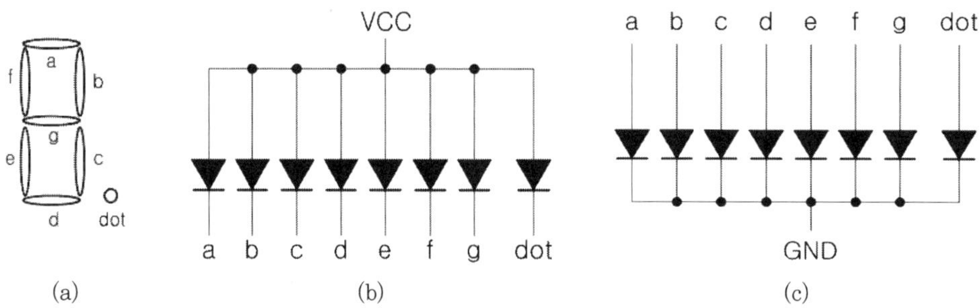

❙그림 6.1❙ 7-Segment (a) LED 위치 (b) Anode 회로 (c) Cathode 회로

❙표 6.1❙ 7-Segment Display 각 형태의 진리표

	anode								cathode							
표시 숫자	a	b	c	d	e	f	g	dot	a	b	c	d	e	f	g	dot
0	0	0	0	0	0	0	1	1	1	1	1	1	1	1	0	0
1	1	0	0	1	1	1	1	1	0	1	1	0	0	0	0	0
2	0	1	0	0	1	0	1	1	1	0	1	1	0	1	0	0
(중 략)																
E																
F	0	0	0	1	1	1	0	1	1	1	1	0	0	0	1	0

3. 실험기기 및 부품

- 전원공급기, 디지털 멀티미터
- Bread Board, 장비 Probe
- 저항 100~220Ω, LED
- IC : 7404, 7408, 7410, 7411, 7432, 74147외 자신이 선택한 소자

- SN7442 Decoder IC와 7447 BCD-to-7 Segment Decoder IC
- 7-Segment Display

4. 실험 과정

4.1 인코더

1) 설계문제 I : 3-Bit 이진수 인코더

- AND, OR 게이트 등을 이용하여 3-Bit 인코더 회로를 구성하고 진리표 입력에 따른 출력을 측정한다. 3-Bit 인코더 회로를 구성할 때 진리표를 작성한 후 논리식을 간략화하여 논리회로를 구성한다. 구성한 회로의 3-Bit 인코더 역할 수행 여부를 확인한다.
- 실험 전 예비보고서 준비할 때 AND, OR 게이트 등을 이용하여 3-Bit 인코더의 동작원리를 기초로 표 6-2와 같은 진리표를 작성하고 논리식을 유도한다. 이 표에서 제시한 진리표는 2-Bit 이진수 인코더 진리표이다. 유도한 식을 간략화하여 논리회로를 구성하고 설계회로 출력이 3-Bit 인코더의 진리표 결과와 동일함을 확인한다. Bread Board에 +5V와 GND 핀과 함께 간략화한 3-Bit 이진수 인코더 회로를 제시한다. 그리고 구성한 회로도에 대한 PSpice를 실행하고 진리표의 계산값과 동일함을 확인한다.

▌표 6.2▐ 2-Bit 이진수 인코더 진리표

입력값				출력값	
D0	D1	D2	D3	A	B
+5	0	0	0		
0	+5	0	0		
0	0	+5	0		
0	0	0	+5		

2) 설계문제 II : NAND 또는 NOR 게이트 활용

- 설계문제 1)은 일반 게이트를 사용하였다면 2-Input NAND 또는 NOR 게이트만을 이용하여 3-Bit 인코더 회로를 구성하고 입력 값을 변화시키면서 출력을 측정한다. 구성한 회로의 3-Bit 인코더 역할 수행 여부를 확인한다.
- 실험 전 예비보고서 준비할 때 NAND 또는 NOR 게이트만으로 3-Bit 인코더 기능에 대한 이론적 논리회로를 구성하고 진리표를 작성한다. Bread Board에 +5V와 GND 핀과 함께 2-Input NAND 또는 NOR 게이트만으로 구성된 3-Bit 이진수 인코더 회로를 제시한다. 그리고 구성한 회로도에 대한 PSpice를 실행하고 진리표의 계산값과 동일함을 확인한다.

4.2 디코더

1) 설계문제 I : 3-Bit 이진수 디코더

- AND, OR 게이트 등을 이용하여 3-Bit 디코더 회로를 구성하고 진리표 입력에 따른 출력을 측정한다. 3-Bit 디코더 회로를 구성할 때 진리표를 작성한 후 논리식을 간략화하여 논리회로를 구성한다. 구성한 회로의 3-Bit 디코더 역할 수행 여부를 확인한다.
- 실험 전 예비보고서 준비할 때 AND, OR 게이트 등을 이용하여 3-Bit 디코더의 진리표를 작성하고 논리식을 유도한다. 간략화한 논리회로를 구성하고 설계회로 출력이 3-Bit 디코더의 진리표 결과와 동일함을 확인한다. Bread Board에 +5V와 GND 핀과 함께 간략화한 3-Bit 이진수 디코더 회로를 제시한다. 그리고 구성한 회로도에 대한 PSpice를 실행하고 진리표의 계산값과 동일함을 확인한다.

2) 설계문제 II : NAND 또는 NOR 게이트 활용

- 설계문제 1)은 일반 게이트를 사용하였다면 2-Input NAND 또는 NOR 게이트만을 이용하여 3-Bit 디코더 회로를 구성하고 입력 값을 변화시키면서 출력을 측정한다. 구성한 회로의 3-Bit 디코더 역할 수행 여부를 확인한다.
- 실험 전 예비보고서 준비할 때 NAND 또는 NOR 게이트만으로 3-Bit 디코더 기능에 대한 이론적 논리회로를 구성하고 진리표를 작성한다. Bread Board에 +5V와 GND 핀과 함께 2-Input NAND 또는 NOR 게이트만으로 구성된 3-Bit 이진수 디코더 회로를 제시한다. 그리고 구성한 회로도에 대한 PSpice를 실행하고 진리표의 계산값과 동일함을 확인한다.

4.3 BCD 인코더와 디코더

1) 설계문제 I : BCD 인코더

- AND, OR 게이트 등을 이용하여 BCD 인코더 회로를 구성하고 진리표 입력에 따른 출력을 측정한다. BCD 인코더 회로를 구성할 때 진리표를 작성한 후 논리식을 간략화하여 논리회로를 구성한다. 구성한 회로의 BCD 인코더 역할 수행 여부를 확인한다. 이 때 최소 IC 갯수를 사용할 수 있도록 설계하고 실험할 때 출력단자에는 LED를 사용한다.
- 실험 전 예비보고서 준비할 때 AND, OR 게이트 등을 이용하여 BCD 인코더의 진리표를 작성하고 논리식을 유도한다. 간략화한 논리회로를 구성하고 설계회로 출력이 BCD 인코더의 진리표 결과와 동일함을 확인한다. Bread Board에 +5V와 GND 핀과 함께 간략화한 BCD 인코더 회로를 제시한다. 그리고 구성한 회로도에 대한 PSpice를 실행하고 진리표의 계산값과 동일함을 확인한다.

2) 설계문제 II : BCD 디코더

- AND, OR 게이트 등을 이용하여 BCD 디코더 회로를 구성하고 진리표 입력에 따른 출력을 측정한다. BCD 디코더 회로를 구성할 때 진리표를 작성한 후 논리식을 간략화하여 논리회로를 구성한다. 구성한 회로의 BCD 디코더 역할 수행 여부를 확인한다. 이 때 최소 IC 갯수를 사용할 수 있도록 설계하고 실험할 때 출력단자에는 LED를 사용한다.
- 실험 전 예비보고서 준비할 때 AND, OR 게이트 등을 이용하여 BCD 디코더의 진리표를 작성하고 논리식을 유도한다. 간략화한 논리회로를 구성하고 설계회로 출력이 BCD 디코더의 진리표 결과와 동일함을 확인한다. Bread Board에 +5V와 GND 핀과 함께 간략화한 BCD 디코더 회로를 제시한다. 그리고 구성한 회로도에 대한 PSpice를 실행하고 진리표의 계산값과 동일함을 확인한다.

3) 설계문제 III : NAND 또는 NOR 게이트 활용

- 설계문제 1)과 2)는 일반 게이트를 사용하였다면 3-Input NAND 또는 NOR 게이트만을 이용하여 BCD 인코더/디코더 회로를 구성하고 입력 값을 변화시키면서 출력을 측정한다. 구성한 회로의 BCD 인코더/디코더 역할 수행 여부를 확인한다.
- 실험 전 예비보고서 준비할 때 NAND 또는 NOR 게이트만으로 BCD 인코더/디코더 기능에 대한 이론적 논리회로를 구성하고 진리표를 작성한다. Bread Board에 +5V와 GND 핀과 함께 3-Input NAND 또는 NOR 게이트만으로 구성된 BCD 인코더/디코더 회로를 제시한다. 그리고 구성한 회로도에 대한 PSpice를 실행하고 진리표의 계산값과 동일함을 확인한다.

4) 측정문제

- BCD 디코더 기능 수행을 SN7442에 대하여 확인하고 입력 값을 변화시키면서 출력을 측정한다. SN7483의 4-Bit 전가산기 기능 수행 여부를 확인한다.
- SN7442 내부 회로도와 설계문제 3)의 NAND 또는 NOR 게이트 활용 실험에서 자신이 설계한 회로도를 비교하고 차이점을 확인한다.
- 실험 전 예비보고서 준비할 때 BCD 디코더 IC 7442에 대한 데이터시트를 찾고 내부회로도 구성과 입출력 단자를 확인한다. 또한 Bread Board에 BCD 디코더 IC 7442의 동작 확인할 수 있는 회로를 구성한다. 그리고 구성한 회로도에 대한 PSpice를 실행하고 진리표의 계산값과 동일함을 확인한다.

4.4 7-Segment Display

- 그림 6.2와 같이 BCD-to-7-Segment 디코더와 7-Segment Display를 연결한 회로를 구성하고 입력에 따른 7-Segment Display 출력을 확인한다. 이를 위하여 표 6.3의 진리표를 작성하고 7447 IC 칩과 7-Segment Display의 데이터시트를 확인하여 16진수 0~F까지 출력한다.

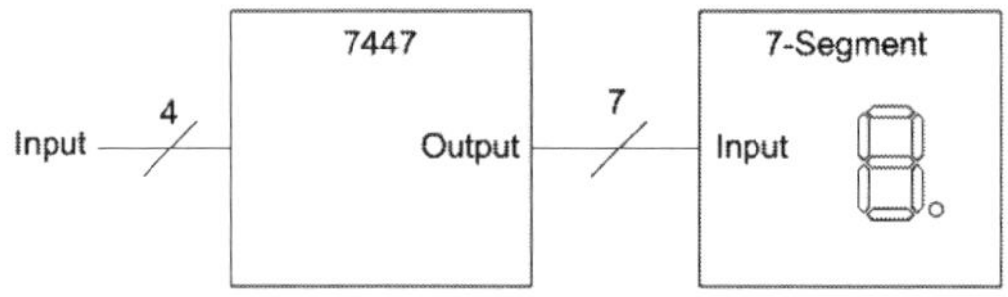

❙ 그림 6.2 ❙ 7-Segment Display 회로

❙ 표 6.3 ❙ 7-Segment Display 구동 IC 입력과 출력표

Input				Output	
D0	D1	D2	D3	계산값	7-segment
0	0	0	0		
0	0	0	+5		
0	0	+5	0		
0	0	+5	+5		
0	+5	0	0		
0	+5	0	+5		
0	+5	+5	0		
0	+5	+5	+5		
+5	0	0	0		
+5	0	0	+5		
+5	0	+5	0		
+5	0	+5	+5		
+5	+5	0	0		
+5	+5	0	+5		
+5	+5	+5	0		
+5	+5	+5	+5		

- 실험 전 예비보고서 준비할 때 7-Segment와 7-Segment Display 구동 IC 7447에 대한 데이터시트를 확인하고 그림 6.2와 같은 회로를 구성한다. 그리고 구성한 회로도에 대한 PSpice를 실행하고 진리표의 계산값과 동일함을 확인한다.

제6장 점검 문제

• 표 6.4의 2×4 디코더 진리표를 보고 출력의 Boolean 대수를 구하고 회로를 설계한다.

| 표 6.4 | 2×4 디코더 진리표

입력값		출력값			
A	B	D0	D1	D2	D3
0	0	0	+5	+5	+5
0	+5	+5	0	+5	+5
+5	0	+5	+5	0	+5
+5	+5	+5	+5	+5	0

Chapter 07 멀티플렉서, 디멀티플렉서와 enable 단자

1. 실험 목표

- 멀티플렉서(Mulitplexer)의 동작원리를 이해할 수 있다.
- 디멀티플렉서(Demultiplexer)의 동작원리를 이해할 수 있다.
- enable 단자를 통하여 IC 동작을 제어할 수 있다.

2. 관련 이론

2.1 멀티플렉서

멀티플렉서는 복수개의 입력 선으로부터 필요한 데이터를 선택하여 하나의 출력 선으로 내보내는 회로이다.

2.2 디멀티플렉서

디멀티플렉서는 멀티플렉서의 반대되는 기능을 수행하는 회로로, 하나의 입력을 통해 들어오는 신호를 선택신호의 제어에 따라 복수개의 출력 중 하나로 내보내는 회로이다.

2.3 enable 단자

IC 전체 동작을 제어하는 입력으로 High 또는 Low를 인가한다. 이 단자에 해당 값을 인가하여야 IC가 동작한다.

3. 실험기기 및 부품

- 전원공급기, 디지털 멀티미터
- Bread Board, 장비 Probe
- 저항 100~220Ω , LED
- IC : 7404, 7408, 7410, 7411, 7432외 자신이 선택한 소자
- 74151 8x1 Multiplexer IC와 74139 1×4 Multiplexer

4. 실험 과정

4.1 멀티플렉서

1) 설계문제 I : 4×1 멀티플렉서

- AND, OR 게이트 등을 이용하여 4×1 멀티플렉서 회로를 구성하고 선택신호인 S_0, S_1의 값에 따라 출력을 측정한다. 구성한 회로의 4×1 멀티플렉서 역할 수행 여부를 확인한다.
- 실험 전 예비보고서 준비할 때 4×1 멀티플렉서 연산 규칙을 확인한다. 이 연산규칙에 따른 논리회로를 구성하고 진리표를 작성한 후 Bread Board에 +5V와 GND 핀과 함께 입출력 핀의 연결 구성도를 제시한다. 그리고 구성한 회로도에 대한 PSpice를 실행하고 진리표의 계산값과 동일함을 확인한다.

> 4×1 멀티플레서의 4개의 입력 중 선택신호에 따라 선택된 입력이 출력되고 있는지를 어떻게 확인할 것인지 예비보고서 준비할 때 제시한다.

2) 설계문제 II : NAND 또는 NOR 게이트 활용

- 설계문제 1)은 일반 게이트를 사용하였는데 2-Input NAND 또는 NOR 게이트만을 이용하여 4×1 멀티플렉서 회로를 구성하고 입력 값을 변화시키면서 출력을 측정한다. 구성한 회로의 4×1 멀티플렉서 역할 수행 여부를 확인한다.
- 실험 전 예비보고서 준비할 때 NAND 또는 NOR 게이트만으로 4×1 멀티플렉서 기능에 대한 이론적 논리회로를 구성하고 진리표를 작성한다. Bread Board에 +5V와 GND 핀과 함께 2-Input NAND 또는 NOR 게이트만으로 구성된 4×1 멀티플렉서 회로를 제시한다. 그리고 구성한 회로도에 대한 PSpice를 실행하고 진리표의 계산값과 동일함을 확인한다.

3) 측정문제

- 8×1 멀티플렉서 기능을 8x1 Multiplexer IC 74151에 대하여 확인하고 입력 값을 변화시키면서 출력을 측정한다. 8x1 Multiplexer IC 74151의 멀티플렉서 기능 수행 여부를 확인한다.
- 8×1 Multiplexer IC 74151 내부 회로도와 설계문제 2)의 NAND 또는 NOR 게이트 활용 실험에서 자신이 설계한 회로도를 비교하고 차이점을 확인한다.
- 실험 전 예비보고서 준비할 때 8x1 Multiplexer IC 74151에 대한 데이터시트를 찾고 내부회로도 구성과 입출력 단자를 확인한다. 또한 Bread Board에 Multiplexer IC 74151의 동작 확인할 수 있는 회로를 구성한다. 그리고 구성한 회로도에 대한 PSpice를 실행하고 진리표의 계산값과 동일함을 확인한다.

4.2 enable 단자

- 4.1절에서 AND, OR 게이트 등을 이용하여 구성한 4x1 멀티플렉서 회로에 enable 단자를 추가하여 진리표를 작성하고 논리식을 유도한다. 유도한 식을 간략화하여 논리회로를 구성하고 enable 단자 입력 값에 따라 4×1 멀티플렉서의 동작 여부가 결정되는 것을 확인한다.
- 실험 전 예비보고서 준비할 때 enable 단자를 포함하는 4×1 멀티플렉서 기능에 대한 이론적 논리회로를 구성하고 PSpice를 실행하여 구성한 회로의 4×1 멀티플렉서 동작과 enable 단자 기능 여부를 확인한다.

4.3 디멀티플렉서

1) 설계문제 I : enable 단자를 포함하는 1×4 디멀티플렉서

- AND, OR 게이트 등을 이용하여 enable 단자를 포함하는 1×4 디멀티플렉서 회로를 구성하고 선택신호인 S_0, S_1의 값 그리고 enable 단자 입력 값에 따라 출력을 측정한다. 구성한 회로의 1×4 디멀티플렉서 역할 수행 여부를 확인한다.
- 실험 전 예비보고서 준비할 때 enable 단자를 포함하는 1×4 디멀티플렉서 연산 규칙을 확인한다. 이 연산규칙에 따른 논리회로를 구성하고 진리표를 작성한 후 Bread Board에 enable 단자, +5V와 GND 핀과 함께 입출력 핀의 연결 구성도를 제시한다. 그리고 구성한 회로도에 대한 PSpice를 실행하고 진리표의 계산값과 동일함을 확인한다.

> 1×4 디멀티플레서의 선택신호에 따라 입력이 4개의 출력단자 중 해당 출력에만 출력되고 있는지를 어떻게 확인할 것인지 예비보고서 준비할 때 제시한다.

2) 설계문제 II : NAND 또는 NOR 게이트 활용

- 설계문제 1)은 일반 게이트를 사용하였는데 2-Input NAND 또는 NOR 게이트만을 이용하여 enable 단자를 포함하는 1×4 디멀티플렉서 회로를 구성하고 입력 값을 변화시키면서 출력을 측정한다. 구성한 회로의 enable 단자를 포함하는 1×4 디멀티플렉서 역할 수행 여부를 확인한다.
- 실험 전 예비보고서 준비할 때 enable 단자의 역할을 확인한다. 그리고 NAND 또는 NOR 게이트만으로 enable 단자를 포함하는 1×4 디멀티플렉서 기능에 대한 이론적 논리회로를 구성하고 진리표를 작성한다. Bread Board에 +5V와 GND 핀과 함께 2-Input NAND 또는 NOR 게이트만으로 구성된 enable 단자를 포함하는 1×4 디멀티플렉서 회로를 제시한다. 그리고 구성한 회로도에 대한 PSpice를 실행하고 진리표의 계산값과 동일함을 확인한다.

3) 측정문제

- 1×4 디멀티플렉서 기능을 1×4 Demultiplexer IC 74139에 대하여 확인하고 입력 값을 변화시키면서 출력을 측정한다. 1×4 Demultiplexer IC 74139의 디멀티플렉서 기능 수행 여부를 확인한다.
- 1×4 Demultiplexer IC 74139 내부 회로도와 설계문제 2)의 NAND 또는 NOR 게이트 활용 실험에서 자신이 설계한 회로도를 비교하고 차이점을 확인한다.
- 실험 전 예비보고서 준비할 때 1x4 Demultiplexer IC 74139에 대한 데이터시트를 찾고 내부회로도 구성과 입출력 단자를 확인한다. 또한 Bread Board에 Demultiplexer IC 74139의 동작 확인할 수 있는 회로를 구성한다. 그리고 구성한 회로도에 대한 PSpice를 실행하고 진리표의 계산값과 동일함을 확인한다.

제7장 점검 문제

- Demultiplexer IC 74139에는 2개 1×4 디멀티플렉서가 포함되어 있다. 외부에 게이트를 구성하여 1x8 디멀티플렉서를 구성한다.

- 실험 전 예비보고서 준비할 때 2개의 1×4 디멀티플렉서와 추가 논리게이트를 활용한 1×8 디멀티플렉서 기능에 대한 이론적 논리회로를 구성하고 PSpice를 실행하여 구성한 회로의 1×8 디멀티플렉서 동작 여부를 확인한다.

Chapter 08 RS Flip-Flop과 D Flip-Flop

1. 실험 목표

- 동기식과 비동기식 Flip-Flop의 기본개념과 동작원리를 이해할 수 있다.
- RS Latch, RS Flip-Flop와 D Flip-Flip의 차이점을 이해하고 각 Flip-Flop의 특징을 설명할 수 있다.

2. 관련 이론

2.1 RS Latch

RS Latch는 R(Reset, 0)과 S(Set, 1) 두 개의 입력과 서로 보수 관계인 두 개의 Q와 $\overline{Q}$ 출력을 갖는 논리 소자로서 비동기식 RS Flip-Flop이라고 한다. NOR 게이트를 이용하여 그림 8.1과 같이 RS Latch를 구성한다.

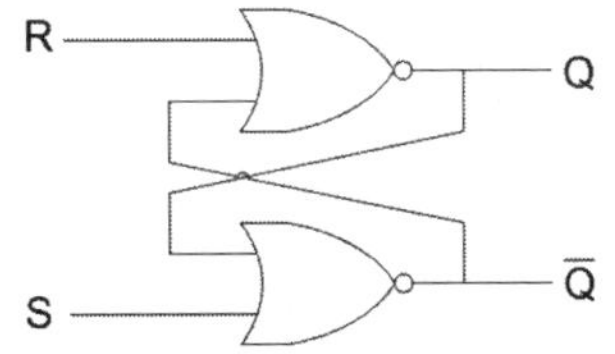

❙그림 8.1❙ RS Latch

2.2 RS Flip-Flop

RS Flip-Flop은 R과 S가 다른 회로와 동기를 맞추기 위한 클락(Clock)에 의해 동작하는 Flip-Flop으로 동기식 RS Flip-Flop이라고 한다. RS Latch에 비하여 클락을 입력받는 부분이 그림 8.2와 같이 추가로 구성된다. 동기식 Flip-Flop은 클락의 Leading Edge 또는 Trailing Edge에 따라 출력이 변화되며 이를 구분하기 위하여 RS Flip-Flop 논리기호 클락 부분에 Inverter(기호 ◦) 첨가 여부로 구분한다.

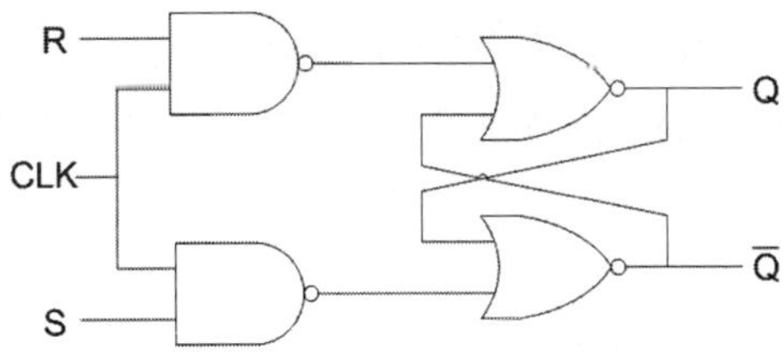

❙그림 8.2❙ RS Flip-Flop

2.3 D Flip-Flop

D Flip-Flop은 RS Flip-Flop의 개량된 Flip-Flop으로 입력이 오직 하나뿐이며, 현재 상태와 관계없이 D의 입력이 지연되어 그대로 전달된다. D Flip-Flop의 논리회로는 그림 8.3과 같다.

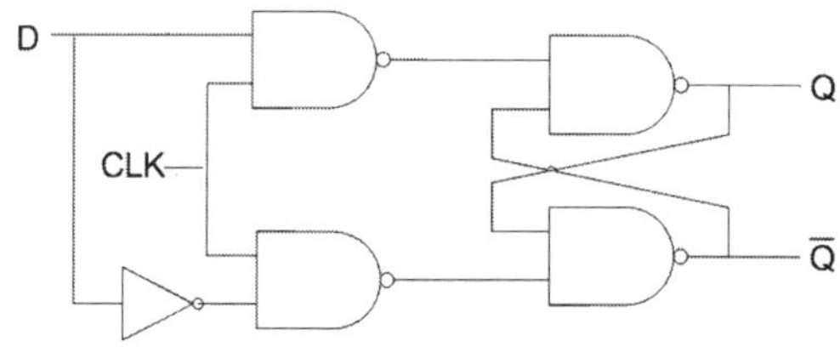

그림 8.3 D Flip-Flop

3. 실험기기 및 부품

- 전원공급기, 디지털 멀티미터, 함수발생기, 오실로스코프
- Bread Board, 장비 Probe
- 저항 100~220Ω, LED
- IC : 7400, 7402, 7404, 7408, 7410
- 7474 Dual D Flip-Flip

4. 실험 과정

4.1 RS Latch

- 그림 8.1과 같이 NOR 게이트를 이용하여 RS Latch를 구성하고 입력에 따른 출력을 측정한다. 구성한 회로의 RS Latch 역할 수행 여부를 확인한다.
- NAND 게이트를 이용하여 RS Latch를 구성하고 입력에 따른 출력을 측정한다. 구성한 회로의 RS Latch 역할 수행 여부를 확인한다.
- 실험 전 예비보고서 준비할 때 NOR 게이트로 구성된 RS Latch와 NAND 게이트로 구성된 RS Latch의 진리표를 각각 표 8.1에 작성하고 입력 R, S 값에 따른 출력 값을 설명한다. Bread Board에 +5V와 GND 핀과 함께 입출력 핀을 포함하여 NOR 게이트로 구성된 RS Latch와 NAND 게이트로 구성된 RS Latch 회로도를 제시한다. 그리고 구성한 회로도에 대한 PSpice를 실행하고 진리표의 계산값과 동일함을 확인한다.

▌표 8.1▌ RS Latch 진리표

입력값		출력값		
S	R	Q	$\overline{Q}$	Mode
0	0			
0	+5			
+5	0			
+5	+5			

4.2 RS Flip-Flop

1) 설계문제 I : NAND와 NOR 게이트 조합

- 그림 8.2와 같이 NOR와 NAND 게이트 조합한 동기식 RS Flip-Flop를 구성하고 구성한 회로에 대하여 입력에 따른 출력을 측정한다. 구성한 회로의 동기식 RS Flip-Flop 역할 수행 여부를 확인한다.
- 클락 입력에는 함수발생기를 사용하고 Leading Edge와 Trailing Edge 부분에서의 출력값을 측정한다. 또는 Timing Diagram으로 클락 변화에 따른 출력 변화를 도식한다.
- 클락의 Leading Edge에서 출력 값 변화하는 동기식 RS Flip-Flop을 구성하고 Leading Edge 부분에서의 출력 값을 측정하여 Leading Edge 변화에 따른 동기식 RS Flip-Flop 역할 수행 여부를 확인한다.
- 클락의 Trailing Edge에서 출력 값 변화하는 동기식 RS Flip-Flop을 구성하고 Trailing Edge 부분에서의 출력 값을 측정하여 Trailing Edge 변화에 따른 동기식 RS Flip-Flop 역할 수행 여부를 확인한다.
- 실험 전 예비보고서 준비할 때 NOR와 NAND 게이트를 조합한 동기식 RS Flip-Flop 논리회로를 구성한다. 동기식 Flip-Flop의 클락 입력에 Leading Edge또는 Trailing Edge에 각각 인가될 때 동기식 RS Flip-Flop 논리회로의 진리표를 작성한다. 진리표 결과에 대하여 Leading Edge또는 Trailing Edge 부분에서의 입력 입력 R, S 값 변화에 따른 출력 값을 설명한다. Bread Board에 +5V와 GND 핀과 함께 입출력 핀을 포함하여 NOR와 NAND 게이트를 조합한 동기식 RS Flip-Flop의 회로도를 제시한다. 그리고 구성한 회로도에 대한 PSpice를 실행하고 진리표의 계산값과 동일함을 확인한다.

2) 설계문제 II : NAND 또는 NOR 게이트 활용

- 설계문제 1)은 NOR와 NAND 게이트를 조합하였는데 NAND 또는 NOR 게이트만으로 구성한 동기식 RS Flip-Flop를 구성하고 구성한 회로에 대하여 입력에 따른 출력을 측정한다. 구성한 회로의 동기식 RS Flip-Flop 역할 수행 여부를 확인한다.
- 클락 입력에는 함수발생기를 사용하고 Leading Edge와 Trailing Edge 부분에서의 출력값을 측정한다. 또는 Timing Diagram으로 클락 변화에 따른 출력 변화를 도식한다.

- 클락의 Leading Edge에서 출력 값 변화하는 동기식 RS Flip-Flop을 구성하고 Leading Edge 부분에서의 출력 값을 측정하여 Leading Edge 변화에 따른 동기식 RS Flip-Flop 역할 수행 여부를 확인한다.
- 클락의 Trailing Edge에서 출력 값 변화하는 동기식 RS Flip-Flop을 구성하고 Trailing Edge 부분에서의 출력 값을 측정하여 Trailing Edge 변화에 따른 동기식 RS Flip-Flop 역할 수행 여부를 확인한다.
- 실험 전 예비보고서 준비할 때 NAND 또는 NOR 게이트만으로 구성한 동기식 RS Flip-Flop 논리회로를 구성한다. 동기식 RS Flip-Flop의 클락 입력에 Leading Edge 또는 Trailing Edge에 각각 인가될 때 동기식 RS Flip-Flop 논리회로의 진리표를 작성한다. 진리표 결과에 대하여 Leading Edge또는 Trailing Edge 부분에서의 입력 R, S 값 변화에 따른 출력 값을 설명한다. Bread Board에 +5V와 GND 핀과 함께 입출력 핀을 포함하여 NAND 또는 NOR 게이트만으로 구성된 동기식 RS Flip-Flop의 회로도를 제시한다. 그리고 구성한 회로도에 대한 PSpice를 실행하고 진리표의 계산값과 동일함을 확인한다.

4.3 D Flip-Flop

1) 설계문제

- 그림 8-3과 같은 동기식 D Flip-Flop를 구성하고 입력에 따른 출력을 측정한다. 구성한 회로의 동기식 D Flip-Flop 역할 수행 여부를 확인한다.
- 클락 입력에는 함수발생기를 사용하고 Leading Edge와 Trailing Edge 부분에서의 출력 값을 측정한다. 또는 Timing Diagram으로 클락 변화에 따른 출력 변화를 도식한다.
- 클락의 Leading Edge에서 출력 값 변화하는 동기식 D Flip-Flop을 구성하고 Leading Edge 부분에서의 출력 값을 측정하여 Leading Edge 변화에 따른 동기식 D Flip-Flop 역할 수행 여부를 확인한다.
- 클락의 Trailing Edge에서 출력 값 변화하는 동기식 D Flip-Flop을 구성하고 Trailing Edge 부분에서의 출력 값을 측정하여 Trailing Edge 변화에 따른 동기식 D Flip-Flop 역할 수행 여부를 확인한다.
- 실험 전 예비보고서 준비할 때 NAND 또는 NOR 게이트만으로 구성한 동기식 D Flip-Flop 논리회로를 구성한다. 동기식 Flip-Flop의 클락 입력에 Leading Edge또는 Trailing Edge에 각각 인가될 때 동기식 D Flip-Flop 논리회로의 진리표를 작성한다. 진리표 결과에 대하여 Leading Edge또는 Trailing Edge 부분에서의 입력 D 값 변화에 따른 출력 값을 설명한다. Bread Board에 +5V와 GND 핀과 함께 입출력 핀을 포함하여 NAND 또는 NOR 게이트만으로 구성된 동기식 D Flip-Flop의 회로도를 제시한다. 그리고 구성한 회로도에 대한 PSpice를 실행하고 진리표의 계산값과 동일함을 확인한다.

2) 측정문제 I

- D Flip-Flop 기능을 SN7474에 대하여 확인하고 입력 값을 변화시키면서 출력을 측정한다. SN7474의 D Flip-Flop 기능 수행 여부를 확인한다.
- D Flip-Flop SN7474 내부 회로도와 설계문제 1)의 NAND 또는 NOR 게이트 활용 실험에서 구성한 회로도를 비교하고 차이점을 확인한다.
- 실험 전 예비보고서 준비할 때 D Flip-Flop SN7474에 대한 데이터시트를 찾고 내부회로도 구성과 입출력 단자를 확인한다. 또한 Bread Board에 SN7474의 D Flip-Flop 동작 확인할 수 있는 회로를 구성한다. 그리고 구성한 회로도에 대한 PSpice를 실행하고 진리표의 계산값과 동일함을 확인한다.

3) 측정문제 II

- SN7474에는 두 개의 D Flip-Flop이 포함되어 있다. 하나의 D Flip-Flop 출력을 다른 D Flip-Flip의 입력으로 사용하여 출력 파형을 측정한다.
- SN7474 Clear 단자의 입력 변화를 하면서 D Flip-Flop 동작을 확인한다.
- SN7474 PRESET 단자의 입력 변화를 하면서 D Flip-Flop 동작을 확인한다.
- 실험 전 예비보고서 준비할 때 SN7474의 두 개 D Flip-Flop 중 하나의 출력을 다른 하나의 입력으로 구성할 때 입력에 따른 출력의 진리표를 작성한다. Bread Board에 +5V와 GND 핀과 함께 이 회로도를 제시한다. 그리고 구성한 회로도에 대한 PSpice를 실행하고 진리표의 계산값과 동일함을 확인한다.
- Clear 단자와 PRESET 단자의 기능을 확인하고 SN7474의 데이터시트에서 Clear 단자와 PRESET 단자 입력에 따른 D Flip-Flop 동작을 확인한다. PSpice에서 Clear 단자와 PRESET 단자 기능 수행 여부를 확인한다.

제8장 점검 문제

- D Flip-Flop인 IC 칩 7474을 사용한 응용회로를 제안하고 구성한다. 제안한 응용회로의 기능 동작 여부를 확인하고 D Flip-Flop의 역할을 설명한다.

Chapter 09

JK Flip-Flop과 클락 생성

1. 실험 목표

- 동기식과 비동기식 Flip-Flop의 기본개념과 동작원리를 이해할 수 있다.
- RS Latch, RS Flip-Flop, D Flip-Flip과 JK Flip-Flip의 차이점을 이해하고 각 Flip-Flop의 특징을 설명할 수 있다.
- NE555 Timer를 이용하여 원하는 주기의 클락을 생성할 수 있다.
- 수동진동자(Crystal 또는 Oscillator)를 이용하여 원하는 주기의 클락을 생성할 수 있다.

2. 관련 이론

2.1 JK Flip-Flop

JK Flip-Flop은 RS Flip-Flop의 변형된 형태로서 J 입력은 S 입력, K 입력은 R 입력에 해당되며, RS Flip-Flop에서 금지된 입력인 R=1, S=1인 상태에서도 동작하도록 개선된 Flip-Flop이다. JK Flip-Flop의 논리회로는 그림 9.1과 같다.

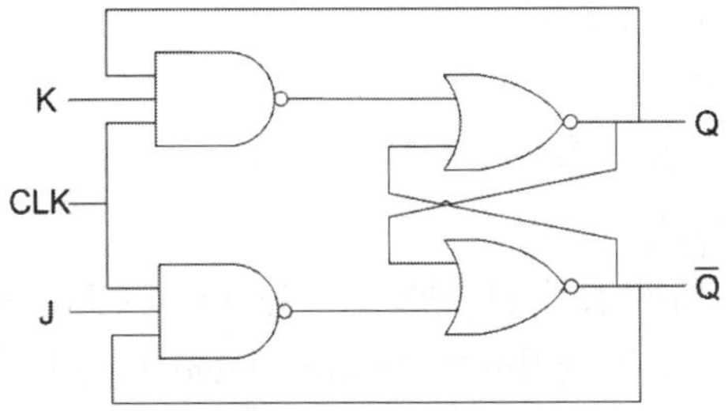

▌그림 9.1▐ JK Flip-Flop

2.2 클락 생성

클락은 디지털시스템의 처리속도를 결정하는 요소로 시스템의 인간의 심장박동에 해당한다. 인간에게 빠른 심장박동은 위험하지만 니시털시스템에서 클락 속도를 높이기 위한 노력은 지속되고 있다. 디지털 스위치로 클락을 대체할 수 있고 함수발생기의 Square 파를 이용할 수 있지만 별도의 클락 칩을 이용하여 디지털시스템에 지속적으로 클락을 제공하고 있다.

NE555 Timer는 클락의 Period(주기)와 Duty Cycle을 조절할 수 있도록 제작된 칩으로 NE555 Timer 일부 단자에 저항과 커패시터를 연결하여 원하는 클락 파형을 설계할 수 있다.

클락은 NE555 외에 수동진동자를 활용하여 얻을 수 있다. 수동진동자는 고정된 클락을 생성하며 출력단에 분배회로를 구성하여 낮은 주파수를 얻을 수 있다.

3. 실험기기 및 부품

- 전원공급기, 디지털 멀티미터, 함수발생기, 오실로스코프
- Bread Board, 장비 Probe
- NE555 클락을 생성하기 위한 저항과 커패시터, 저항 100~220Ω , LED
- IC : 7400, 7402, 7404, 7408, 7410
- 7476/7478 Dual JK Flip-Flop, NE555 Timer, 수동진동자

4. 실험 과정

4.1 JK Flip-Flop

1) 설계문제 I : NAND와 NOR 게이트 조합

- 그림 9.1과 같이 NOR와 NAND 게이트 조합한 동기식 JK Flip-Flop를 구성하고 구성한 회로에 대하여 입력에 따른 출력을 측정한다. 구성한 회로의 동기식 JK Flip-Flop 역할 수행 여부를 확인한다.
- 클락 입력에는 함수발생기를 사용하고 Leading Edge와 Trailing Edge 부분에서의 출력 값을 측정한다. 또는 Timing Diagram으로 클락 변화에 따른 출력 변화를 도식한다.
- 클락의 Leading Edge에서 출력 값 변화하는 동기식 JK Flip-Flop을 구성하고 Leading Edge 부분에서의 출력 값을 측정하여 Leading Edge 변화에 따른 동기식 JK Flip-Flop 역할 수행 여부를 확인한다.
- 클락의 Trailing Edge에서 출력 값 변화하는 동기식 JK Flip-Flop을 구성하고 Trailing Edge 부분에서의 출력 값을 측정하여 Trailing Edge 변화에 따른 동기식 JK Flip-Flop 역할 수행 여부를 확인한다.
- 실험 전 예비보고서를 준비할 때 D Flip-Flop과 JK Flip-Flop 차이를 확인한다.
- 실험 전 예비보고서 준비할 때 NOR와 NAND 게이트를 조합한 동기식 JK Flip-Flop 논리회로를 구성한다. 동기식 JK Flip-Flop의 클락 입력에 Leading Edge또는 Trailing Edge에 각각 인가될 때 동기식 JK Flip-Flop 논리회로의 진리표를 작성한다. 진리표 결과에 대하여 Leading Edge또는 Trailing Edge 부분에서의 입력 입력 J, K 값 변화에 따른 출력 값을 설명한다. Bread Board에 +5V와 GND 핀과 함께 입출력 핀을 포함하여 NOR와 NAND 게이트를 조합한 동기식 JK Flip-Flop의 회로도를 제시한다. 그리고 구성한 회로도에 대한 PSpice를 실행하고 진리표의 계산값과 동일함을 확인한다.

2) 설계문제 II : NAND 또는 NOR 게이트 활용

- 설계문제 1)은 NOR와 NAND 게이트를 조합하였는데 NAND 또는 NOR 게이트만으로 구성한 동기식 JK Flip-Flop를 구성하고 각 회로에 대하여 입력에 따른 출력을 측정한다. 구성한 회로의 동기식 JK Flip-Flop 역할 수행 여부를 확인한다.
- 클락 입력에는 함수발생기를 사용하고 Leading Edge와 Trailing Edge 부분에서의 출력 값을 측정한다. 또는 Timing Diagram으로 클락 변화에 따른 출력 변화를 도식한다.
- 클락의 Leading Edge에서 출력 값 변화하는 동기식 JK Flip-Flop을 구성하고 Leading Edge 부분에서의 출력 값을 측정하여 Leading Edge 변화에 따른 동기식 JK Flip-Flop 역할 수행 여부를 확인한다.
- 클락의 Trailing Edge에서 출력 값 변화하는 동기식 JK Flip-Flop을 구성하고 Trailing Edge 부분에서의 출력 값을 측정하여 Trailing Edge 변화에 따른 동기식 JK Flip-Flop 역할 수행 여부를 확인한다.
- 실험 전 예비보고서 준비할 때 NAND 또는 NOR 게이트만으로 구성한 동기식 JK Flip-Flop 논리회로를 구성한다. 동기식 JK Flip-Flop의 클락 입력에 Leading Edge 또는 Trailing Edge에 각각 인가될 때 동기식 JK Flip-Flop 논리회로의 진리표를 작성한다. 진리표 결과에 대하여 Leading Edge또는 Trailing Edge 부분에서의 입력 J, K 값 변화에 따른 출력 값을 설명한다. Bread Board에 +5V와 GND 핀과 함께 입출력 핀을 포함하여 NAND 또는 NOR 게이트만으로 구성된 동기식 JK Flip-Flop의 회로도를 제시한다. 그리고 구성한 회로도에 대한 PSpice를 실행하고 진리표의 계산값과 동일함을 확인한다.

3) 측정문제 I

- JK Flip-Flop 기능을 SN7476/7478에 대하여 확인하고 입력 값을 변화시키면서 출력을 측정한다. SN7476/7478의 JK Flip-Flop 기능 수행 여부를 확인한다.
- JK Flip-Flop SN7476/7478 내부 회로도와 설계문제 2)의 NAND 또는 NOR 게이트 활용 실험에서 구성한 회로도를 비교하고 차이점을 확인한다.
- 실험 전 예비보고서 준비할 때 JK Flip-Flop SN7476/74784에 대한 데이터시트를 찾고 내부회로도 구성과 입출력 단자를 확인한다. 또한 Bread Board에 SN7476/7478의 JK Flip-Flop 동작 확인할 수 있는 회로를 구성한다. 그리고 구성한 회로도에 대한 PSpice를 실행하고 진리표의 계산값과 동일함을 확인한다.

4) 측정문제 II

- SN7476/7478에는 두 개의 JK Flip-Flop이 포함되어 있다. 하나의 JK Flip-Flop 출력을 다른 JK Flip-Flip의 입력으로 사용하여 출력 파형을 측정한다.
- SN7476/7478 Clear 단자의 입력 변화를 하면서 JK Flip-Flop 동작을 확인한다.
- SN7476/7478 PRESET 단자의 입력 변화를 하면서 JK Flip-Flop 동작을 확인한다.

• 실험 전 예비보고서 준비할 때 SN7476/7478의 두 개 JK Flip-Flop 중 하나의 출력을 다른 하나의 입력으로 구성할 때 입력에 따른 출력의 진리표를 작성한다. Bread Board에 +5V와 GND 핀과 함께 이 회로의 구성도를 제시한다. 그리고 구성한 회로도에 대한 PSpice를 실행하고 진리표의 계산값과 동일함을 확인한다.

4.2 클락 생성

1) 설계문제

• NE555 클락 주기와 Duty Cycle을 정하는 저항과 커패시터 값을 설정하는 이론을 기초로 다음 조건을 만족하는 파형을 생성하고 측정한다.
  1) 250us Period, 50% Duty Cycle
  2) 1ms Period, 25% Duty Cycle
  3) 50ms Period, 50% Duty Cycle
  4) 10us Period, 50% Duty Cycle

• 수동진동자를 이용하여 다음 조건을 만족하는 파형을 생성하고 측정한다.
  1) 수동진동자 원 출력신호
  2) 수동진동자 원 출력신호의 50%
  3) 수동진동자 원 출력신호의 10%
  4) 10Hz
  5) 1Hz

• 실험 전 예비보고서 준비할 때 NE555에 대한 데이터시트를 찾고 위 클락을 생성하는 저항과 커패시터 값을 계산한다. 저항과 커패시터는 실험실에 있는 값을 사용하여야 하며 오차가 적도록 소자 값을 선택한다.

• 실험 전 예비보고서 준비할 때 수동진동자를 이용하여 주어진 클락 값을 얻기 위한 회로를 설계한다.

• 실험 전 예비보고서 준비할 때 NE555와 수동진동자의 차이점을 조사하고 디지털시계와 같이 지속적으로 클락을 정확하게 사용하고자 할 때 두 소자 사이의 장단점을 확인한다.

2) 측정문제 I - 클락 비교

• NE555 Timer를 이용하여 얻어진 파형과 수동진동자를 이용하여 얻어진 파형모양과 충분한 시간이 지난 후에도 주파수 값이 안정적으로 생성되는지 여부를 확인한다.

3) 측정문제 II - 클락 이용

• 설계문제 1)에서 선택한 클락 중 두 개를 선택하여 8장 RS Flip-Flop과 D Flip-Flop 실험의 클락으로 사용한다.

• 설계문제 1)에서 선택한 클락 중 두 개를 선택하여 4.1절의 JK Flip Flop의 클락으로 사용한다.

제9장 점검 문제

- JK Flip-Flop SN7476/7478을 사용하여 비동기식 이진수 2-Bit 카운터를 설계하고 출력 값의 파형을 오실로스코프를 사용하여 측정하고 기록한다.

[결과]

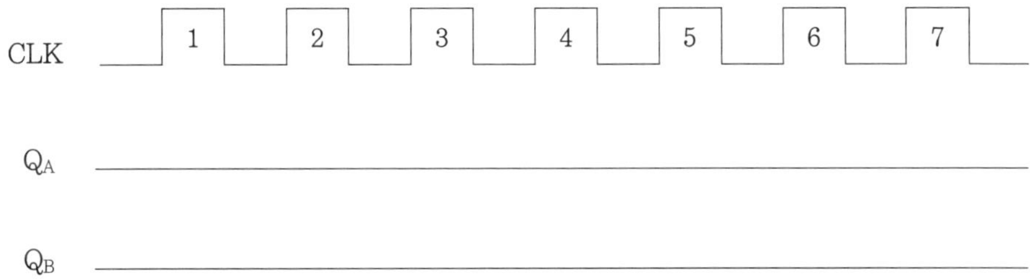

- NE555 Timer 또는 수동진동자를 이용하여 10Hz와 1Hz 파형을 생성하고 측정한다. 각 출력 핀에 LED를 연결하고 5분, 10분, 30분, 1시간이 지난 후에도 On-Off 시간 간격을 유지하면서 주파수 값의 유지 여부를 확인한다.

Chapter 10 Mod-n 카운터

1. 실험 목표

- Flip-Flop을 이용하여 다양한 Mod-n 카운터(Counter)를 설계할 수 있다.
- 비동기 카운터와 동기 카운터의 차이를 이해하고 비동기/동기 카운터를 설계할 수 있다.
- 디코더와 7-Segment Display를 이용하여 카운터의 출력을 표현할 수 있다.

2. 관련 이론

2.1 동기/비동기 카운터

카운터는 미리 정해진 순서대로 Flip-Flop의 출력이 변화하는 것을 이용하는 것으로 클락에 따라 출력이 동시에 변경되는 동기(Synchronous) 카운터와 그렇지 않은 비동기(Asynchronous) 카운터가 있다. 비동기 카운터는 이전 단의 출력을 클락으로 사용하기 때문에 리플(Ripple) 카운터라고도 한다. 반면 동기 카운터는 모든 Flip-Flop의 클락 단자에 외부 클락을 동시에 공급한다.

비동기와 동기 카운터 무관하게 상태 변화는 Leading Edge와 Trailing Edge에서 출력 변화의 설계가 가능하다.

2.2 Mod-n 카운터

Mod-n 카운터는 0에서 $n-1$까지 표현할 수 있는 카운터로 $n=4$인 경우 16진수인 0에서 F까지 표현이 가능하다. 카운터 구성은 카운터 Up/Down 형태로 동기식과 비동기식의 구성이 가능하다. 그림 10.1은 JK Flip-Flop을 이용하여 카운터 Up 기능의 비동기 Mod-16 카운터 구성도이다.

2.3 Mod-10 Counter

Mod-10 카운터는 10진수를 기반으로 한 카운터로서 0부터 9까지 10개의 상태를 순차적으로 계수한 후 다시 0으로 돌아가는 카운터이다.

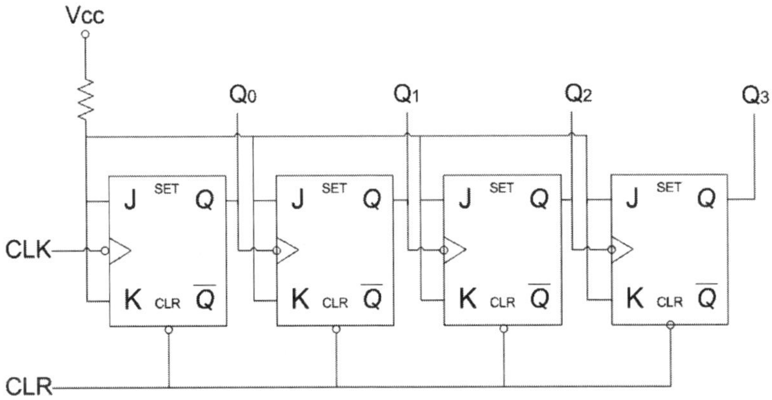

| 그림 10.1 | Mod-16 비동기 카운터

3. 실험기기 및 부품

- 전원공급기, 디지털 멀티미터, 함수발생기, 오실로스코프
- Bread Board, 장비 Probe
- 저항 100~220Ω , LED
- IC : 7400, 7402, 7404, 7408, 7410
- 7474 Dual D Flip-Flip, 7476/7478 Dual JK Flip-Flop
- 7493 4-Bit Binary Counter, 74160/74161/74162/74163 Synchronous 4-bit Counters
- 7490 Decade, 74190/74192/74193/74163 Synchronous Decade Counters
- NE555 Timer, NE555 클락을 생성하기 위한 저항과 커패시터

4. 실험 과정

4.1 Mod-n Counter

1) 설계문제 I : 0~F를 7-Segment에 1초마다 증가 값 출력

- JK Flip-Flop을 이용하여 Mod-16 Up 카운터를 설계한다. NE555의 1Hz를 설계하여 Mod-16 클락으로 사용하고 Trailing Edge에서 출력 값이 변화하도록 회로를 구성한다. Mod-16의 네 출력을 7447 디코더에 IC 칩과 7-Segment Display에 연결하여 그 결과를 확인한다. 이 때 클릭 클락 주파수에 따라 0에서 F까지 변화하는 것을 확인한다.
- 실험 전 예비보고서 준비할 때 비동기 Mod-16 카운터, Leading Edge 동기 Mod-16 카운터 그리고 Trailing Edge 동기 Mod-16 카운터 등의 특성과 내부 회로도를 확인하고 각 카운터들을 비교한다.
- 실험 전 예비보고서 준비할 때 JK Flip-Flop을 이용하여 Trailing Edge의 클락마다

동작하는 Mod-16 Up 카운터 회로를 구성하고 진리표를 작성하여 카운터 동작을 확인한다. NE555 타이머의 1Hz와 7447 디코더와 7-Segment Display 등을 이용하여 Mod-16 Up 카운터의 클락과 출력 부분에 연결한 회로도를 구성한다. Bread Board에 +5V와 GND 핀 등과 연결을 고려한 구성한 회로도를 제시한다. 그리고 구성한 회로도에 대한 PSpice를 실행하고 Timing Diagram 값과 동일함을 확인한다.

2) 설계문제 II : F~0을 7-Segment에 1초마다 감소 값 출력

- 설계문제 1)은 Mod-16 Up 카운터인 반면 이번에는 JK Flip-Flop을 이용하여 Mod-16 Down 카운터를 설계한다. NE555의 2Hz를 설계하여 Mod-16 클락으로 사용하고 Trailing Edge에서 출력 값이 변화하도록 회로를 구성한다. Mod-16의 네 출력을 7447 디코더에 IC 칩과 7-Segment Display에 연결하여 그 결과를 확인한다. 이 때 클락 주파수에 따라 F에서 0까지 변화하는 것을 확인한다.
- 실험 전 예비보고서 준비할 때 JK Flip-Flop을 이용하여 Trailing Edge의 클락마다 동작하는 Mod-16 Down 카운터 회로를 구성하고 진리표를 작성하여 카운터 동작을 확인한다. NE555 타이머의 2Hz와 7447 디코더와 7-Segment Display 등을 이용하여 Mod-16 Down 카운터의 클락과 출력 부분에 연결한 회로도를 구성한다. Bread Board에 +5V와 GND 핀 등과 연결을 고려한 구성한 회로도를 제시한다. 그리고 구성한 회로도에 대한 PSpice를 실행하고 Timing Diagram 값과 동일함을 확인한다.

3) 측정문제

- Synchronous 4-Bit Counter 기능을 SN7493 4-Bit Binary Counter와 SN74160/74161/74162/74163 Synchronous 4-Bit Counter입력 값을 변화시키면서 출력을 측정한다. 출력 단자에 7447 디코더와 7-Segment Display를 사용한다. SN7493 4-Bit Binary Counter와 SN74160/74161/74162/74163 Synchronous 4-Bit Counter의 Synchronous 4-Bit Counter 기능 수행 여부를 확인한다.
- 실험 전 예비보고서 준비할 때 SN7493 4-Bit Binary Counter와 SN74160/74161/74162/74163 Synchronous 4-bit Counters의 데이터시트를 찾고 내부회로도 구성과 입출력 단자를 확인한다. 또한 Bread Board에 SN7493 4-Bit Binary Counter와 SN74160/74161/74162/74163 Synchronous 4-bit Counters의 Synchronous 4-Bit Counter 동작 확인할 수 있는 회로를 구성한다. 그리고 구성한 회로도에 대한 PSpice를 실행하고 Timing Diagram 값과 동일함을 확인한다.

4.2 Mod-10 Counter

1) 설계문제 I : 0~9를 7-Segment에 1초마다 증가 값 출력

- Mod-10 Up 카운터를 설계한다. NE555의 1Hz를 설계하여 Mod-10 클락으로 사용하고 Trailing Edge에서 출력 값이 변화하도록 회로를 구성한다. Mod-10의 네 출력을 7447

디코더에 IC 칩과 7-Segment Display에 연결하여 그 결과를 확인한다. 이 때 클락 클락 주파수에 따라 0에서 9까지 변화하는 것을 확인한다.

- 실험 전 예비보고서 준비할 때 Trailing Edge의 클락마다 동작하는 Mod-10 Up 카운터 회로를 구성하고 진리표를 작성하여 카운터 동작을 확인한다. NE555 타이머의 1Hz와 7447 디코더와 7-Segment Display 등을 이용하여 Mod-10 Up 카운터의 클락과 출력 부분에 연결한 회로도를 구성한다. Bread Board에 +5V와 GND 핀 등과 연결을 고려한 구성한 회로도를 제시한다. 그리고 구성한 회로도에 대한 PSpice를 실행하고 Timing Diagram 값과 동일함을 확인한다.

2) 설계문제 II : 9~0을 7-Segment에 1초마다 감소 값 출력

- 설계문제 1)은 Mod-10 Up 카운터인 반면 이번에는 JK Flip-Flop을 이용하여 Mod-10 Down 카운터를 설계한다. NE555의 2Hz를 설계하여 Mod-10 클락으로 사용하고 Trailing Edge에서 출력 값이 변화하도록 회로를 구성한다. Mod-10의 네 출력을 7447 디코더에 IC 칩과 7-Segment Display에 연결하여 그 결과를 확인한다. 이 때 클락 주파수에 따라 9에서 0까지 변화하는 것을 확인한다.
- 실험 전 예비보고서 준비할 때 Trailing Edge의 클락마다 동작하는 Mod-10 Down 카운터 회로를 구성하고 진리표를 작성하여 카운터 동작을 확인한다. NE555 타이머의 2Hz와 7447 디코더와 7-Segment Display 등을 이용하여 Mod-10 Down 카운터의 클락과 출력 부분에 연결한 회로도를 구성한다. Bread Board에 +5V와 GND 핀 등과 연결을 고려한 구성한 회로도를 제시한다. 그리고 구성한 회로도에 대한 PSpice를 실행하고 Timing Diagram 값과 동일함을 확인한다.

3) 측정문제

- Decade Counter 기능을 7490 Decade Counter와 74190/74192/74193/74163 Synchronous Decade Counter 입력 값을 변화시키면서 출력을 측정한다. 출력 단자에 7447 디코더와 7-Segment Display를 사용한다. Decade Counter와 74190/74192/74193/74163 Synchronous Decade Counter의 Decade Counter 기능 수행 여부를 확인한다.
- 실험 전 예비보고서 준비할 때 7490 Decade Counter와 74190/74192/74193/74163 Synchronous Decade Counter의 데이터시트를 찾고 내부회로도 구성과 입출력 단자를 확인한다. 또한 Bread Board에 7490 Decade Counter와 74190/74192/74193/74163 Synchronous Decade Counter의 Decade Counter 동작 확인할 수 있는 회로를 구성한다. 그리고 구성한 회로도에 대한 PSpice를 실행하고 Timing Diagram 값과 동일함을 확인한다.

제10장 점검 문제

- Mod-10 카운터 7490 IC 칩으로 카운터를 설계하고 디코더 7447 IC 칩과 7-segment를 이용하여 디스플레이한 결과를 작성한다. 그리고 오실로스코프로 파형을 측정하여 기록한다.

→ 화살표방향으로 시간에 따른 7-segment의 변화를 기록한다.
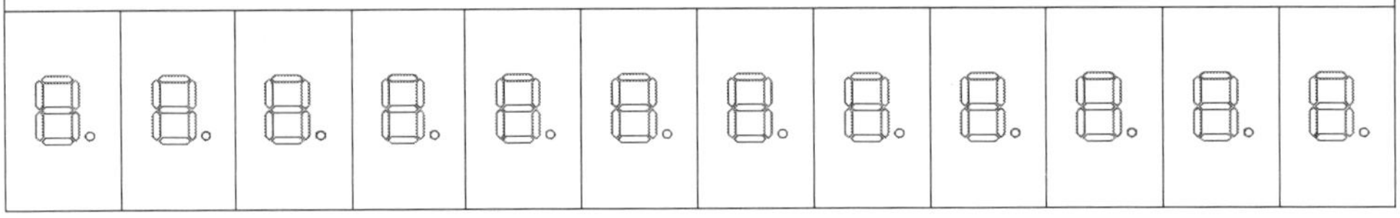

[결과]

CLK

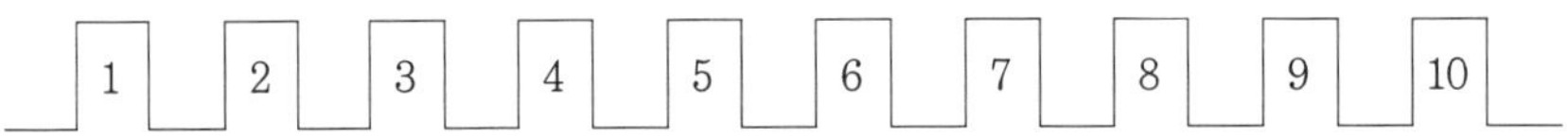

Q_A

Q_B

Q_C

Q_d

- Mod-10 카운터 두 개를 이용하여 0~99까지 7-Segment Display에 1초에 1씩 증가하는 회로를 설계한다.

Chapter 11 쉬프트 레지스터와 카운터

1. 실험 목표

- 레지스터(Register)의 용도와 쉬프트(Shift) 레지스터의 입력과 저장 형태에 맞게 설계할 수 있고 이를 응용할 수 있다.
- 쉬프트 카운터, 링(Ring) 카운터와 Johnson 카운터의 특징을 이해하고 D Flip-Flop과 JK Flip-Flop을 이용하여 설계할 수 있다.
- Timing Diagram과 상태천이도(State Transition Diagram)와의 관계를 이해한다.

2. 관련 이론

2.1 레지스터

레지스터는 디지털시스템에서 연산을 수행하기 위해 2진 정보를 저장하는 기억장치이다. 쉬프트 레지스터는 일련의 Flip-Flop을 종속으로 n개 연결하여 n-Bit 이진 데이터를 저장하고 자리 이동을 하는데 사용되며 입출력 방식에 따라 다음과 같이 구분된다.

- 직렬입력 – 직렬출력(Serial Input – Serial Output : SISO)
- 직렬입력 – 병렬출력(Serial Input – Parallel Output : SIPO)
- 병렬입력 – 직렬출력(Parallel Input – Serial Output : PISO)
- 병렬입력 – 병렬출력(Parallel Input – Parallel Output : PIPO)
- 오른쪽/왼쪽 회전 쉬프트 레지스터

2.2 쉬프트 카운터, 링 카운터와 Johnson 카운터

1) 회로 구성도

Flip-Flop n개를 직렬로 연결하고 하나의 출력 값이 한 클락마다 이동하는 형태의 출력의 카운터를 쉬프트 카운터라고 한다. 쉬프트 카운터의 마지막 출력을 다시 첫 번째 Flip-Flop의 출력으로 피드백하면 결과가 지속적으로 이동하게 되는데 이를 링 카운터라고 한다. 링 카운터를 Circular 쉬프트 레지스터라고도 한다. 마지막 피드백의 출력 선택을 Twisted하여 입력을 한 카운터를 Twisted-Ring 카운터라고 하며 Johnson 카운터라고도 한다. 그림 11.1은 JK Flip-Flop을 이용하여 링 카운터와 Johnson 카운터를 구성한 회로도이다.

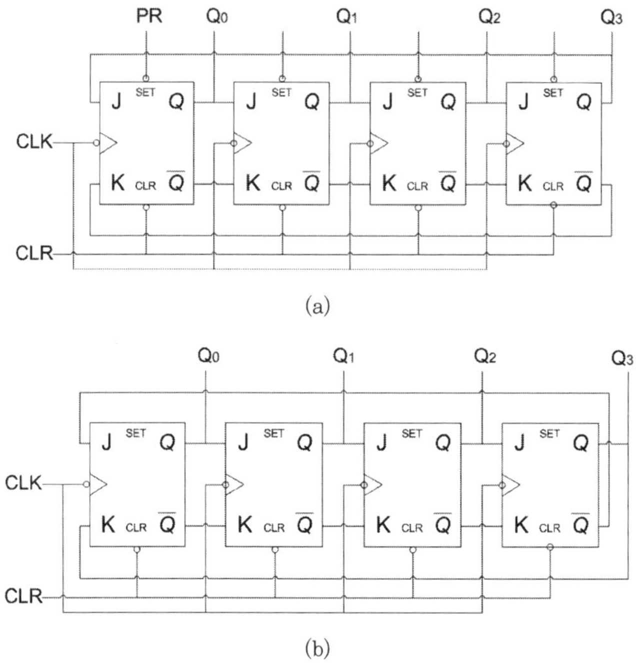

▌그림 11.1▐ JK Flip-Flop 활용 (a) 링 카운터 (b) Johnson 카운터

2) 상태천이도

클락에 따른 각 Flip-Flop의 출력 변화를 상태(State)라고 정의하고 Timing Diagram에서 상태천이도로 표현이 가능하다. 링 카운터와 Johnson 카운터가 n개의 Flip-Flop을 이용한 경우 각각 n개와 $2n$개의 상태를 반복한다. 예를 들어, 4-Bit 링 카운터를 사용하면 (1000), (0100), (0010), (0001) 4개 상태가 반복되지만, Twisted-Ring 카운터인 Johnson 카운터는 (0000), (1000), (1100), (1110), (1111), (0111), (0011), (0001) 8개 상태가 반복된다.

3. 실험기기 및 부품

- 전원공급기, 디지털 멀티미터, 함수발생기, 오실로스코프
- Bread Board, 장비 Probe
- 7474 Dual D Flip-Flip, 7476/7478 Dual JK Flip-Flop
- 7494/7495 4-bit Shift Resisters, 74194 4-bit Parallel In/Out Bidirectional Shift Resister
- NE555 Timer, NE555 클락을 생성하기 위한 저항과 커패시터

4. 실험 과정

4.1 쉬프트 레지스터

1) 설계문제 I : 직렬입력 레지스터

- 쉬프트 레지스터에 1 Bit씩 입력할 수 있는 회로를 스위치로 구성하거나 NE555를 이용하여 구성한다. 레지스터의 입력을 클락에 따라 1 Bit씩 입력되는 회로를 구성한다. 그리고 클락에 따라 1 Bit씩 출력되는 경우와 한 클락에 4 Bit 모두 값을 읽을 수 있는 쉬프트 레지스터를 구성한다. 여기서 NE555 1Hz를 구성하여 클락으로 사용한다. 임의의 4 Bit를 입력하고 출력하는 과정을 측정하여 Timing Diagram과 같이 직렬입력 레지스터 동작 여부를 확인한다.
- 실험 전 예비보고서 준비할 때 D Flip-Flop 또는 JK Flip-Flop을 이용하여 직렬입력 레지스터와 NE555를 이용한 1Hz 클락 회로를 설계한다. 이 쉬프트 레지스터와 클락 회로를 연결하여 직렬출력과 병렬출력 기능을 수행하는 각 클락에 따라 순차적으로 저장되는 과정과 한 클락에 모든 비트를 읽는 과정을 Timing Diagram으로 제시하고 상태천이도를 도식한다. Bread Board에 클락 회로, +5V와 GND 핀과 함께 입출력 핀을 포함하여 직렬입력 레지스터의 회로도를 제시한다. 그리고 구성한 회로도에 대한 PSpice를 실행하고 Timing Diagram 값과 동일함을 확인한다.

2) 설계문제 II : 병렬입력 레지스터

- 쉬프트 레지스터에 4 Bit를 동시에 입력하고 클락에 따라 1 Bit씩 출력되는 회로를 구성한다. 그리고 클락에 따라 한 클락에 4 Bit를 입력하고 한 클락에 1 Bit씩 출력하는 쉬프트 레지스터를 구성한다. 여기서 NE555 1Hz를 구성하여 클락으로 사용한다. 임의의 4 Bit를 입력하고 출력하는 과정을 측정하여 Timing Diagram과 같이 병렬입력 레지스터 동작 여부를 확인한다.
- 실험 전 예비보고서 준비할 때 D Flip-Flop 또는 JK Flip-Flop을 이용하여 병렬입력 레지스터와 NE555를 이용한 1Hz 클락 회로를 설계한다. 이 쉬프트 레지스터와 클락 회로를 연결하여 병렬출력과 직렬출력 기능을 수행하는 한 클락에 모두 저장되는 과정과 각 클락마다 순차적으로 한 비트를 읽는 과정을 Timing Diagram으로 제시하고 상태천이도를 도식한다. Bread Board에 클락 회로, +5V와 GND 핀과 함께 입출력 핀을 포함하여 병렬입력 레지스터의 회로도를 제시한다. 그리고 구성한 회로도에 대한 PSpice를 실행하고 Timing Diagram 값과 동일함을 확인한다.

3) 측정문제

- 직렬입력 레지스터 기능을 SN7494 4-Bit Shift Resister에 대하여 확인하고 순차적으로 입력하고 한 번에 출력을 측정하여 Timing Diagram을 도식한다. SN7494 4-Bit Shift Resister의 직렬입력 레지스터 기능 수행 여부를 확인한다.

- 직렬입력 레지스터 SN7494 4-Bit Shift Resister 내부 회로도와 설계문제 1)에서 구성한 회로도를 비교하고 차이점을 확인한다.
- 병렬입력 레지스터 기능을 SN7494 4-Bit Shift Resister에 대하여 확인하고 한번에 입력하고 순차적으로 출력을 측정하여 Timing Diagram을 도식한다. SN7494 4-Bit Shift Resister의 병렬입력 레지스터 기능 수행 여부를 확인한다.
- 병렬입력 레지스터 SN7494 4-Bit Shift Resister 내부 회로도와 설계문제 2)에서 구성한 회로도를 비교하고 차이점을 확인한다.
- 실험 전 예비보고서 준비할 때 SN7494 4-Bit Shift Resister의 데이터시트를 찾고 내부회로도 구성과 입출력 단자를 확인한다. 또한 Bread Board에 SN7494 4-Bit Shift Resister의 직렬입력 레지스터와 병렬입력 레지스터 기능 동작 확인할 수 있는 회로를 구성한다. 그리고 구성한 회로도에 대한 PSpice를 실행하고 Timing Diagram과 동일함을 확인한다.

4.2 회전 쉬프트 레지스터

1) 설계문제 I : 직렬입력 레지스터

- 4.1절은 쉬프트 레지스터를 사용하였으며 이번 실험에서는 회전 쉬프트 레지스터를 사용한다.
- 쉬프트 레지스터에 1Bit씩 입력할 수 있는 회로를 스위치로 구성하거나 NE555를 이용하여 구성한다. 레지스터의 입력을 클락에 따라 1 Bit씩 입력되는 회로를 구성한다. 그리고 클락에 따라 1Bit씩 출력되는 경우와 한 클락에 4Bit 모두 값을 읽을 수 있는 쉬프트 레지스터를 구성한다. 여기서 NE555 1Hz를 구성하여 클락으로 사용한다. 임의의 4Bit를 입력하고 출력하는 과정을 측정하여 Timing Diagram과 같이 직렬입력 레지스터 동작 여부를 확인한다.
- 실험 전 예비보고서 준비할 때 D Flip-Flop 또는 JK Flip-Flop을 이용하여 직렬입력 레지스터와 NE555를 이용한 1Hz 클락 회로를 설계한다. 이 쉬프트 레지스터와 클락 회로를 연결하여 직렬출력과 병렬출력 기능을 수행하는 각 클락에 따라 순차적으로 저장되는 과정과 한 클락에 모든 비트를 읽는 과정을 Timing Diagram으로 제시하고 상태천이도를 도식한다. Bread Board에 클락 회로, +5V와 GND 핀과 함께 입출력 핀을 포함하여 직렬입력 레지스터의 회로도를 제시한다. 그리고 구성한 회로도에 대한 PSpice를 실행하고 Timing Diagram 값과 동일함을 확인한다.

2) 설계문제 II : 병렬입력 레지스터

- 4.1절은 쉬프트 레지스터를 사용하였으며 이번 실험에서는 회전 쉬프트 레지스터를 사용한다.

- 쉬프트 레지스터에 4Bit를 동시에 입력하고 클락에 따라 1 Bit씩 출력되는 회로를 구성한다. 그리고 클락에 따라 한 클락에 4 Bit를 입력하고 한 클락에 1 Bit씩 출력하는 쉬프트 레지스터를 구성한다. 여기서 NE555 1Hz를 구성하여 클락으로 사용한다. 임의의 4 Bit를 입력하고 출력하는 과정을 측정하여 Timing Diagram과 같이 병렬입력 레지스터 동작 여부를 확인한다.
- 실험 전 예비보고서 준비할 때 D Flip-Flop 또는 JK Flip-Flop을 이용하여 병렬입력 레지스터와 NE555를 이용한 1Hz 클락 회로를 설계한다. 이 쉬프트 레지스터와 클락 회로를 연결하여 병렬출력과 직렬출력 기능을 수행하는 한 클락에 모두 저장되는 과정과 각 클락마다 순차적으로 한 비트를 읽는 과정을 Timing Diagram으로 제시하고 상태천이도를 도식한다. Bread Board에 클락 회로, +5V와 GND 핀과 함께 입출력 핀을 포함하여 병렬입력 레지스터의 회로도를 제시한다. 그리고 구성한 회로도에 대한 PSpice를 실행하고 Timing Diagram 값과 동일함을 확인한다.

3) 측정문제

- 직렬입력 레지스터 기능을 SN74194 4-Bit Parallel In/Out Bidirectional Shift Resister에 대하여 확인하고 순차적으로 입력하고 한 번에 출력을 측정하여 Timing Diagram을 도식한다. SN74194 4-Bit Parallel In/Out Bidirectional Shift Resister의 직렬입력 레지스터 기능 수행 여부를 확인한다.
- 직렬입력 레지스터 SN74194 4-Bit Parallel In/Out Bidirectional Shift Resister 내부 회로도와 설계문제 1)에서 구성한 회로도를 비교하고 차이점을 확인한다.
- 병렬입력 레지스터 기능을 SN74194 4-Bit Parallel In/Out Bidirectional Shift Resister에 대하여 확인하고 한번에 입력하고 순차적으로 출력을 측정하여 Timing Diagram을 도식한다. SN74194 4-Bit Parallel In/Out Bidirectional Shift Resister의 병렬입력 레지스터 기능 수행 여부를 확인한다.
- 병렬입력 레지스터SN74194 4-Bit Parallel In/Out Bidirectional Shift Resister 내부 회로도와 설계문제 2)에서 구성한 회로도를 비교하고 차이점을 확인한다.
- 실험 전 예비보고서 준비할 때 SN74194 4-Bit Parallel In/Out Bidirectional Shift Resister의 데이터시트를 찾고 내부회로도 구성과 입출력 단자를 확인한다. 또한 Bread Board에 SN74194 4-Bit Parallel In/Out Bidirectional Shift Resister의 직렬입력 레지스터와 병렬입력 레지스터 기능 동작 확인할 수 있는 회로를 구성한다. 그리고 구성한 회로도에 대한 PSpice를 실행하고 Timing Diagram 값과 동일함을 확인한다.

4.3 링 카운터와 Johnson 카운터

1) 설계문제 I : 링 카운터

- NE555 타이머의 1Hz 클락을 구성하고 D Flip-Flop 또는 JK Flip-Flop을 이용하여 Trailing Edge의 클락마다 동작하는 링 카운터 회로를 구성한다. 구성한 회로의 출력을 측정하여 Timing Diagram을 도식하고 상태천이도를 작성하여 링 카운터 회로 기능 동작 여부를 확인한다.
- 실험 전 예비보고서 준비할 때 비동기 링 카운터, Leading Edge 동기 링 카운터 그리고 Trailing Edge 동기 링 카운터 등의 특성과 내부 회로도를 확인하고 각 카운터들을 비교한다.
- 실험 전 예비보고서 준비할 때 D Flip-Flop 또는 JK Flip-Flop을 이용하여 Trailing Edge의 클락마다 동작하는 링 카운터 회로를 구성한다. NE555 타이머의 1Hz 클락을 구성하여 링 카운터의 클락으로 사용하고 이 회로의 Timing Diagram을 도식하고 상태천이도를 작성하여 카운터 동작을 확인한다. 여기서 Bread Board에 클락회로, +5V와 GND 핀 등과 연결을 고려한 구성한 회로도를 제시한다. 그리고 구성한 회로도에 대한 PSpice를 실행하고 Timing Diagram 값과 동일함을 확인한다.

2) 설계문제 II : Johnson 카운터

- 설계문제 1)의 링 카운터 입력을 수정하여 Johnson 카운터를 구성한다. 구성한 회로의 출력을 측정하여 Timing Diagram을 도식하고 상태천이도를 작성하여 링 카운터 회로 기능 동작 여부를 확인한다.
- 실험 전 예비보고서 준비할 때 비동기 링 카운터와 Johnson 카운터의 차이와 회로구성 전환 등을 확인하고 설계문제 1)의 링 카운터 입력을 수정하여 Johnson 카운터를 구성한다. 이 회로의 Timing Diagram을 도식하고 상태천이도를 작성하여 카운터 동작을 확인한다. 여기서 Bread Board에 클락회로, +5V와 GND 핀 등과 연결을 고려한 구성한 회로도를 제시한다. 그리고 구성한 회로도에 대한 PSpice를 실행하고 Timing Diagram 값과 동일함을 확인한다.

제11장 점검 문제

- RS Flip-Flop을 사용하여 직렬입력-병렬출력 쉬프트 레지스터를 설계한다.

[회로도]

[결과]

Arduino 프로그래밍

PART 04

Chapter 01 Arduino 보드 사용환경 구축

1. 실험 목표

- Arduino 보드의 역할을 이해하고 종류를 확인하며, 다양한 응용 사례를 알아본다.
- Arduino IDE를 설치하고 Arudino 보드를 USB로 연결하여 Arduino 개발환경을 설정할 수 있다.
- Arudino IDE에 포함되어 있는 예제 프로그램을 실행할 수 있다.

2. 관련 이론

2.1 Arduino 보드

Arduino 보드는 간단한 하드웨어와 소프트웨어가 결합된 임베디드 플랫폼으로 디지털, 아날로그 센서 및 회로와의 인터페이스를 제공한다. 많은 Open source가 있으며 응용범위도 전기전자 및 컴퓨터공학 분야는 물론 예술, 문화, 디자인 등 다양한 분야에 사용되고 있다. 그리고 Google의 Android와 함께 프로그래밍 할 수 있어 향후 스마트기기의 플랫폼으로 발전가능성이 높다.

Arduino는 제공하는 기능에 따라 Arduino 보드의 종류가 다양하며 본 교재에서는 기본 기능을 갖춘 그림 1.1의 Arduino Uno 보드를 선택하였다.

Arduino Uno

▌그림 1.1▐ Arduino Uno 보드 앞뒤면

2.2 Arduino IDE 설치 및 실행

1) IDE 다운로드 및 실행

Arduino는 프로그램 코드편집, 컴파일, 업로드(Upload) 등 모든 개발과 관련한 환경을 통합하여 제공하며 이를 IDE(Integrated Development Environment)라고 한다. Arduino IDE는 Arduino 웹 사이트(http://www.arduino.cc)에서 다운로드받을 수 있다. 그림 1.2의 좌측은 다운로드 파일명이며 이를 실행하여 설치과정을 거치면 바탕화면에 그림 1.2의 우측의 아이콘이 생성된다.

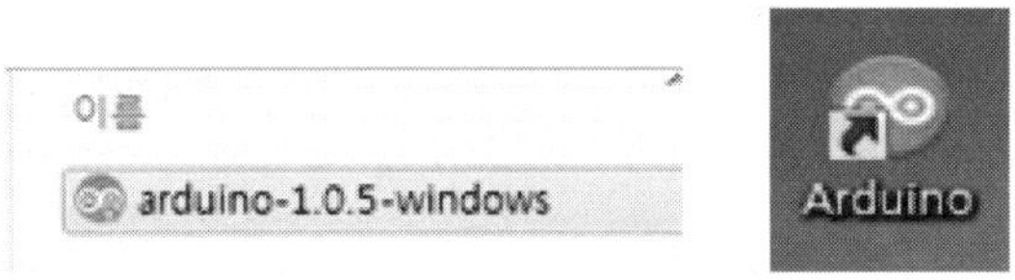

▌그림 1.2▐ 다운로드 파일명과 아이콘

아이콘을 실행하면 그림 1.3과 같은 Arduino IDE 실행화면이 나타나며 메뉴 바에는 '파일', '편집', '스케치(Sketch)', '도구', '도움말' 등이 표시된다.

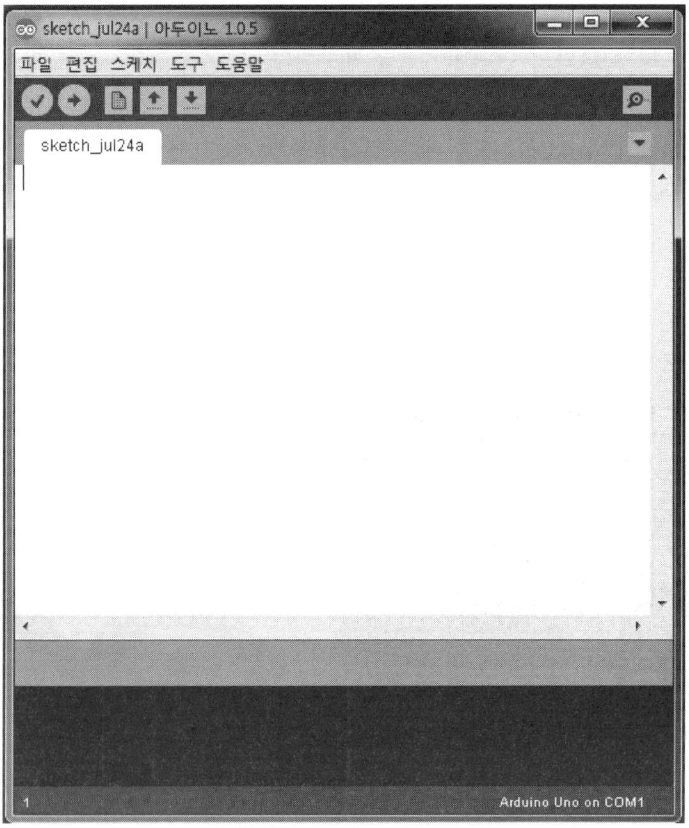

▌그림 1.3▐ Arduino 실행화면

이 중 가장 많이 사용되는 메뉴를 메뉴 바 아래 아이콘 형태로 6개를 별도로 표시하고 있으며 아이콘의 메뉴는 다음과 같다.

- ✔ : Verify – 소스코드의 에러를 체크한다.
- ➜ : Upload – 소스코드를 컴파일하고 Arduino 보드에 실행파일을 올린다.
- 🗎 : New – 소스코드 편집과정을 Sketch라고 하는데 새로운 Sketch를 생성한다.
- ⬆ : Open – 기존 소스파일들(Sketchbook) 중 하나의 Sketch를 선택하여 IDE 창에 Open한다.
- ⬇ : Save – 현재 IDE 창의 Sketch한 소스코드를 저장한다.
- 🔍 : Serial Monitor – Arudino 보드와 통신을 위하여 시리얼 모니터를 보고 싶을 때 실행한다.

2) Arduino 보드와 PC 연결

Arduino IDE는 실행되지만 현재 Arduino 보드가 연결되어 있지 않으며 이는 그림 1.4와 같이 확인할 수 있다. '도구→보드' 메뉴는 다양한 Arduino 보드가 나타나며 기본값으로 Arduino Uno가 선택되었지만 '도구→시리얼포트'는 선택할 수 없는 형태로 나타난다.

그리고 Arduino 보드를 USB로 컴퓨터와 연결하게 되면 자동으로 드라이버가 설치가 되며 시리얼포트가 몇 번으로 연결되었다는 표시가 나오게 되며 정상적으로 드라이버가 설치되면 Arudino 보드 중간에 LED가 1초 간격으로 On/Off가 되는 것을 확인할 수 있다. 또한 그림 1.5와 같이 이전에 확인되지 않던 '도구→시리얼포트'가 COM7으로 설정되어 있는 것을 확인할 수 있다[6].

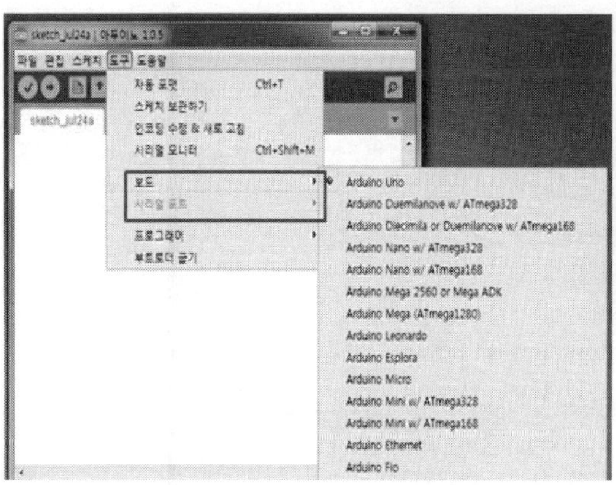

❙그림 1.4❙ Arduino 보드 연결 전 화면

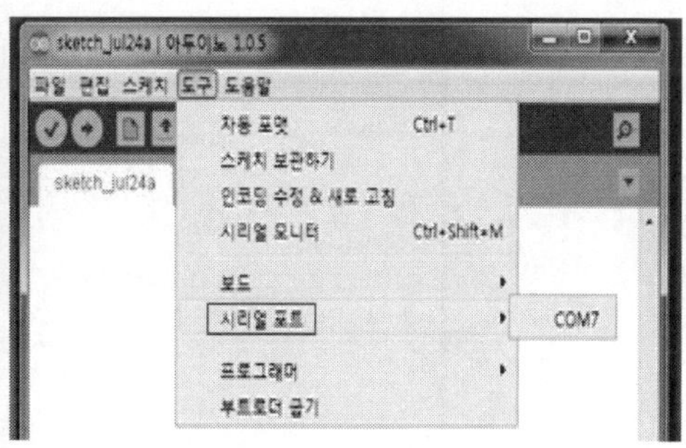

❙그림 1.5❙ Arduino 보드 연결 후 화면

6) 시리얼포트 값은 컴퓨터마다 사용가능한 포트로 자동 할당됨.

3) 간단한 예제 프로그래밍 실행

Arduino IDE 설치와 Aduino 보드와 연결이 성공적인지 여부를 확인하기 위하여 간단한 예제 프로그래밍을 실행한다. Arduino 프로그래밍에 대하여 아직 알지 못하므로 Arduino IDE가 제공하는 예제 프로그래밍을 실행한다. Arduino IDE는 다양한 예제 프로그램을 기본적으로 제공하고 그림 1.6과 같이 파일→예제를 선택하면 많은 예제 프로그램이 포함되어 있음을 확인할 수 있다. 여기서는 이 중 '파일→예제→ '01 Basics'→Blink' 예제 프로그램을 실행한다. 이 예제 프로그램을 선택하면 Arduino IDE 편집 창에 그림 1.7과 같이 소스코드가 나타난다.

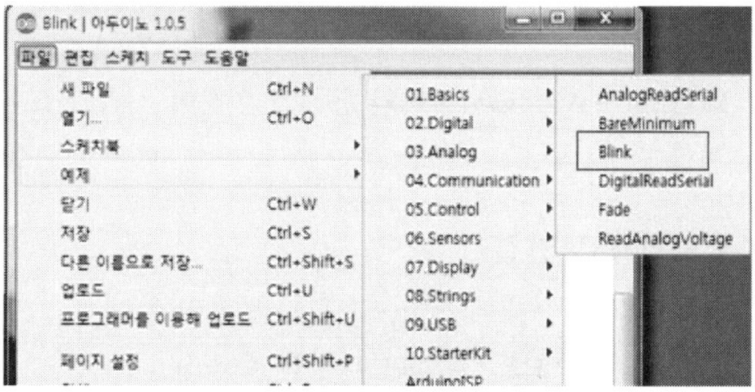

▍그림 1.6▍ 실행 예제 선택

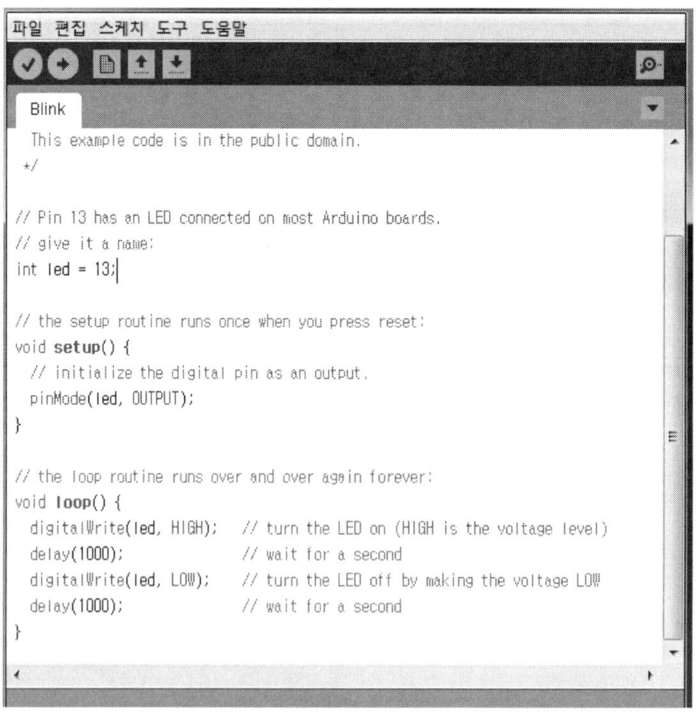

▍그림 1.7▍ Blink 예제 소스코드

Blink 예제 프로그램과 같이 소스코드 편집이 끝나면, 즉 스케치를 하면, 를 클릭하여 소스코드의 에러 유무를 검증한다. 이 과정은 컴파일 과정으로 그림 1.8과 같이 Arduino IDE 아래 창에 수행과정과 결과를 보여준다. 그림 1.8 좌측 하단을 보면 Arduino 보드가 시리얼포트 7번에 연결되어 있음을 확인할 수 있다. 시리얼포트가 설정된 이후 최초로 컴파일을 수행하면 그림 1.9와 같이 시리얼포트 할당을 확인하는 창을 보여주게 되며 시리얼포트 값이 변경되기 전까지 다시 나타나지 않는다.

(a)

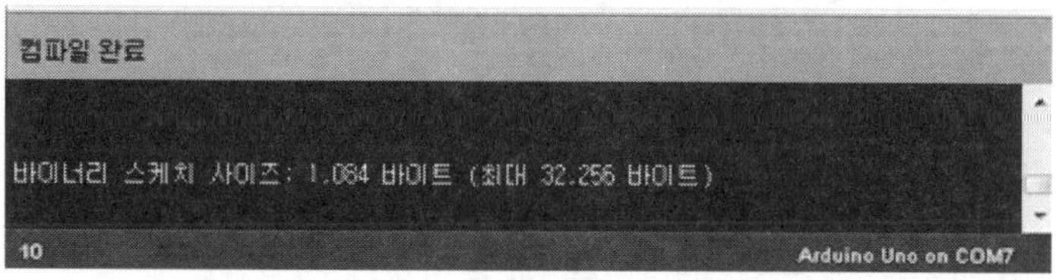

(b)

▌그림 1.8▐ Verify 과정 (a) 실행 중 (b) 실행 완료

▌그림 1.9▐ 시리얼포트 변경요청

스케치를 Verify하지 않고 직접 Upload를 실행하여도 된다. 를 클릭하면 컴파일과 컴파일결과를 Arduino 보드에 실행파일을 Upload하게 된다. 이 과정이 정상적으로 수행되면 그림 1.10과 같이 Arduino IDE 하단 창에 Upload가 완료되었음을 표시하고 스케치한 실행결과를 Arduino 보드에서 실행되게 된다.

▌그림 1.10▐ Upload 실행 완료

3. 실험기기, 부품 및 Language Reference

- Arduino 모듈
- Windows OS가 탑재된 PC
- Arduino 모듈과 PC 연결 USB

4. 실험 과정

4.1 Arduinio 특징 및 장점 확인

- 마이크로프로세서를 이용하여 회로 설계하는 과정과 Arduino 모듈을 이용한 회로설계 과정의 차이점을 조사한다.
- Arudino 보드를 이용한 회로설계에서 얻을 수 있는 장점을 조사한다.
- Arduino 보드와 Andriod의 사용범위와 이들 사이의 관계를 조사한다.

4.2 IDE 설치 및 Arduino 모듈 연결

- 웹 사이트 http://www.aduino.cc의 Download 메뉴에서 Windows OS를 선택하고 Arduino IDE 실행파일을 다운로드받은 후 실행한다.
- Arduino IDE를 실행하고 Arduino 보드를 USB로 연결한 후 Arduino IDE가 설치된 PC의 시리얼포트 몇 번이 Arduino 보드와 연결되었는지 확인한다. 만약, 시리얼포트가 확인되지 않으면 컴퓨터 제어판의 포트번호를 확인하고 Arduino IDE에서 시리얼포트를 수동으로 설정한다.

4.3 예제 Blink 실행

- Arduino IDE에 포함되어 있는 Blink 예제 소스코드를 선택하고 컴파일한 결과를 Arduino 보드에 Upload를 수행한다. Upload한 실행파일이 Arduino 보드에서 어떠한 결과를 보여주는지 확인한다.
- 아직 Arduino 소스코드 문법을 배우지는 않았지만 소스코드를 보고 어떠한 동작을 수행하기 위한 스케치인지 예측하고 소스코드를 해석한다.
- Arduino 보드 내 LED의 On-Off가 1초 간격으로 수행되고 있는데 다음 소스코드의 **delay( )**의 값을 바꾸면서 on-off 간격이 각각 (2초, 3초), (4초, 8초)가 되도록 스케치하고 upload를 수행한다.

```
// the loop routine runs over and over again forever:
void loop() {
  digitalWrite(led, HIGH);   // turn the LED on (HIGH is the voltage level)
  delay(1000);               // wait for a second
  digitalWrite(led, LOW);    // turn the LED off by making the voltage LOW
  delay(1000);               // wait for a second
}
```

4.4 Arduino 보드 응용사례 조사

- 인터넷에서 Arduino 보드를 이용하여 개발한 응용사례를 3가지 이상 찾아 어떠한 목적으로 어떻게 기획되고 설계된 것인지 확인한다. 여기서 자신의 지식 수준을 넘는 범위와 내용은 제외하고 설명 가능한 부분만 해석한다.
- Arduino 보드를 이용하여 자신이 도전하고 싶은 주제 및 내용을 제시한다. 이때 기존 다른 사람이 개발한 주제를 벤치마킹하고 이를 더 한 등급 향상시키는 주제를 제시한다. 벤치마킹한 사항은 반드시 인용한 내용과 출처를 제시하여야 한다.

Chapter 02

Arduino HW와 SW 기초

1. 실험 목표

- 일반적인 임베디드시스템의 특징과 구성, 마이크로컨트롤러 기능 등을 설명할 수 있다.
- Arduino 보드의 임베디드시스템 구성, 동작방법, 인터페이스 구성을 이해하고 간단히 회로를 초기 동작과정을 설명할 수 있다.
- Arduino 소스코드의 setup( )과 loop( )로 구성된 기본 구조를 이해하고 C 프로그램 소스코드 구조와 비교 설명할 수 있다.
- Reference의 필요성을 이해하고 Structure Reference, Variable Reference, Function Reference 등을 구분하고 Syntax에 맞추어 모든 Reference를 사용할 수 있다.
- 예제 Blink의 하드웨어 구성 및 소프트웨어 동작 순서를 이해할 수 있다.

2. 관련 이론

2.1 Arduino HW와 IF

Arduino 보드는 매우 작고 단가가 저렴하지만 다양한 기능을 프로그래밍할 수 있는 임베디드시스템(Embedded System)이다. 임베디드시스템은 HW(하드웨어 : hardware)와 SW(소프트웨어 : software)로 나눌 수 있다. 임베디드시스템인 Arduino 보드는 외관으로 보이는 HW와 ATmega328 마이크로컨트롤러(Micro-Controller) SW[7])로 구성되어 있다고 할 수 있다. Arduino HW는 소형 PC 컴퓨터 처리용량을 가지고 있으며 주변장치를 연결할 수 있는 IF(인터페이스 : Interface) 핀을 제공한다.

Arduino HW는 그림 2.1과 같이 USB, 입력파워 잭(Jack), 파워 핀, 디지털과 아날로그 입출력 핀 등의 IF를 제공하며, 보드 내부에 마이크로컨트롤러, 플래시 메모리, SRAM, EEPROM 등을 포함하며 클럭 속도는 16MHz이다. Arduino HW가 동작하는 전압은 5V이며 입출력 핀당 DC 전류는 50mA이다. 동작전압 5V를 얻기 위해서 파워 입력 잭을 통하여 외부 전원공급장치를 통한 허용입력전압은 6~20V이지만 권장입력전압은 7~12V이다. 외부 전원공급장치 대신 배터리를 사용한다면 최소한 1.5V 건전지 4개는 사용하여야 한다.

---

7) Arduino IDE에서 upload된 실행 SW와 Arduino 보드를 동작시키는 OS로 구성됨.

▎그림 2.1▎ Arduino 보드의 HW와 IF 구성

Arduino 보드의 IF는 다음과 같다.

- 입력파워 잭 : 외부 전원공급장치 또는 배터리를 통하여 Arduino 보드를 동작하는 전압공급
- USB : Arduino IDE로부터 실행파일을 Upload 기능과 Arduino 보드의 I/O 장치로 컴퓨터를 사용할 때 컴퓨터의 시리얼포트와 연결 기능 수행
- 14개 디지털 입출력 핀
- 6개 아날로그 입력 핀
- 5V, 3.3V 및 접지, reset 등 제어 및 전원 핀

아날로그 출력 핀이 없는 것처럼 보이지만 14개 디지털 핀 중 6개 핀의 모드 설정을 바꾸면 아날로그 출력으로 사용할 수 있다. Arduino는 공개 소스코드와 함께 회로도도 공개되어 있어서 Arduino에서 만들어서 제공하는 다양한 보드 또는 이를 응용한 하드웨어 보드를 설계할 수 있다. 본 교재에서 하드웨어 설계는 다루지 않는다.

2.2 Arduino SW

다른 프로그래밍 언어와 같이 Arduino SW도 변수와 함수의 기본 구성을 먼저 이해하여야 하다. 그리고 여기서 제공되는 함수를 충분히 활용할 수 있도록 학습 수준과 범위를 넓혀야 할 것이다.

C 프로그램은 기본적으로 그림 2.2(a)와 같이 Preprocess 선언, 함수 선언 부분과 프로그래밍 문장들로 구성된다. 만약 프로그램을 종료하지 않고 지속적으로 수행하고 싶다면 프로그래밍 문장 중 while( ), for( ) loop를 이용하면 조건이 만족하는 동안 계속 수행된다. 그림 2.2(b)는 C 프로그램 기본 구성을 활용한 더하기 예제이다.

```
# preprocessor directive

main()
{
  declares variables;

  while(condition){
       statements;
  }
}
```

(a)

```
#include <stdio.h>

main()
{
  int x, y, z:

  scanf( " x input: %d " , &x);
  scanf( " y input: %d " , &y);
  z = x + y;
  printf( " sum is %d\n " , z);
  return 0;
}
```

(b)

▌그림 2.2▐ C 프로그램 (a) 구조 (b) 예제

Arduino도 다른 프로그래밍 언어와 동일하게 그림 2.3(a)와 같은 기본 구조를 가지고 있다. 먼저 변수를 선언하고 setup( ) 함수를 이용하여 초기화하고 이후 지속적으로 수행할 부분에 대하여 loop( ) 함수에 관련 함수를 이용하여 프로그래밍을 작성한다. 이러한 구조를 기초로 앞 장에서 수행한 blink 예제의 소스코드를 보면 이해가 쉬울 것이다.

setup( )과 loop( ) 함수는 기본 구조를 정의하기 때문에 Structure Reference 라고 한다. Reference는 Structure Reference와 Data Type을 포함하여 Variable Reference와 다양한 기능을 수행할 수 있도록 설계된 Function Reference가 있다. Reference의 정의, Syntax, 의미 그리고 Parameter 등을 이해하고 적절하게 사용하여야 사용자가 원하는 스케치가 가능하다.

setup ( ) 함수 앞 부분에 변수 led는 Global 변수로 프로그램 모든 부분에서 인용할 수 있다. led는 사용자가 정의한 변수인 반면 Arduino가 내부적으로 가지고 있는 Variable Reference가 존재한다. 이 변수는 대문자로 사용하고 본 예제에서 사용되고 있는 INPUT, OUTPUT, HIGH, LOW가 해당한다.

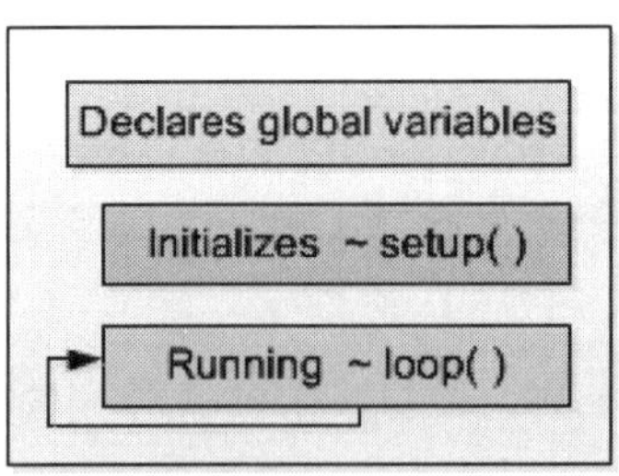

(a)

```
int led = 13;

void setup() {
    pinMode(led, OUTPUT);
}

void loop() {
   digitalWrite(led, HIGH);
   delay(1000);
   digitalWrite(led, LOW);
   delay(1000);
}
```

(b)

▌그림 2.3▐ Arduino 프로그램 (a) 구조 (b) 예제 Blink

2.3 Reference

1) Structure Reference : setup( )

스케치 시작하는 부분으로 처음 한번만 실행하고 초기화 부분을 포함한다.

2) Structure Reference : loop( )

초기화 부분인 setup( )이 실행된 후 이름이 의미하는 바와 같이 Arduino 보드의 전원이 커질 때까지 Arduino 보드가 반복적으로 수행하는 부분이다.

3) Function Reference : pinMode(pin, mode)

특정 디지털 핀을 Input 또는 Output 모드로 구성하는 함수이다.

- Parameter pin : 모드설정을 구성하는 디지털 핀 번호
- Parameter mode : Input 또는 Output 모드로서 INPUT 또는 OUPUT 값 선택

4) Function Reference : digitalWrite(pin, value)

Output 모드로 구성한 디지털 pin에 HIGH(5V 또는 3.3V) 또는 LOW(0V)를 출력하는 함수이다. Arduino 보드내부의 디지털 핀에 HIGH를 보내면 3.3V를 출력하고 외부 인터페이스를 통하여 디지털 핀에 HIGH를 보내면 5V를 출력한다[8].

- Parameter pin : 출력 값을 보내기 희망하는 디지털 핀 번호
- Parameter value : 디지털 출력 값으로 HIGH 또는 LOW 값 입력

5) Function Reference : delay(ms)

Parameter로 주어진 시간동안 프로그램 실행을 멈추는 함수이다.

- Parameter ms : milli-second 단위로 1,000인 경우 1초를 의미

3. 실험기기, 부품 및 Language Reference

- Arduino 모듈, Windows OS가 탑재된 PC, Arduino 모듈과 PC 연결 USB
- Structure Reference : setup( ), loop( ), ;, { }, //
- Variable Reference : constant ~ HIGH|LOW, INPUT|OUTPUT, Data Type ~ void, int
- Functions Reference : pinMode( ), digitalWrite( ), delay( )

8) 디지털 핀 13번은 Arduino 보드 내부 LED와 저항으로 연결되어 있어 출력단자로 사용하기 바라며 입력모드로 사용하려면 20KΩ pull-up 저항을 이용하면 가능함.

4. 실험 과정

4.1 Arduinio HW 해석

- 일반사용자 PC의 HW 구성을 조사한다.
- 임베디드시스템의 정의와 HW 구성을 조사하고 일반적인 PC와의 차이점을 비교 설명한다.
- 마이크로컨트롤러, AVR의 정의와 내부 구성을 조사하고 임베디드시스템에서 이들의 역할이 무엇이며 동작 방법 등을 자세하게 설명한다.
- Arduino 보드의 하드웨어 구성과 인터페이스의 물리적, 논리적 특성과 동작방법을 확인한다.
- Arduino 보드의 하드웨어 및 인터페이를 포함하여 특징 및 장단점, 동작방법 등에 대하여 PC HW, 임베디드시스템 HW 그리고 마이크로컨트롤러 등과 비교하고 유사점과 차이점 등을 구체적으로 자세하게 설명한다.
- 디지털 핀 13번은 Arduino 보드 내 LED와 저항이 어떻게 구성되어있는지 확인한다.

4.2 Arduinio HW 해석

- C, C++, Java 프로그램의 기본 구조를 확인하고 Arduino 프로그램 구조와 비교한다.
- Arduino에서 제공하는 Reference를 검색하고 C, C++, Java 프로그램의 어떤 Reference에 해당하며 차이점은 무엇인지 확인한다.
- 예제 Blink의 동작순서를 설명하고 이 예제에서 사용하는 변수와 함수 외에 대표적인 변수, 함수 등을 확인한다.

Chapter 03

디지털 입출력과 Serial 입출력

1. 실험 목표

- Arduino 보드의 디지털 인터페이스에 LED를 연결하고 LED On-Off를 할 수 있다.
- Arduino 보드의 디지털 인터페이스로부터 디지털 입력을 받을 수 있다.
- Arduion 보드와 USB로 연결된 PC는 Upload 후 실행하는 동안에 Serial 통신을 통하여 실행 중 데이터 전송하는 방법을 설명할 수 있다.
- Arduino 보드와 이 보드의 입출력 장치로 Serial 통신을 활용하는 이유를 이해할 수 있다.

2. 관련 이론

2.1 디지털 출력 제어

예제 Blink는 Arduino 보드 내부 LED에 대한 제어이다. 디지털 핀에 LED를 외부에 연결하고 예제 Blink와 동일한 기능을 수행한다. 그림 3.1과 같이 디지털 핀 12번에 LED를 연결하고 1초 간격으로 Blink하도록 한다. LED가 동작하기 위해서 디지털 핀 12번에 5V가 인가되어야 하며 LED 다른 한쪽은 접지되어야 한다. 접지는 그림 3.1의 Arduino 보드 좌측의 파워 핀 또는 왼쪽의 디지털 핀의 접지 핀을 사용한다.

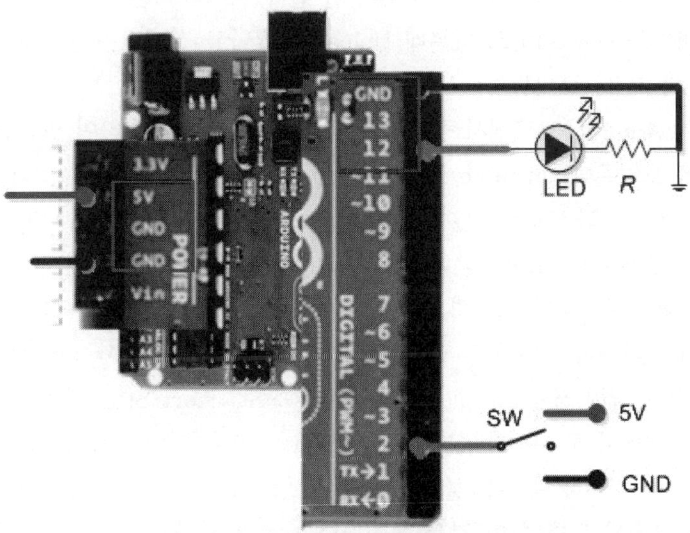

▎그림 3.1▎ 디지털 입출력 인터페이스 구성

2.2 디지털 입력

Arduino 보드의 디지털 핀 14개는 setup( ) 함수에서 입력, 출력 모드를 설정한 후 loop( ) 함수에서 입력 값을 받거나 출력 값을 보낼 수 있다. 여기서는 입력 값을 받는 경우로 이를 위해서 그림 3.1과 같이 파워 핀 부분의 5V와 GND와 디지털 핀 입력 핀에서 선택할 수 있도록 구성한다. 이와 같은 스위칭에 따라 디지털 핀 입력에 5V 또는 0V가 인가된다. 이러한 디지털 입력 수행을 위한 소스코드 구성은 다음과 같다.

```
int pushButton = 2;

void setup() {
   pinMode(pushButton, INPUT);
}

void loop() {
   int buttonState = digitalRead(pushButton);
   delay(1000);
}
```

여기서 변수 buttonState는 디지털 핀으로부터 입력 값을 받게 된다.

2.3 Serial 통신 모니터 출력

디지털 입력으로 받은 값을 확인하기 위하여 본 장에서는 Serial 통신 모니터에 출력하는 방법을 확인한다. 일반적으로 임베디드시스템은 입출력장치를 별도로 가지고 있지 않기 때문에 임시 또는 입출력 목적으로 Serial 통신을 한다. Arduino는 IDE와 보드 사이에 USB를 통하여 실행파일을 Upload하고 있는데 Upload가 끝나고 실행되는 동안 이 USB를 통하여 Arduino IDE와 Arduino 보드는 서로 통신을 할 수 있다.

이 장에서는 Arduino 보드에서 실행되고 있는 값을 USB를 통하여 연결된 PC 화면에 출력되는 과정을 보여준다. Arduino IDE 메뉴 중 를 클릭하면 그림 3.2와 같은 창이 생성된다. 상위 부분에 칸과 Send 버튼은 Arduino 보드로 데이터를 전송할 때 사용되는 창이고 아래 넓은 창은 Arduino 보드에 출력 값을 보여주는 창이다. 현재 결과 값이 1이 지속적으로 출력되어 있는데 이는 디지털 입력 값 1이 지속적으로 출력되고 있는 화면이다.

Serial 통신을 위하여 초기에 Serial 통신 입출력 장치인 PC와 Arduino 보드 사이에 동기를 맞추어야 한다. 일반적인 Serial 통신에서 전송속도, Start/Stop 비트, 흐름제어 등 여러 정보를 서로 맞추어야 하지만 대부분 값은 Default로 되어 있어 전송속도만 맞추면 된다. 전송속도는 두 장비 사이에 송수신 클락 속도이며 9,600bps(bits/s)로 설정하면 무난하다. 만약 출력 값이 보이지 않다면 이 값을 높이거나 낮추면 된다.

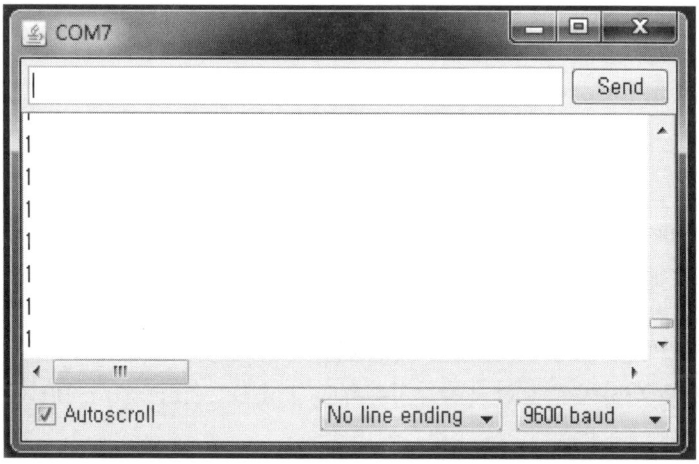

▌그림 3.2▐ Serial 통신 모니터

Serial 통신 모니터 출력을 수행하기 위해서 setup( ) 함수에서 Serial.begin( ) 전송속도를 초기 설정하여야 한다. 그리고 Serial 통신 모니터에 출력하고자 하는 값은 loop( ) 함수에서 Serial.println( ) 함수 내 Parameter로 지정한다. 이러한 Serial 통신 모니터 출력 수행을 위한 소스코드 구성은 다음과 같다.

```
int pushButton = 2;

void setup() {
   Serial.begin(9600);
   pinMode(pushButton, INPUT);
}

void loop() {
   int buttonState = digitalRead(pushButton);
   Serial.println(buttonState);
   delay(1000);
}
```

2.4 Serial 통신 키보드 입력

Serial 통신을 통한 키보드입력은 그림 3.2의 상위 입력 칸과 Send 버튼으로 가능하다. 입력 칸에 값을 입력하고 Send 버튼을 누르면 Arduino 보드로 값이 전달된다. 이 기능을 위하여 loop( ) 함수에서 Serial.read( ) 함수를 사용한다.

2.5 Reference

1) Function Reference : digitalRead(pin)

Input 모드로 구성한 디지털 pin에 HIGH(5V 또는 3.3V) 또는 LOW(0V)를 입력받는 함수이다.

- Parameter pin : 입력 값을 받기 희망하는 디지털 핀 번호
- Return 값 : HIGH 또는 LOW

2) Function Reference : Serial.begin(speed, *config*)

Serial 통신을 위하여 필요한 정보, 전송속도, Parity, Start/Stop Bit 등을 초기 설정하는 함수이다.

- Parameter speed : 전송속도, 300, 600, 1,200, 2,400, 9,600, 19,200, 28,800, 38,400, 47,600 또는 115,200
- Parameter config : 추가 동기화를 위한 정보로써 Default는 8bits/data, No Parity, One Stop Bit이며 이 값을 변경할 때 사용하는 Parameter

3) Function Reference : Serial.println(val, *format*)

Serial 통신 모니터에 값을 출력하는 함수이다. 기본적으로 ASCII 값 형태로 출력하고 '₩n'을 함께 출력하여 다음 데이터는 다음 라인에 출력된다.

- Parameter val : 모니터에 출력 희망하는 값
- Parameter format : ASCII 값 외에 다른 형태의 출력을 지정하며 DEC, HEX, OCT, BIN 등이 가능
- Return 값 : 출력한 바이트 수

3. 실험기기, 부품 및 Language Reference

- Arduino 모듈, Windows OS가 탑재된 PC, Arduino 모듈과 PC 연결 USB
- LED, 저항, Toggle 또는 Push-Button 스위치, Bread Board
- Functions Reference : digitalRead( ), Serial.begin( ), Serial.println( ), Serial.read( )

4. 실험 과정

4.1 외부 LED Blink 기능 수행

- 디지털 핀 12번 또는 8번에 LED를 연결한다. LED 정격입력전류와 Arduino 출력전류를 확인하고 LED에 과전류가 흐르지 않도록 한다. 과전류 방지를 위하여 작은 값의 저항을 직렬로 연결한다.
- 외부에 연결된 LED가 1초 간격으로 blink할 수 있도록 스케치하고 실행한다.

4.2 Serial 통신 키보드 입력과 모니터 출력

- Function Reference Serial.read( )의 Syntax와 Parameter 등을 확인한다.
- Serial 통신 키보드로 입력된 값이 모니터에 출력되는 프로그램을 구현한다.
- Serial 통신 키보드에서 소문자를 입력받으면 대문자로 출력하는 프로그램을 구현한다.

4.3 예제 Digital_Read_Serial 수행

- Arduino IDE에서 '파일→예제→'01 Basics'→'Digital_Read_Serial'' 예제 프로그램의 소스코드를 분석한다.
- 디지털 핀 2번에 Toggle 또는 Push-Button 스위치를 연결한다.
- 프로그램 실행하여 분석한 내용으로 동작하는지 확인한다.

4.4 응용프로그램 설계

- 본 장까지 배운 내용은 '내부 LED 제어', '외부LED 제어', '디지털 입력', 'Serial 통신 키보드 입력' 그리고 'Serial 통신 모니터 출력'을 모듈로 나눌 수 있다.
- 이 모듈을 조합하여 먼저 문제를 스스로 만들고 이를 해결할 수 있는 회로 설계와 프로그래밍을 수행한다.
- 다른 팀이 만든 문제를 해결하기 위하여 회로 설계 및 프로그래밍을 수행한다.

Chapter 04 아날로그 입력과 센서

1. 실험 목표

- Arduino가 제공하는 Variable Reference의 Data Type과 Variable Scope을 이해하고 향후 스케치할 때 사용할 수 있다.
- 아날로그 값을 디지털화하는 ADC를 이해하고 Arduino에서 사용하는 ADC 방법을 설명할 수 있다.
- Arduino 보드의 아날로그 인터페이스로부터 아날로그 입력을 받을 수 있다.
- 다양한 센서의 물리적 특성과 센서 정보를 전기적 신호로 변환을 이해하고 전기적 값을 측정할 수 있다.
- 다양한 센서를 Arduino 보드의 아날로그 인터페이스와 연결하여 센서 값을 입력으로 받을 수 있다.
- 센서 입력 범위가 Arduino 보드의 아날로그 입력의 일부 범위에 분포할 때 그 이유를 파악하고 해상도를 확대할 수 있다.

2. 관련 이론

2.1 Data Type과 Variable Scope

본 장에서 Arduino 스케치 사용된 변수의 Data Type은 int와 float이다. Arduino는 Variable에 대하여 다른 프로그래밍 언어와 유사하게 다양한 Data Type을 제공하며 사용용도, 내부처리단위와 사용방법 등도 유사하다.

실행파일 중 변수가 여러 함수들 사이에 공통으로 사용되거나 특정 한 함수에서만 사용할 수 있는 Variable Scope이 존재하며 Arduino에서도 이 규칙은 동일하게 적용된다.

2.2 아날로그 입력

Arduino 보드의 디지털 입력은 setup( ) 함수에서 입출력 모드를 설정한 후 loop( ) 함수에서 입력 값을 받거나 출력 값을 보낼 수 있는 반면 아날로그 입력은 초기화 과정없이 loop( ) 함수에서 아날로그 핀으로부터 직접 받을 수 있다. 그림 4.1에서 보는 바와 같이 아날로그 핀 A0부터 A5까지 6개의 입력단자가 있으며 파워 핀 부분의 5V와 GND를 이용하여 그림 4.1(a)와 같이 구성할 수 있다. 이 그림에서 아날로그 입력 측정을 위하여 사용된 소자는 가변저항이다. 가변저항의 선택 값을 달리하면 Arduino 보드의 아날로그 A0 핀에 측정되는 전압은 0~5V이다. 즉, 가변저항 3개의 단자가 각각 +5V, 0V, 그리고 아날로그 A0 핀에 연결되어 있어 등가적으로 저항 값은 R_1과 R_2로 나눌 수 있으며 이러한 회로의 등가회로는 그림 4.1(b)와 같다.

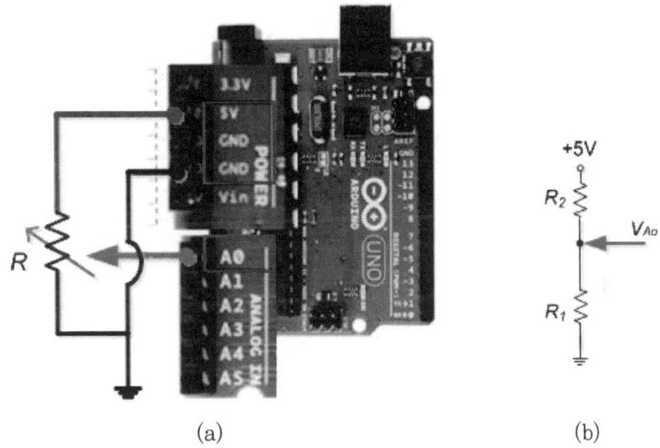

▌그림 4.1▐ 아날로그 입력 인터페이스 (a) 회로구성 (b) 등가회로

Arudino 보드에서 아날로그 입력 값은 0~1,023의 값으로 표현된다. 아날로그 핀에서 입력받는 전기적 값은 0~5V이며, 아날로그 핀은 ADC(Analog-to-Digital conversion)을 통하여 논리적인 0~1,023으로 인식한다. 예를 들어 가변저항 용량이 1KΩ, 5KΩ, 1MΩ 등을 사용하더라도 측정되는 값은 0에서 5V 사이 값이며 가변저항 용량 무관하게 Arduino 보드는 이 값을 0~1,023 사이의 한 값으로 인식하게 된다.

아날로그 A0핀으로부터 입력받은 값을 Serial 통신 모니터로 출력하는 프로그램 소스코드는 다음과 같다. 변수 **voltage**와 **sensorVaule**는 가변저항과 GND 사이의 전압 값을 각각 실측한 전압과 ADC로 변환된 값이다.

```
void setup() {
    Serial.begin(9600);
}

void loop() {
    int sensorValue = analogRead(A0);
    float voltage = sensorValue * (5.0 / 1023.0);
    Serial.print("The analog is ");
    Serial.print(sensorValue);
    Serial.print("  and the corresponding voltage is ");
    Serial.println(voltage);
    delay(1000);
}
```

2.3 센서

Arduino와 같은 임베디드시스템은 다양한 센서를 연결하여 다양한 응용서비스를 만든다. 센서는 화학적, 물리적 특성을 전기적 신호로 변환하는 소자로 정밀한 측정, 적은 오차, 내구성 등에 따라 가격 차이가 크다. 따라서 공학 관점에서는 필요한 환경에 맞는 저가의 센서 선택이 요구된다.

화학적 특성을 이용한 센서가 변환하는 전기적 신호는 저항, 전류, 전압, 전력 등 다양하며 출력범위도 다양하다. 조도센서는 카드륨(Cd)과 황(S)를 화합하여 만든 황화카드륨(CdS)는 그림 4.2(a)와 같이 금속다리를 결합하여 광량에 따라 저항 값이 변화한다. 그림 4.2(b)는 광량에 따라 변화하는 저항 값을 측정한 특성그래프로 센서를 구매할 때 반드시 확인하여야 한다. 특성그래프에서 보는 바와 같이 광량이 많을수록 저항 값이 적어지는 특성이 있다. 가격이 저렴한 조도센서의 경우 광량에 따라 특성이 정밀하지 않고 반응속도가 느릴 수 있지만 차량 램프의 자동 모드에 적용한다면 이 용도에는 적합할 것이다.

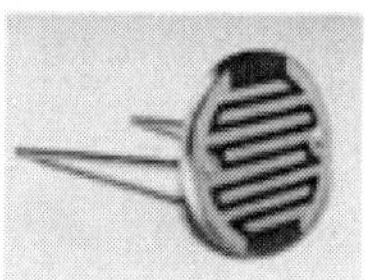

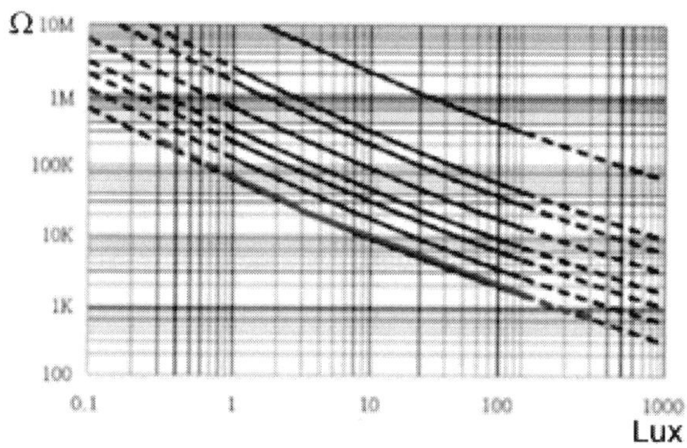

(a) (b)

❙그림 4.2❙ 조도센서 (a) 외형 (b) 특성그래프

유사한 형태의 센서로 그림 4.3에서 제시한 폴리머필름(Polymer Thick Film)으로 만들어진 센서는 누르는 힘에 따라 저항 값이 줄어드는 특성이 있다. 그림 4.3(b)의 압력센서의 특성그래프와 그림 4.2(b)의 조도센서의 특성그래프의 저항 값 범위를 보면 매우 큰 차이가 있음을 확인할 수 있다.

이 외에도 그림 4.4에서 보는 바와 같이 온도센서, 결로(수분)센서 등 다양한 센서들이 존재한다. 그림 4.4(a)의 온도센서는 금속, 반도체의 저항값이 온도에 따라 변화하는 성질을 이용하였고 그림 4.4(b) 결로센서는 전극사이 결로에 의하여 수분이 부착하면 저항이 저하하는 특성을 이용하여 센서를 제작하였다. 이와 같이 물리적, 화학적 특성에 따른 전기적 특성을 관찰하거나 제작하는 재료 물성에 따라 센서 기술은 발전하고 있다.

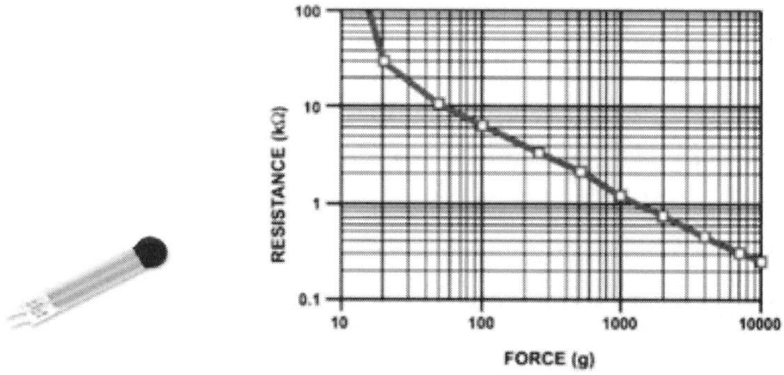

(a) (b)

❙ 그림 4.3 ❙ 압력센서 (a) 외형 (b) 특성그래프

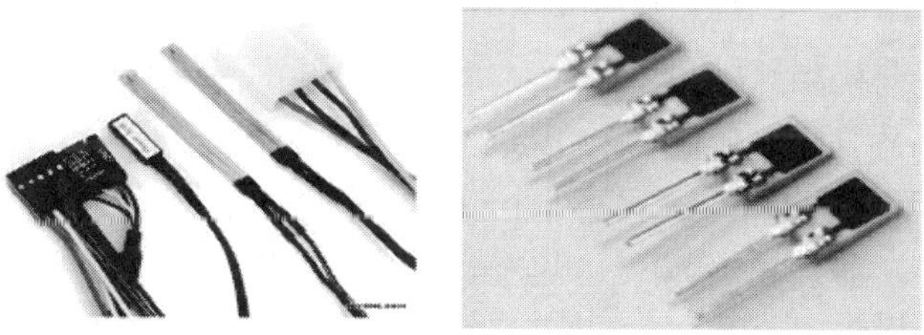

(a) (b)

❙ 그림 4.4 ❙ 다양한 센서 (a) 온도센서 (b) 결로센서

2.4 센서의 아날로그 측정

다양한 센서가 표현하는 전기적 특성은 센서마다 다르다. 센서들은 저항, 전류 또는 전압으로 전기적 특성을 표현하고 그 출력하는 최소값과 최대값이 서로 다르다. 이렇게 다양한 센서의 아날로그 측정을 Arudino 보드는 동일한 방법을 사용하고 있다. 센서를 그림 4.5(a)와 같이 5V와 0V 사이에 저항과 함께 직렬로 연결하고 아날로그 입력 핀은 저항과 0V사이에 연결한다. 이렇게 연결한 회로는 그림 4.5(b)와 같다.

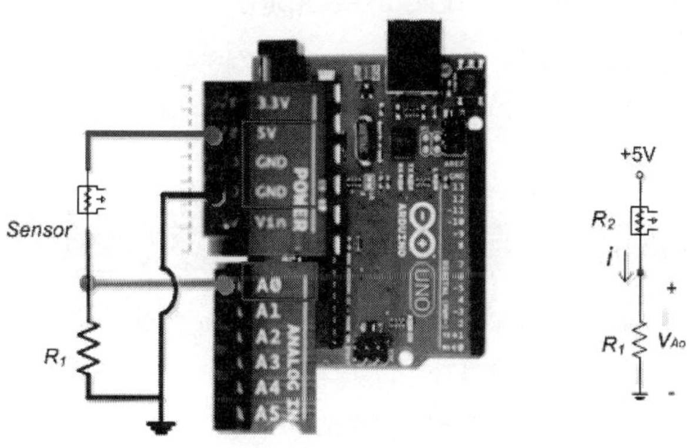

(a) (b)

❙ 그림 4.5 ❙ 센서 입력 회로 (a) 센서연결 회로도 (b) 등가회로

센서에서 물리적 변화를 전기적 변화로 전류 또는 전압 형태로 출력하면 전류나 전압의 변화량만큼 A0 핀의 전압으로 측정된다. 아날로그 A0가 측정하는 전압 값은 0에서 5V이며 이를 0에서 1,023으로 ADC 변환한 입력 값을 받게 된다. 센서가 출력하는 값이 0~5V로 변화한다면, 즉, 등가회로 저항 R_2에 걸리는 전압이 0~5V로 변화한다면 A0 핀에 걸리는 전압은 5V에서 0V로 변화되고 이 때 측정되는 아날로그 값은 1,023에서 0이 된다.

센서 측정 값이 저항으로 표현될 때에는 이 저항 값 범위를 고려하여 저항 R_1의 값을 적절하게 선택하여야 한다. 센서 측정의 저항 값 영역이 KΩ 단위인 경우 저항 R_1를 MΩ 단위 저항을 선택하면 아날로그 A0에 걸리는 전압은 거의 5V가 되므로 원하는 센서 측정 값을 활용할 수가 없다. 그러나 100Ω 정도의 저항을 선택한다면 센서 측정 값에 따라 0V에서 5V의 대부분 영역을 사용할 수 있게 된다.

만약 센서에 걸리는 전압이 0V에서 2.5V라고 하면 저항 R1에 걸리는 전압, 즉 아날로그 A0 핀에 걸리는 전압은 이 5V에서 2.5V로 변화되고 이 때 측정되는 아날로그 값은 1,023에서 512가 된다. 즉, 아날로그 값으로 0~511은 나타나지 않는다. 아날로그 입력 값은 512~1,023이므로 아날로그 측정 간격은 512단계만 사용하게 된다.

또 다른 경우로 센서에서 출력하는 전기적 특성이 매우 적은 경우에는 아날로그 입력 값이 더 적어진다. 센서가 출력하는 전기적 특성이 매우 적어 0V에서 0.5V만 변화한다면 아날로그 A0 핀에 걸리는 전압 차는 0.5V만 나타난다. 이 경우 아날로그 입력 변화 범위는 100 정도이다. 1,024 값 영역 중 100 정도이므로 이를 고려하여 프로그래밍해야 한다.

2.5 Reference

1) Variable Reference : Data Type과 Variable Scope

- Data type : void, boolean, char, unsigned char, byte, int, unsigned int, word, long, unsigned long, short, float, double, string, String, array
- Varialbe scope : global vs. local

2) Function Reference : analogRead(pin)

특정 디지털 핀을 Input 또는 Output 모드로 구성하는 함수이다.

- Parameter pin : 입력받을 아날로그 핀 번호

3. 실험기기, 부품 및 Language Reference

- Arduino 모듈, Windows OS가 탑재된 PC, Arduino 모듈과 PC 연결 USB
- 디지털멀티미터 또는 저항측정기기
- 센서 : 조도센서, 압력센서, 온도센서, 결로센서 등
- Variable Reference : Data Type ~ float
- Functions Reference : analogRead( )

4. 실험 과정

4.1 Data Type와 Variable Scope

- Arduino는 다른 프로그래밍 언어와 유사하게 다양한 Data Type을 제공한다. 본 장에서 int와 float를 사용하고 있지만 이 외에도 byte, word, long, short, double, string 등 여러 Data Type이 있다.
- Arduino가 제공하는 Variable Reference의 Data Type을 조사하고 이들의 용도, 내부 처리단위 그리고 사용방법을 확인한다. 그리고 Arduino가 제공하는 Variable의 Data Type과 C, C++, Java 등 다른 프로그래밍 언어에서 제공하는 Data Type과 비교한다.
- Arduino에서 제공하는 Variable Scope을 알아본다.

4.2 아날로그 입력과 가변저항 측정

- Arduino 보드의 아날로그 입력 핀의 구성과 아날로그 값을 측정하기 위한 회로 구성을 확인한다.
- 다양한 아날로그 회로를 Arduino 보드가 공통적으로 사용할 수 있도록 Arduino 보드가 사용하고 있는 논리와 입력 값 영역을 확인한다.
- Arduino IDE에서 '파일→예제→'01 Basics'→'Read_Analog_Voltage'' 예제 프로그램의 소스코드를 분석한다.
- Arduino 보드에 가변저항을 연결하고 가변저항 값 변화에 따라, 측정되는 전압과 아날로그 입력 값, 그리고 해당 저항 값을 Serial 통신 모니터에 출력한다. 여기서 사용된 가변저항 값을 디지털 멀티미터를 이용하여 측정하고 그 값이 Arduino 보드에서 구한 값과 동일함을 확인한다.
- 가변저항 값을 바꾸면서 Arduino 보드에서 측정한 값과 디지털 멀티미터를 이용하여 측정한 값과 동일함을 확인한다. 충분한 변화를 주어 5회를 실시하고 만약 그 값이 다르다면 그 이유에 대하여 설명한다.

4.3 센서 측정

- 서로 다른 특성을 측정할 수 있는 센서 3가지 이상을 선택하고 이들의 물리적 특성과 회로에 연결되었을 때 출력하는 전기적 값과 특성을 조사한다. 여기서 전기적 특성은 센서에서 측정되는 값이 전류 또는 전압으로 표현되는 것을 의미한다.
- Arduino 보드에 센서를 연결하고 측정하는 값 변화에 따라, 측정되는 전압과 아날로그 입력 값을 Serial 통신 모니터에 출력한다. 예를 들어 조도센서를 연결한 후 조도를 변화하면서 측정되는 아날로그 값과 전압 값을 출력한다.
- 그림 4.5와 같이 회로를 구성할 때 저항 R_1 값을 수십Ω, 수KΩ과 수백MΩ으로 바꾸면서 실험을 수행한다.

- 센서 종류를 바꾸면서 Arduino 보드에서 측정하는 아날로그 값과 전압 값을 출력한다.
- 만약 측정한 값이 0에서 1,023 범위 내에서 고루 분포하지 않고 특정 영역에 값이 집중되어 있다면 그 이유를 설명하고 이 부분만 입력 범위로 사용할 수 있도록 프로그램을 수정한다. 이 과정은 해상도를 확대하는 과정에 해당하는데 이 과정을 통한 장점에 대하여 설명한다.

Chapter

05

PWM과 아날로그 출력

1. 실험 목표

- PWM에 대한 이론을 이해하고 Arduino 아날로그 출력 및 디지털 제어에 활용할 수 있다.
- LED를 순차적으로 밝게 하거나 어둡게 하는 프로그래밍과 그 동작원리를 설명할 수 있다.
- 아날로그 입력범위와 출력범위가 다른 특성을 이용하여 입력 값에 해당하는 출력 값으로 외부회로를 제어할 수 있다.

2. 관련 이론

2.1 PWM

이전 장에서 ADC 기술을 이용하여 Arduino 보드는 아날로그를 1,024단계의 디지털 형태로 변환하여 입력받는 것을 살펴보았다. 본 장에서는 반대로 디지털 처리방식의 Arduino 보드가 아날로그 출력하는 방법을 소개한다. ADC 반대의 DAC(Digital-to-Analog Conversion)을 수행하며 출력파형의 주기간격(Duty Cycle)을 조절하는 형태의 PWM(Pulse Width Modulation) 방식을 사용한다.

Arduino 보드는 16MHz의 클락에 의하여 동작하며 그림 5.1(a)와 같은 형태로 한 주기는 1/(16M) = 625us이고 크기가 5V인 신호가 한 주기에서 On-Off 형태로 반복된다. Duty Cycle은 한 주기에서 on 시간이 차지하는 비율로 On-Off의 비율을 나타내며 일반적인 클락의 Duty Cycle 값은 50%이다. 그림 5.1(b)는 전체시간이 모두 On이므로 100%가 되고 그림 5.1(c)와 (d)는 각각 80%와 20%인 형태의 파형을 보여주고 있다.

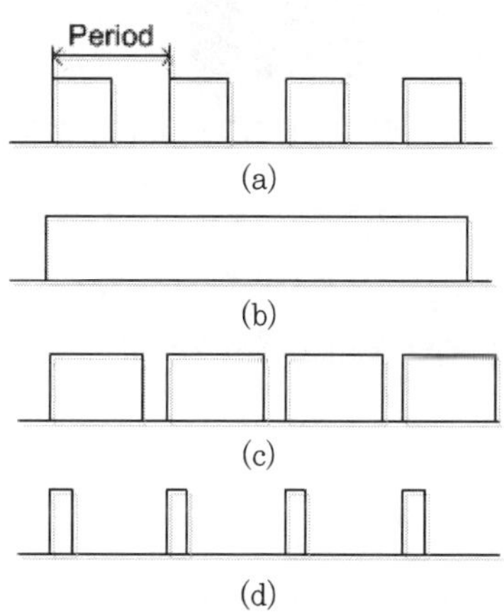

그림 5.1 PWM (a) 50% (b) 100% (c) 80% (d) 20%

PWM은 Arduino 보드 이전부터 모터제어 및 아날로그회로 제어에서 일반적으로 사용하고 있는 기술로 Arduino에서도 채택한 것이며 Arduino에서는 0~255 값을 이용하고 있다. 100%로 출력할 때 255 값을 보내며, 0%일 때, 0을 보낸다. 그림 5.1(a)와 같이 일반적인 경우 128이며, 그림 5.1(b), (c), (d)의 출력을 보내기를 원할 때 각각 255, 250, 50 정도의 값에 해당한다. 이와 같이 아날로그 출력을 X% 원할 때 (255/100)×X값에 대한 정수 값을 출력으로 보내면 된다.

2.2 아날로그 출력 및 디지털 출력

Arduino 보드 디지털 핀 영역에 14개의 핀 번호 앞 부분에 '~'가 있는 핀을 그림 5.2와 같이 볼 수 있다. 디지털 핀 3, 5, 6, 9, 10, 11 핀 6개는 디지털 입출력 외에 PWM 출력으로 사용할 수 있다. 이 핀에 아날로그 소자 및 디지털 소자를 연결하여 PWM 출력을 보내면 아날로그 형태의 결과를 확인할 수 있다.

그림 5.2의 회로는 이전 장의 디지털출력 실험과 동일한 회로이지만 연결된 핀이 PWM 제어가 가능한 디지털 핀에 연결되어 있는 점이 다르다. PWM 제어가 불가능한 핀은 0V와 5V만 보내기 때문에 단지 LED의 On-Off만 가능하였지만 여기서는 0~5V 가변전압 또는 가변전류가 가능하므로 LED가 점점 밝아지거나 점점 어두워지는 결과를 확인할 수 있다.

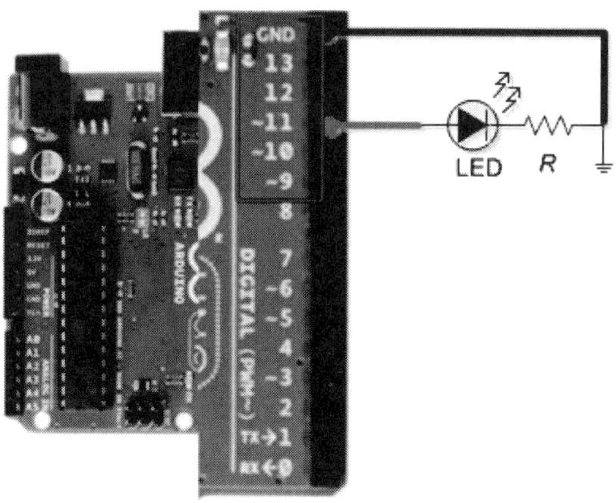

▌그림 5.2▐ LED fading 회로

핀 11번을 디지털 핀 출력으로 초기화하고 255 단위 중 5 단위로 밝아지고 255가 이르면 다시 -5로 점점 어두워지다가 0부터 다시 밝아지는 소스코드는 다음과 같다. 여기서 함수 analogWrite(led, brightness)는 해당 핀에 0에서 255값을 출력하며 이 값은 0에서 5V에 해당하는 전압을 출력하게 된다.

```
int led = 11;              // the pin that the LED is attached to
int brightness = 0;        // how bright the LED is
int fadeAmount = 5;        // how many points to fade the LED by

void setup() {
  pinMode(led, OUTPUT);
}

void loop() {
  analogWrite(led, brightness);
  brightness = brightness + fadeAmount;

  if (brightness == 0 || brightness == 255) {
    fadeAmount = -fadeAmount ;
  }
  delay(30);
}
```

2.3 아날로그 입력과 출력 값 비교

Arduino 보드의 아날로그 입력 값 범위 0~1,023이며 출력 값 범위는 0~255이다. 이론상으로 4배의 차이가 있으며 아날로그 입력을 더 정교하게 구분할 수 있다. 다음 소스코드는 이전 장에서 실험한 아날로그 입력과 본 장에서의 아날로그 출력을 동시에 고려한 프로그램으로, 아날로그 입력의 센서 값에 해당하는 정도의 LED 밝기를 제어하는 프로그램이다.

```
int led = 11;

void setup() {
  Serial.begin(9600);
   pinMode(led, OUTPUT);
}

void loop() {
  int sensorValue = analogRead(A0);
  int mapValue = map(sensorvalue, 0, 1023, 0, 255);

  analogWrite(led, mapValue);

  Serial.println("Analog Input : ", + String(sensorValue) + " :: PWM Output : "
+ String(mapValue));

  delay(1000);
}
```

2.4 Reference

1) Function Reference : analogWrite(pin, value)

특정 디지털 핀에 PWM 값 형태로 아날로그 또는 디지털 출력하는 함수이다.

- Parameter pin : PWM 형태 출력을 보내려고 하는 아날로그 핀 번호
- Parameter value : PWM 출력 값으로 0~255

2) Function Reference : map(value, fromLow, fromHigh, toLow, toHigh)

fromLow와 fromHigh 값 사이에 value 값을 toLow, toHigh 사이의 해당 값으로 변환하는 함수이다.

- Parameter value : 변환되기 전 값
- Parameter fromLow, fromHigh : 현재 Value 값의 시작과 끝
- Parameter toLow, toHigh : fromLow와 fromHigh에서 변환되는 값의 시작과 끝
- Return 값 : toLow와 toHigh 사이의 변환 값

3. 실험기기, 부품 및 Language Reference

- Arduino 모듈, Windows OS가 탑재된 PC, Arduino 모듈과 PC 연결 USB
- Bread Board, LED, 220Ω, 아날로그 센서
- Functions Reference : analogWrite( ), map( )

4. 실험 과정

4.1 LED Fading 회로 설계

- Arduino 보도의 PWM 디지털 핀에 대한 배치와 동작원리를 알아본다. PWM 제어가 사용되는 응용분야를 조사한다.
- Arduino 보드의 PWM 출력에 LED와 저항을 구성한다.
- Arduino IDE에서 '파일→예제→'01 Basics'→'Fade'' 예제 프로그램의 소스코드를 분석한다.
- 소스코드 분석한 결과와 동일하게 회로가 동작함을 확인한다.

4.2 LED Fading 다른 예제 1

- Arduino IDE에서 '파일→예제→'03 Analog'→'Fade'' 예제 프로그램의 소스코드를 분석한다.
- 소스코드 분석한 결과와 동일하게 회로가 동작함을 확인한다.

4.3 LED Fading 다른 예제 2

- Arduino IDE에서 '파일→예제→'03 Analog'→'AnalogWriteMega'' 예제 프로그램의 소스코드를 분석한다.
- Arduino Mega 보드와 Arduino Uno 보드의 차이점을 확인한다.
- Arduino Uno 보드에서 본 예제를 실행하기 위하여 어떤 조건으로 문제가 변경되어야 할 것이며 이 예제를 변경한 조건에 맞추어 소스코드를 수정한다.
- 수정한 소스코드 결과와 동일하게 회로가 동작함을 확인한다.

4.4 아날로그 센서 입력과 LED 밝기 출력

- Arduino 보드의 아날로그 입력 핀에 센서를 하나 연결하고 입력 값이 0~1,023의 충분한 영역으로 표현되는 것을 확인한다.
- 아날로그 센서 측정 값이 충분히 변화하는 만큼 LED 밝기가 변화하도록 회로를 구성하고 프로그래밍한다. 즉, PWM 출력 값이 0~255의 값을 출력하도록 한다.

4.5 아날로그 센서 입력과 4개 LED On-Off 제어

- 앞 실험은 LED 하나로 밝기를 표현하고 있다. 추가적으로 LED 4개를 디지털 핀에 연결하여 강도세기에 따라 각 LED가 켜지도록 회로를 구성하고 프로그래밍한다. 여기서 강도세기가 높아지면서 LED 켜지는 개수가 증가하도록 한다.

4.6 다른 아날로그 센서 사용

- 아날로그 센서 입력과 LED 밝기 출력/4개 LED On-Off 제어 실험에 사용한 센서와는 다른 센서를 사용하여 실험을 반복한다.

Chapter 06 배터리 사용

1. 실험 목표

- Arduino 보드에 전원이 USB를 통하여 전달되는 과정을 설명할 수 있다.
- Arduino 보드에 USB 또는 DC외부전원장치 대신 배터리를 이용하여 회로를 구성할 수 있다.

2. 관련 이론

2.1 USB 전원

Arduino 보드는 그림 6.1과 같이 USB 또는 파워 잭을 통하여 전원을 공급받는다. Arduino 보드에 연결되어 있는 USB 케이블을 제거하면 Arduino 보드는 바로 Off 된다. Arduino 보드와 컴퓨터 사이의 USB 케이블은 Upload 및 Serial 통신 모니터 출력을 하면서 전원 공급도 담당하고 있다. 일반적으로 USB 전원은 DC 5V에서 상하 0.25V정도 차이로 지원되며 공급되는 전류량에 따라 공급전력이 결정된다.

이동통신 기기의 경우 컴퓨터에 연결하여 데이터를 주고받는 것과 동시에 충전을 할 수 있으며 별도의 전원변환장치를 통하여 충전할 수도 있다. 이 경우 이동통신 기기 인터페이스는 동일하며 전원변환장치에도 USB 형태의 연결 잭을 구성하고 있다. USB를 통한 전원 공급은 Arduino 보드 외에도 일반적으로 많이 사용되고 있다.

❙그림 6.1❙ USB와 파워 잭

2.2 배터리 대체

Arduino 보드가 동작하기 위한 전압은 5V이며 허용입력전압은 6~20V이지만 권장입력전압은 7~12V이다. Arduino 보드도 USB 또는 외부 전원변환장치를 이용하는데 이들 대신 배터리를 사용한다면 최소한 1.5V 건전지 4개는 최소한 사용하여야 한다.

그러나 외부 센서 및 기기가 많이 연결되어 있는 경우 배터리에서 전원을 공급하여야 할 때 각 소자에 충분한 전류가 공급될 수 있도록 배터리를 추가하여야 한다.

3. 실험기기, 부품

- Arduino 모듈, Windows OS가 탑재된 PC, Arduino 모듈과 PC 연결 USB
- 배터리 1.5V * 4개, 배터리 팩

4. 실험 과정

4.1 USB 연결 핀 조사

- USB의 종류 및 버전별 특징, 표준화 등을 조사한다.
- Arduino 보드와 Arduion IDE 운영 PC 사이에 사용하는 USB의 핀 배치, 전원 공급, 데이터송수신 등 이를 사이의 물리적, 논리적 프로토콜을 조사한다.
- Serial 통신 모니터 출력을 하기 위하여 Serial 통신 설정을 하였는데 이 설정을 통하여 데이터를 주고받는 절차를 자세하게 조사한다.
- USB를 통하여 Arduino 보드에 전원을 공급하는 핀과 방법을 조사한다.
- USB를 통하여 전원공급 및 데이터 송수신이 이루어지는 다른 기기들의 응용사례를 조사한다. 예를 들어 본인이 사용하는 이동통신 기기를 일반 AC 전원의 DC 전원변환장치를 통하여 충전할 때 USB가 사용되고 컴퓨터에 연결할 때에도 USB가 사용되고 있는데 이 때 USB의 어느 핀을 각각 어떻게 사용하는지 조사한다.
- 컴퓨터에 연결한 USB에서 공급되는 전원을 디지털멀티미터로 측정하여 조사한 핀과 전압을 확인한다.

4.2 배터리 구성 및 연결

- Arduino 보드의 파워 잭을 통하여 공급되는 전압을 디지털멀티미터로 측정한다. 파워 잭에 DC 전원변환장치를 통하여 전원을 공급하면서 Arduino 보드의 뒷면에 전원 잭 연결 납땜 부위에서 전압을 측정하여 + 단자와 GND 단자의 위치를 찾는다.
- 배터리 팩에 1.5V 4개 건전지를 넣고 앞에서 찾은 + 단자와 GND 단자에 배터리 팩을 연결하고 Arduino 보드가 동작함을 확인한다.

Chapter 07 적외선 통신과 모터 제어

1. 실험 목표

- DC 모터 동작을 이해하고 Arduino 보드에 연결하여 활용할 수 있다.
- 적외선 통신에 대한 간단한 원리와 다른 통신과의 비교 설명할 수 있다.
- 적외선 센서를 Arduino 보드에 연결하고 외부 적외선 송신기에서 신호를 받아 Serial 통신 모니터에 출력할 수 있다.
- 적외선 센서를 통하여 입력되는 리모콘 값에 따라 DC 모터를 제어할 수 있다.

2. 관련 이론

2.1 DC 모터

우리 주변에 많이 사용되는 DC 모터는 정격 전압과 전류가 인가하여 모터가 회전하게 된다. 모터를 동작하여 수행할 수 있는 에너지를 정격 토크(Torque)라고 한다. 일반적으로 모터는 전원과 GND 외에 정회전과 역회전을 선택할 수 있는 제어 핀을 갖는다.

2.2 적외선 통신과 적외선 센서

가전제품의 리모콘은 대부분 적외선통신을 사용한다. 적외선통신은 적외선 주파수대역에서 저출력으로 전파의 특성상 반사 및 차단 등으로 수 m 내의 통신이 가능하다. 리모콘에 여러 버튼이 있으며 리모콘의 특정 버튼을 누르면 적외선 주파수를 통하여 몇 자리 비트를 serial 통신과 동일한 형태로 전송한다. 여러 비트는 상위비트부터 순차적으로 전송하여 리모콘 버튼마다 미리 할단된 특정코드 값을 전달한다.

리모콘이 적외선통신 송신기에 해당한다면 송신한 적외선 값을 수신할 수 있는 모듈이 필요하다. 적외선 센서는 적외선통신 수신기로써 디지털센서로 여러 비트를 마지막 비트를 판단할 때까지 직렬로 적외선 코드 값을 수신한다.

3. 실험기기, 부품 및 Language Reference

- Arduino 모듈, Windows OS가 탑재된 PC, Arduino 모듈과 PC 연결 USB
- 전원공급장치, 저항
- 적외선 수신센서, DC 모터, 적외선 리모콘[9]

---

9) 주변에서 사용하지 않지만 동작하는 리모콘이나 평소 사용하는 리모콘 등

4. 실험 과정

4.1 DC 모터

- DC 모터의 기본원리를 조사하고 서보모터와의 차이점을 조사한다.
- DC 모터를 동작하기 위한 전압과 전류 등, 입력 핀을 확인하고 이 모터를 동작시키기 위한 회로를 구성한다. 전원공급장치와 저항 등을 이용하여 모터가 설계한 회로와 같이 구성할 때 동작함을 확인한다.
- Arduino 보드의 디지털 핀에 모터 제어 핀을 연결하고 1초 간격으로 정회전과 역회전이 반복하는 프로그래밍을 하고 DC 모터가 원하는 형태로 동작 여부를 확인한다.

4.2 적외선통신

- 주변에서 사용하고 있는 적외선 리모콘이 동작원리를 조사한다. 적외선통신의 기본원리를 파악하고 리모콘의 특정 버튼을 선택할 때 해당 버튼 값이 적외선 수신기에 통신하는 코드 값 형태를 조사한다.
- 적외선 수신센서의 특성을 확인하고 적외선 통신원리에 따라 수신센서를 활용할 수 있는 회로를 설계한다.
- Arduino 보드에 적외선 센서를 연결하고 리모콘의 특정 버튼에 따라 입력되는 값을 serial 통신 모니터에 출력하여 해당 버튼에 따른 수신 값이 사전에 확인한 코드 값과 동일함을 확인한다.
- 다른 제조사의 리모콘을 활용하여 버튼에 표시된 값이 같아도 서로 다른 코드 값으로 적외선통신이 수행되는지 여부를 확인한다.

4.3 적외선통신에 의한 모터 제어

- 적외선 송신기에서 특정 신호를 보내면 DC 모터가 정지, 정회전, 역회전을 수행하는 프로그래밍을 하고 특정 신호에 따라 DC 모터의 동작 여부를 확인한다.

Term Project 주제

PART 05

1. *L* 또는 *C*를 만들고 이 개념을 응용한 회로 제작

1.1 필요 학습 범위

- 인덕터 및 커패시터 관련 이론
- 본 교재 아날로그 8장 및 9장

1.2 주제 범위

- 목표로 하는 인덕턴스 및 커패시턴스 값을 사전에 정하고 이 값을 얻을 수 있도록 계산식에 맞추어 해당 소재와 부품을 구하고 인덕터 또는 커패시터를 제작한다.
- 제작 후 RLC Meter로 인덕턴스 및 커패시턴스를 측정하여 오차율이 5% 이내이어야 한다.
- 제작한 인덕터 또는 커패시턴스를 이용하여 이를 응용한 회로를 제작한다. 이 회를 제작할 때 상용 인덕터 또는 커패시턴스를 이용할 수 있으며 자신이 제작한 인덕터 또는 커패시턴스를 이용하는 것을 권고한다.
- 응용 회로를 제작에 앞서 기능 사양을 먼저 정의하고 시연절차와 평가지표를 정한다.

1.3 제한 조건

- 상용화된 키트 및 회로는 사용할 수 없으며 현재까지 배운 내용을 기초로 회로를 설계하여야 한다.
- 제작 비용은 O 원 이내이다.

1.4 중간 점검 및 최종 평가

- 중간점검 때 사전에 설정한 목표 및 평가 지표를 1회에 한하여 변경할 수 있다.
- 최종평가는 학생들의 다면평가, 난이도, 완성도 등을 포함한다.

2. 일반 배터리로 스마트기기 충전기 제작

1.1 필요 학습 범위

- 아날로그 및 디지털 기초지식
- 본 교재 아날로그 7장

1.2 주제 범위

- 스마트기기의 충전은 DC전원장치 또는 컴퓨터의 USB로부터 이루어진다.
- USB의 전원공급 핀의 위치와 컴퓨터에서 제공하는 전압과 전류를 파악한다.
- USB 연결 커넥터를 제작하고 전원공급기에서 스마트기기를 충전할 수 있는 전압과 전류를 설정하여 스마트기기를 충전한다.
- 전원공급기에서 제공되는 전압과 전류를 배터리로 대체하고 USB 커넥터를 통하여 스마트기기를 충전한다.

1.3 제한 조건

- 220V에서 DC 전압 변환하는 기능을 배우지 않아 220V를 바로 연결하는 장치는 개발하지 않는다. 그러나 이러한 기능을 사전에 학습하여 제작할 수 있지만 이 경우에는 반드시 사전에 교수의 승인을 받고 실험실 내에서만 수행하여야 한다.
- 설계한 회로는 Bread Board에서 일차적으로 동작을 확인하고 만능기판에서 최종적으로 구현한다.
- 이 때, 짧은 점퍼선과 짧은 소자 다리를 사용하여 만능기판 회로 구성을 파악할 수 있도록 깨끗하게 구성한다.
- 일차적으로 전원공급기를 사용하며 최종적으로 1.5V 배터리를 최적으로 사용한다.

1.4 중간 점검 및 최종 평가

- 중간점검 때 사전에 설정한 목표 및 평가 지표를 1회에 한하여 변경할 수 있다.
- 최종평가는 학생들의 다면평가, 난이도, 완성도 등을 포함한다.

3. 2자리 십진수 계산기 제작

1.1 필요 학습 범위

- 가산기 및 7-Segment, 디코더 등 관련 이론
- 본 교재 디지털 6장

1.2 주제 범위

- 8.8. + 8.8. = 8.8.8.. 십진수 계산기를 설계한다.
- DIP 스위치를 사용하여 입력 2자리수의 8.8. 에 00~99까지 입력할 수 있어야 한다.
- 더하기 버튼을 선택하면 두 수의 합이 8.8.8.. 형태로 000~199까지 출력한다.
- 내부 계산을 할 때 이진수 가산기를 활용한다.

1.3 제한 조건

- 내부 계산이 이진수 가산기를 활용하고 있음을 확인할 수 있어야 한다. 즉, 중간 계산 과정을 점검할 수 있는 회로가 추가되어야 한다.
- 설계한 회로는 Bread Board에서 일차적으로 동작을 확인하고 만능기판에서 최종적으로 구현한다.
- 이 때, 짧은 점퍼선과 짧은 소자 다리를 사용하여 만능기판 회로 구성을 파악할 수 있도록 깨끗하게 구성한다.
- 일차적으로 전원공급기를 사용하며 최종적으로 1.5V 배터리를 최적으로 사용한다.

1.4 중간 점검 및 최종 평가

- 중간점검 때 사전에 설정한 목표 및 평가 지표를 1회에 한하여 변경할 수 있다.
- 최종평가는 학생들의 다면평가, 난이도, 완성도 등을 포함한다.

4. 알람기능을 갖춘 디지털시계 제작

1.1 필요 학습 범위

- 클락 생성 및 카운터 등에 관한 이론
- 본 교재 디지털 10장

1.2 주제 범위

- 알람기능이 있는 디지털시계를 제작한다. 사전에 제작 목표로 하는 디지털시계 기능과 알람 시간에 동작하는 기능을 정의한다.
- 현재 시각 및 알람 시간 설정하는 기능을 갖추어야 한다.

1.3 제한 조건

- 설계한 회로는 Bread Board에서 일차적으로 동작을 확인하고 만능기판에서 최종적으로 구현한다.
- 이 때, 짧은 점퍼선과 짧은 소자 다리를 사용하여 만능기판 회로 구성을 파악할 수 있도록 깨끗하게 구성한다.
- 대부분 부품은 실험실에서 구하고 추가 기능을 위하여 제작 비용은 OO원으로 제한된다.
- 일차적으로 전원공급기를 사용하며 최종적으로 1.5V 배터리를 최적으로 사용한다.

1.4 중간 점검 및 최종 평가

- 중간점검 때 사전에 설정한 목표 및 평가 지표를 1회에 한하여 변경할 수 있다.
- 최종평가는 학생들의 다면평가, 난이도, 완성도 등을 포함한다. 최종평가 전 24시간 전에 제작한 디지털시계를 설치하여 Aging 평가를 수행한다.

5. 메모리 셀 제작

1.1 필요 학습 범위

- 클락 생성 및 JK/D Flip-Flop 등에 관한 이론
- 본 교재 디지털 11장

1.2 주제 범위

- 8개의 주소를 사용하는 4-Bit 이진수 메모리 셀을 제작한다.
- 0에서 7까지 주소를 7-Segment Display에 표시할 수 있다. 각 주소에는 1-Bit 16진수(4-Bit) 값이 저장되는 메모리로 구성되고 주소를 지정하면 해당 주소에 저장된 값을 7-Segment Display에 표시한다.
- 동작 전에 모든 메모리 셀 값을 초기화할 수 있어야 하고 특정 주소를 지정하고 임의의 4-Bit 값을 저장할 수 있어야 한다.

1.3 제한 조건

- 설계한 회로는 Bread Board에서 일차적으로 동작을 확인하고 만능기판에서 최종적으로 구현한다.
- 이 때, 짧은 점퍼선과 짧은 소자 다리를 사용하여 만능기판 회로 구성을 파악할 수 있도록 깨끗하게 구성한다.
- 대부분 부품은 실험실에서 구하고 추가 기능을 위하여 제작 비용은 OO원으로 제한된다.
- 일차적으로 전원공급기를 사용하며 최종적으로 1.5V 배터리를 최적으로 사용한다.

1.4 중간 점검 및 최종 평가

- 중간점검 때 사전에 설정한 목표 및 평가 지표를 1회에 한하여 변경할 수 있다.
- 최종평가는 학생들의 다면평가, 난이도, 완성도 등을 포함한다.

부 록

PART 06

Appendix 01 Analog 실험 예비보고서 작성 예

옴의 법칙과 저항의 직렬 및 병렬연결

1. 실험 목표

- 전기회로의 저항과 전압 그리고 전류 값의 상호관계를 이해한다.
- Ohm의 법칙을 이해하여 저항(R)과 전류(I)전압(V)의 관계를 이해하고 이를 바탕으로 한 회로해석을 숙지한다.
- 저항들이 직렬 혹은 병렬로 연결될 때의 합성 저항 값을 이해한다.

2. 관련 이론

2.1 옴의 법칙이란?

- 옴의 법칙이란 어떠한 전기회로에서나 적용되는 기본적인 법칙으로써, 독일의 옴(Ohm)이 전압과 전류와 저항의 관계를 정리하여 만든 법칙으로 다음과 같다.
- 전기 흐름의 방해하는 작용을 전기 저항이라 하며, 저항이 클수록 전류는 적게 흐른다. 즉 회로에 흐르는 전류의 크기는 전압에 비례하고 저항에 반비례한다.

$$V(\text{전압}) = I(\text{전류})R(\text{저항})$$

2.2 저항의 연결

저항의 접속은 합성저항이 증가하는 직렬접속과 합성저항이 감소하는 병렬접속이 있다.

2.3 저항의 직렬 연결

저항의 직렬 접속은 저항의 합이 증가하는 것으로 합성저항은 저항 값의 전체를 더한 것과 같으며 각 저항의 값 보다 커진다. 각각 저항에서의 전압은 저항 값에 비례하여 분배된다.

$$R = R1 + R2$$

2.4 저항의 병렬 연결

- 저항의 병렬 접속에서의 합성저항은 각 저항의 역수의 합을 역수의 값으로 바꾼 것과 같다.

- 저항이 병렬로 접속된 회로에서는 각 저항마다 동일한 전압이 가해지고 저항에 흐르는 전류는 저항에 반비례하여 흐른다.

$$R = R1\,R2\ /\ R1 + R2$$

2.5 가변저항

가변 저항이란 저항 값을 가변 할 수 있는 소자를 말한다. Variable Resistor, Photentio Meter 등으로 불린다.

3. 실험 절차

3.1 옴의 법칙확인

- 전압을 파워서플라이를 이용하여 5V로 일정하게 주고, 브레드보드에 저항을 R1, R2+R3, R4+R5순서로 직렬로 추가하여 저항 값을 증가시키면서 전류의 변화를 측정해 옴의 법칙을 확인한다. 전류의 변화를 측정 할 때에는 디지털 멀티미터를 이용하여 측정한다.
- 저항 값을 R1+R2+R3의 합성된 상태로 일정하게 두고, 파워서플라이를 사용하여 전압을 2V, 4V, 6V로 가변 하면서 전류의 변화를 디지털 멀티미터로 측정한다.

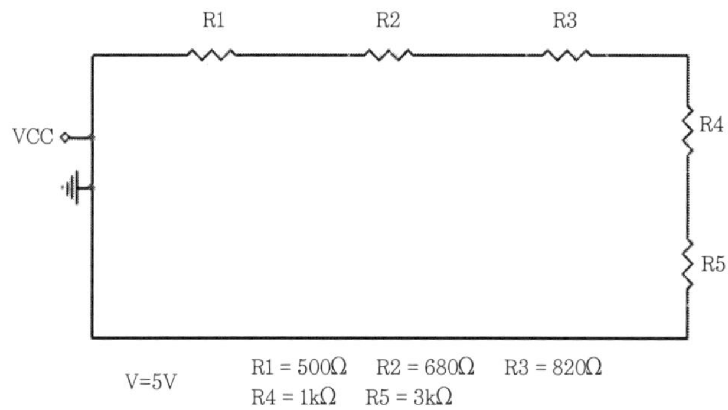

▎그림 1▎ 직렬 구성회로

▎표 1▎ 전압을 고정하고 저항을 가변

저항	전류값	
	계산값	측정값
0.5kΩ	10mA	mA
2kΩ	2.5mA	mA
6kΩ	0.83mA	mA

▌표 2▌ 저항을 고정하고 전압을 가변

저항	전류값	
	계산값	측정값
2V	0.333mA	mA
4V	0.667mA	mA
5V	1mA	mA

3.2 직렬 저항과 병렬 저항의 합성저항

1) 직렬 합성저항

3.1에서 만든 회로를 사용하여, 브레드보드에 R1, R2, R3, R4, R5 를 직렬로 구성하여 합성 WJ 항을 구한 후에 디지털 멀티미터를 이용하여 측정한 합성저항의 저항 값과 비교해 본다.

2) 병렬 합성저항

브레드 보드에 R1, R2, R3, R4를 병렬로 구성하여 합성저항을 구한 후에 디지털 멀티미터를 이용하여 측정한 합성저항의 저항 값과 비교해 본다.

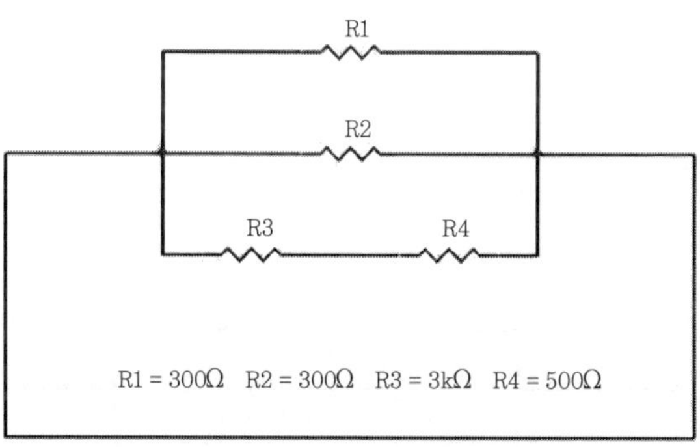

▌그림 2▌ 병렬 구성회로

▌표 3▌ 직렬저항 회로

	계산값	측정값
합성저항	6kΩ	

▌표 4▌ 직렬저항 회로

	계산값	측정값
합성저항	400Ω	

3.3 직렬 병렬 혼합회로의 합성저항

직렬 병렬 혼합 회로의 합성저항을 구하기 위해서 브레드보드에 R1, R2, R3, R4 4개의 저항을 병렬로 구성하여 합성저항을 구하고 디지털 멀티미터를 이용하여 측정한 합성저항 값과 비교해 본다.

▌표 4▐ 직렬/병렬 혼합회로

	계산값	측정값
합성저항	1kΩ	Ω

3.4 직렬 병렬 혼합회로에서의 옴의법칙

파워서플라이를 사용하여 전압을 5V로 일정하게 주고, 브레드보드에 R1, R2, R3, R4를 병렬로 구성한 회로에서 오실로스코프를 이용하여 전류를 측정 후에 R5와 R6를 각각 하나씩 직렬로 추가 하면서 총 3번의 전류를 측정해 옴의 법칙을 확인한다.

▌표 5▐ 직렬/병렬 혼합회로에서의 옴의 법칙 확인

저항	전류값	
	계산값	측정값
1kΩ	5mA	mA
4kΩ	1.25mA	mA
5kΩ	1mA	mA

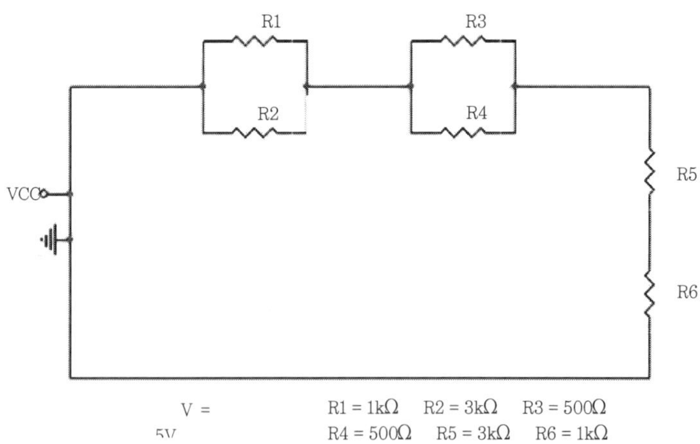

▌그림 3▐ 직렬 병렬 혼합 구성회로

Appendix 02 Analog 실험 예비보고서 작성 예

논리작용의 기초 및 응용

1. 실험 목표

실험을 통해 AND, OR, INVERTER(NOT), NAND 및 NOR게이트의 논리 작용 및 특성을 이해한다.

2. 관련 이론

2.1 AND Gate

AND, 또는 논리곱이라고 한다. 두 개의 입력 값이 모두 1일 때만 출력 값이 1이 된다. 즉 1*1=1, 1*0=0 의 결과값이 나오게 된다.

논리식 = A*B

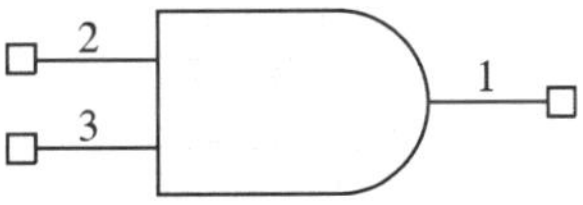

2.2 OR Gate

OR , 또는 논리합이라고 한다. 두 개의 입력 값 중 하나 이상이 1이면 출력값이 1이 된다. 일반적인 더하기는 1+1=2 라는 답을 얻을 수 있지만 논리식에서의 더하기는 1+1=1 이라는 결과 값이 나오게 된다.

논리식 = A+B

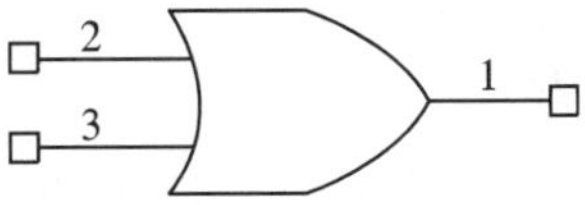

2.3 NOT Gate

NOT Gate 즉 부정게이트이다. 게이트를 통과한 값은 반전이 되게 되어있다. 컴퓨터는 참을 0이 아닌 모든수. 거짓을 0이라고 인식한다. 이때 이 게이트를 통과하게 되면 값이 1은 0으로 0은 1로 반전되어 나오게 된다.

논리식 = $\overline{A}$

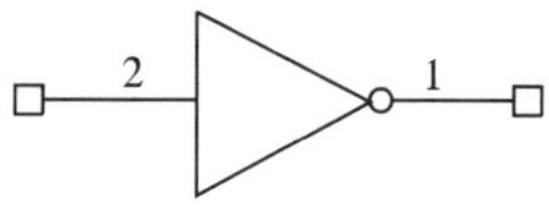

2.4 NAND Gate

NOT + AND, 또는 논리곱의 부정게이트 두 수중 하나 이상 0이 입력될 때만 1이 출력된다.AND결과 값의 부정.

논리식 = $\overline{A*B}$

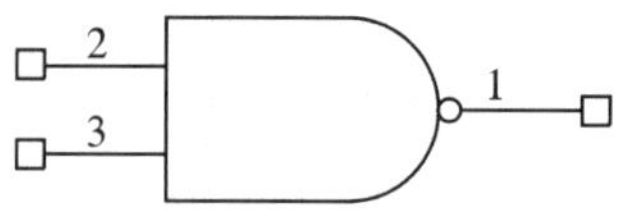

2.5 NOR Gate

NOT + OR, 또는 논리합의 부정게이트.
두 수 모두 0이 입력될 때만 1이 출력된다. OR결과 값의 부정.

논리식 = $\overline{A+B}$

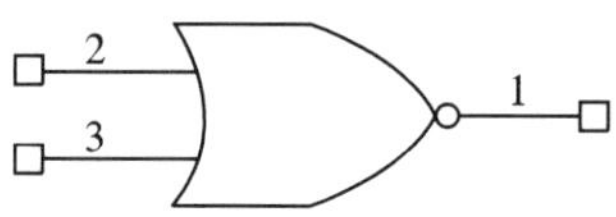

2.6 XOR Gate

eXclusive OR, 또는 배타적 논리합이라고 한다.
둘 중 하나의 값이 1 일 때만(서로 다를 때) 출력 값이 1이 된다.

논리식 = $A \oplus B = A\overline{B} + \overline{A}B$

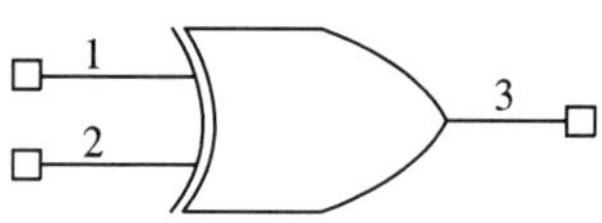

2.7 XNOR Gate

eXclusive NOR, 또는 배타적 부정 논리합이라고 한다.
두 수 모두 0 또는 1일 때(같을 때)만 출력값이 1이 된다.

논리식 = $A \odot B = \overline{A \oplus B} = AB + \overline{AB}$

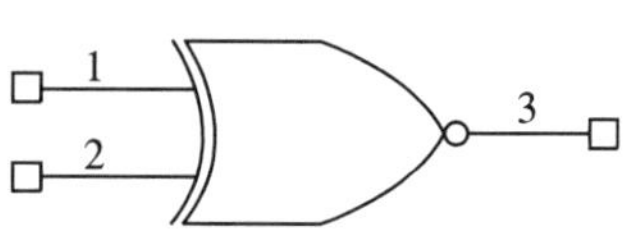

2.8 범용게이트

NAND 게이트나 NOR 게이트는 범용게이트라고 불린다. 그 이유는 NAND 게이트의 조합만으로도 AND, OR, NOT 게이트를 구현할 수 있기 때문이며 NOR 게이트의 경우에도 마찬가지이다. 이는 실제 시스템 구현이나 칩 설계에서 매우 중요한 요소이다.

3. 실험 과정

3.1 NAND Gate 실험

브레드보드에 7400 TTL을 사용해서 NAND 게이트 회로를 구성하고, A와 B의 입력값을 변경하면서 그때의 결과값을 디지털 멀티미터로 확인하여 이론값과 비교해 본다.

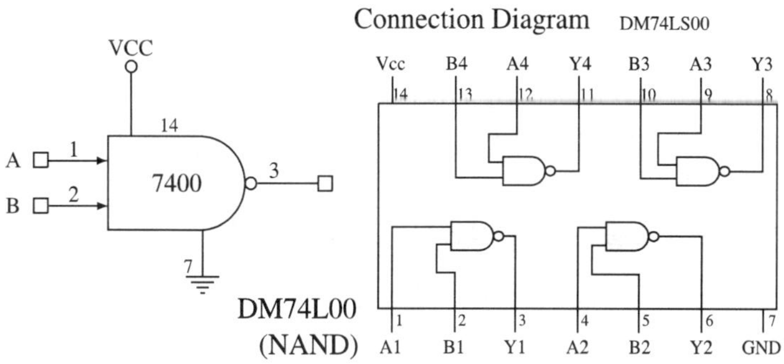

A	B	X	
		계산값	측정값
0	0	+5	
0	+5	+5	
+5	0	+5	
+5	+5	0	

3.2 NOR Gate 실험

브레드보드에 7402 TTL을 사용해서 NOR회로를 구성하고, A와 B의 입력값을 변경 하면서 그때의 결과 값을 디지털 멀티미터로 확인하여 이론 값과 비교해 본다.

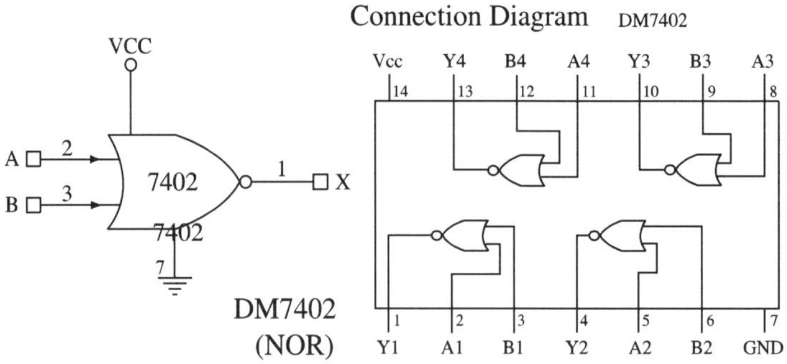

A	B	X	
		계산값	측정값
0	0	+5	
0	+5	0	
+5	0	0	
+5	+5	0	

3.3 NAND Gate를 이용한 NOT Gate 구현

- 브레드보드에 7400 TTL을 배치하고 입력 단자인 1, 2번 핀을 하나로 묶은 A를 VCC또는 GND에 물린다.
- 디지털 멀티미터를 이용해서 X에 출력되는 값을 이론값과 비교해 본다.

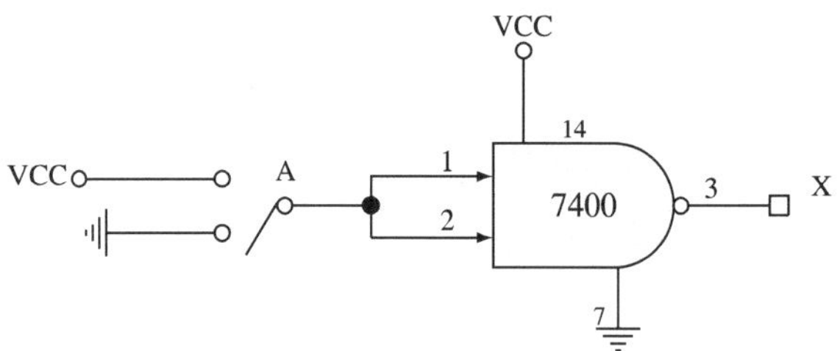

A	X	
	계산값	측정값
0	+5	
+5	0	

3.4 NOR Gate를 이용한 NOT Gate 구현

- 브레드보드에 7402 TTL을 배치하고 입력 단자인 2, 3번 핀을 하나로 묶은 A를 VCC또는 GND에 물린다.

• 디지털 멀티미터를 이용해서 X에 출력되는 값을 이론값과 비교해 본다.

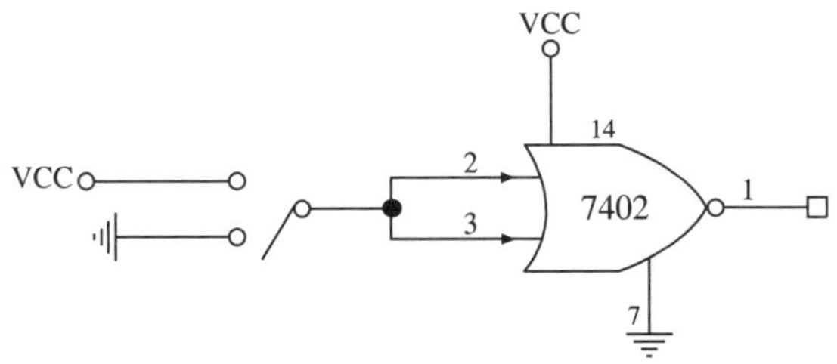

A	X	
	계산값	측정값
0	+5	
+5	0	

3.5 NAND Gate와 NOR Gate를 이용한 AND Gate 구현

브레드보드에 7400 TTL의 출력 단자를 7402의 입력부에 연결하고 7400의 입력단자를 VCC 또는 GND에 물린다. 디지털 멀티미터를 이용하여 X에 출력되는 값을 이론값과 비교해 본다.

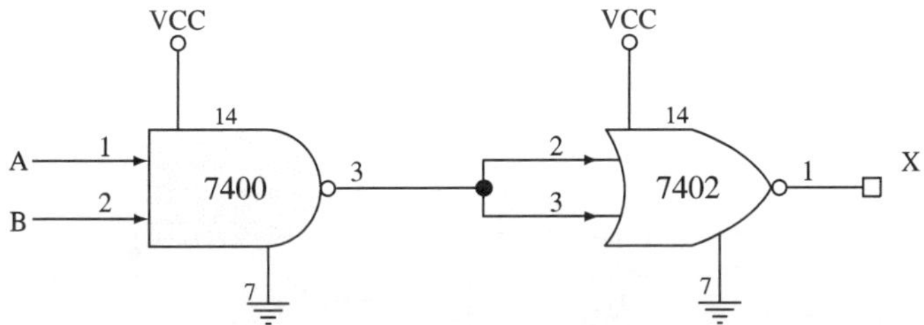

A	B	X	
		계산값	측정값
0	0	0	
0	+5	0	
+5	0	0	
+5	+5	+5	

3.6 NAND Gate와 NOR Gate를 이용한 OR Gate 구현

브레드보드에 7402 TTL의 출력 단자를 7400의 입력부에 연결하고 7402의 입력단자를 VCC 또는 GND에 물린다. 디지털 멀티미터를 이용하여 X에 출력되는 값을 이론값과 비교해 본다.

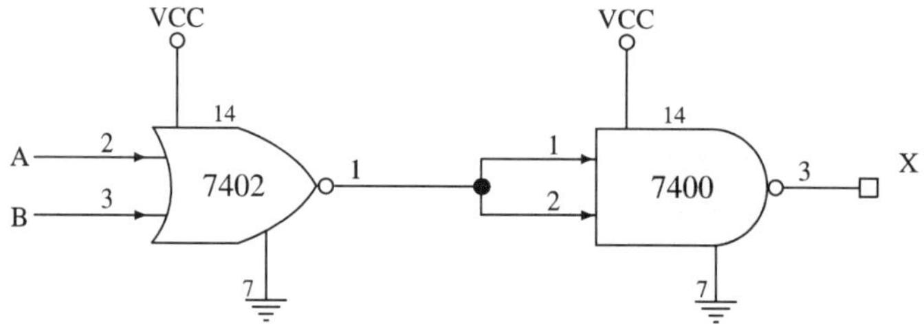

A	B	X	
		계산값	측정값
0	0	0	
0	+5	+5	
+5	0	+5	
+5	+5	+5	

3.7 논리게이트 응용실험 1

- 브레드보드에 아래의 그림과 같은 회로도를 구성한다.
- 입력값 A, B, C, D의 변화에 따른 X, Y, Z 값의 변화를 디지털 멀티미터로 전압을 측정하여 확인한다.

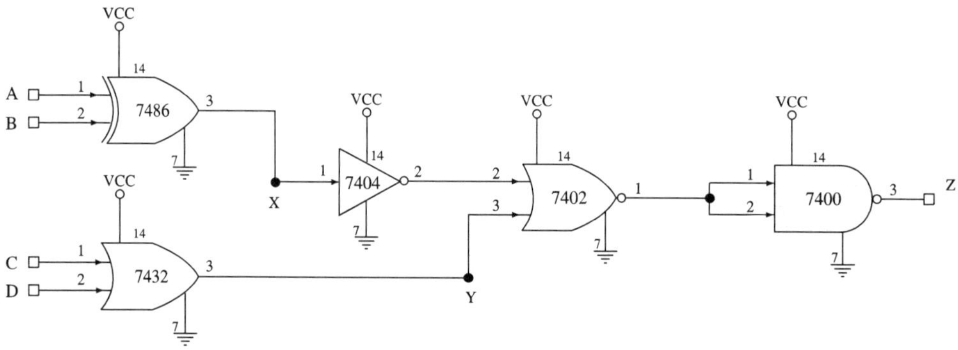

A	B	C	D	X		Y		Z	
				계산값	측정값	계산값	측정값	계산값	측정값
0	0	0	0	0		0		+5	
0	0	0	+5	0		+5		+5	
0	0	+5	0	0		+5		+5	
0	0	+5	+5	0		+5		+5	
0	+5	0	0	+5		0		0	
0	+5	0	+5	+5		+5		+5	
0	+5	+5	0	+5		+5		+5	

0	+5	+5	+5	+5		+5		+5	
+5	0	0	0	+5		0		0	
+5	0	0	+5	+5		+5		+5	
+5	0	+5	0	+5		+5		+5	
+5	0	+5	+5	+5		+5		+5	
+5	+5	0	0	0		0		+5	
+5	+5	0	+5	0		+5		+5	
+5	+5	+5	0	0		+5		+5	
+5	+5	+5	+5	0		+5		+5	

3.8 논리게이트 응용실험 2-1

- XOR게이트의 전압에 따른 출력 결과를 디지털 멀티미터를 이용하여 확인한다.
- 1번 핀에 VCC를 연결하고 2번핀에 GND를 연결한 뒤, 14번 핀과 연결된 VCC를 0V부터 10V까지 1V간격으로 증가시킨다. 이에 따른 논리게이트의 출력값을 확인해본다.

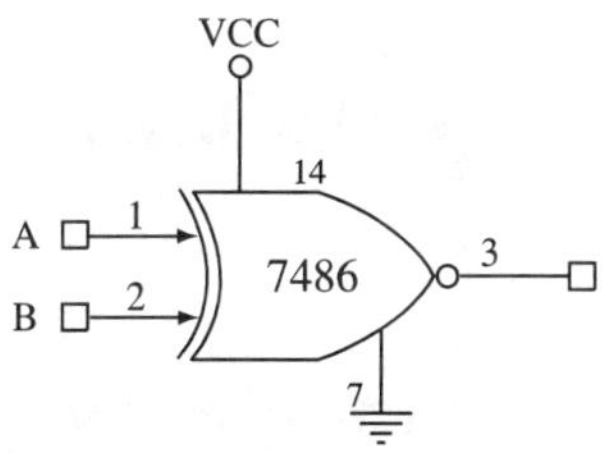

DM7486
(XOR)

Connection Diagram

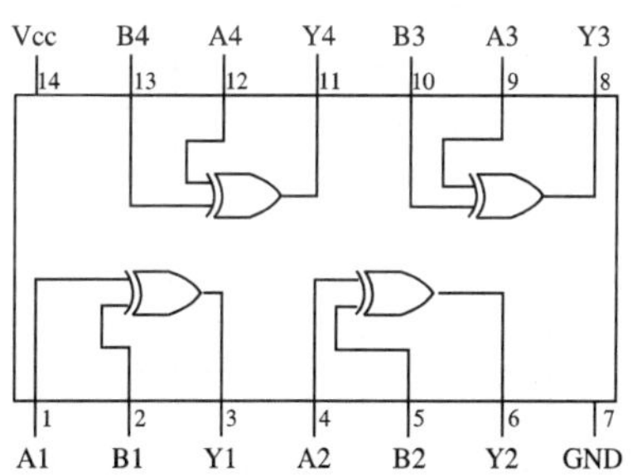

전압(V)	X	
	계산값	측정값
+0	0	
+1	0	
+2	0	
+3	0	
+4	0	
+5	+5	
+6	0	
+7	0	
+8	0	
+9	0	
+10	0	

3.9 논리게이트 응용실험 2-2

- 5-2의 회로에서 전압에 따른 출력 결과를 디지털멀티미터를 이용하여 확인한다.
- A = HIGH, B = LOW, C = LOW, D = HIGH 로 연결한 후, VCC를 0V부터 10V까지 1V간격으로 증가시킨다. 이에 따른 출력값 Z를 확인해본다.

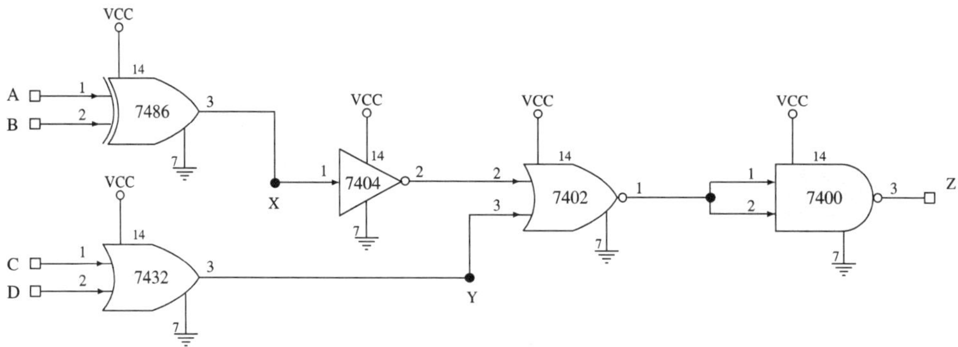

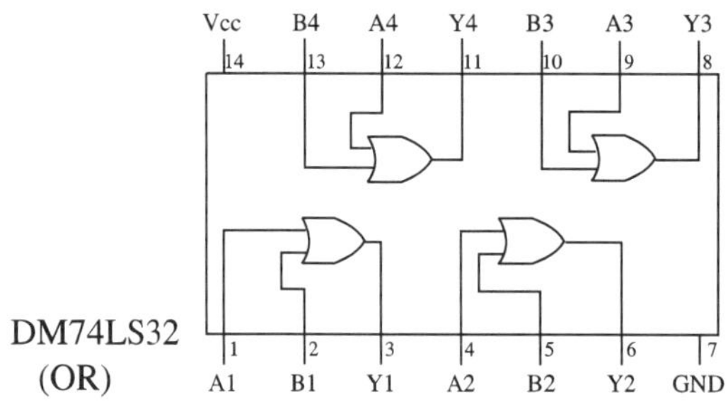

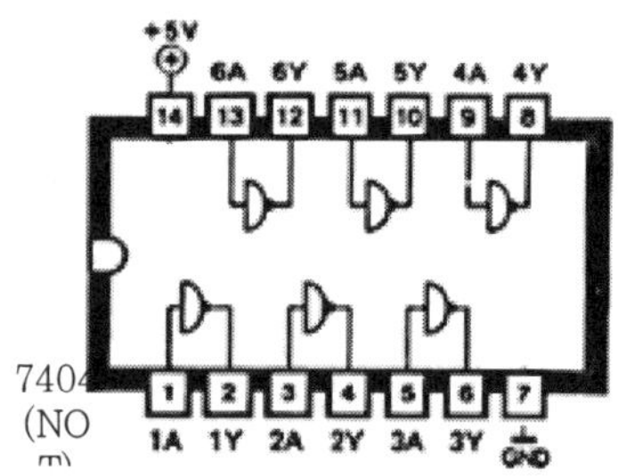

전압(V)	Z	
	계산값	측정값
+0	0	
+1	0	
+2	0	
+3	0	
+4	0	
+5	+5	
+6	0	
+7	0	
+8	0	
+9	0	
+10	0	

Appendix 03 Term Project 1 : L 또는 C를 만들고 이 개념을 응용한 회로 제작

3.1 개요

L과 C를 학습한 이후 이 중 L 또는 C를 실제 만들어 본다. 그리고 L과 C 개념을 이해하고 이를 활용한 응용회로를 만들어 본다.

- 대상 : L과 C의 기본특성을 배운 학생(아날로그 실험 8장과 9장 이수)
- 기간 : 중간고사 이전 2주전부터 기말고사 이전 일주일 전까지 대략 8주
- 구성 : 2~4인

3.2 주차별 범위

- 1주차 : 과제제안서 제출
  1. 제작하는 L 또는 C의 사양을 정한다.
  2. L 또는 C를 활용한 응용을 정하고 해당 회로의 동작 범위를 정한다.
- 3주차 : 중간보고서 제출
  1. L 또는 C 제작에 필요한 이론과 필요 부품 재료 구매 현황 등을 제시한다.
  2. L 또는 C 활용한 응용회로를 제시하고 관련 이론과 부품 등을 제시한다.
- 5주차 : 시연 I 과 중간보고서 II 제출
  1. 제작한 L 또는 C에 대한 예비 시연한다.
  2. 제안한 L 또는 C의 사양을 수정할 수 있으며 1주차에 한 사항을 재작성할 수 있다.
  3. L 또는 C 활용한 응용회로에 대한 예비 시연한다.
  4. L 또는 C를 활용한 응용 범위를 수정할 수 있으며 1주차에 한 사항을 재작성할 수 있다.
  5. 앞의 2, 4 사항에 따라 중간보고서 I의 사항을 수정하여 재작성할 수 있다.
- 7주차 : 시연 II 과 중간보고서 III 제출
  1. L 또는 C에 대한 시연하며 부족한 사항을 자체점검하고 보완하도록 한다.
  2. L 또는 C 활용한 응용회로를 시연하고 부족한 사항을 자체점검하고 보완하도록 한다.
- 8주차 : 최종시연과 최종보고서 제출

3.3 기본 요구사항

- 수동소자인 L과 C 외에 저항만을 사용하여야 한다.
- 제작 사양은 전기적 특성으로 기술되어야 하며 객관적으로 정량화하여야 한다.
- 다른 회로를 참조할 때에는 참고문헌을 넣고 회로 해석을 할 수 있어야 한다. 이 외에 다른 항목들을 참조하여 Term Project를 할 때에는 반드시 참고문헌을 인용하고 관련

내용을 이해하고 있어야 한다.

3.4 학생들이 운영한 주제들

본 소절은 학생들이 운영한 Term Project 주제들 중 대표적인 것을 나열한 것이다.

- 주제 1 : Inductor를 이용한 무선 이어폰/스피커
  - 일상에서 자주 사용하는 스피커를 제작한 Inductor를 이용하여 구현한다. 또한 Inductor 2개를 마주보게 함으로써 생긴 유도전류를 이용하여 무선으로 소리를 전달할 수 있는 무선 이어폰을 제작한다.
- 주제 2 : 다시 한 번 대한민국!
  - 형광 조끼의 등판 안쪽에 회로 기판을 장착한 뒤, 조끼 위로 붉은색 LED와 녹색 LED를 이용하여 이번 프로젝트의 핵심 문구인 'Go! 16강'을 LED끼리 서로 병렬 연결하여 문자로 표현한다. 이후 양 손에 LED에 전압을 가해 줄 인덕터를 연결하고 그 인덕터에서의 유도전압으로 등판의 LED를 점등시킨다.
- 주제 3 : 캐패시터(10nF) 제작 및 제작한 캐패시터를 이용한 전광판 제작
  - 알루미늄판과 절연체 종이를 이용하여 캐패시터를 제작한 후 제작한 캐패시터를 이용하여 전광판을 만들어봄으로써 캐패시터의 원리를 이해한다.

3.5 완성된 주제 예

다음은 3.4절의 여러 주제 중 주제 1을 구체적으로 기술한 것으로 다른 주제들도 같은 맥락으로 작성되어 있다.

1) 과제 선정 및 목표

① 과제 선정

일상에서 자주 사용하는 스피커를 만들어 보면 재미있을 것 같아 Inductor를 이용하여 스피커를 제작하기로 선택하게 되었다. 그리고 스피커 하나만 하는 것 보단 Inductor 2개를 마주보게 하여 생긴 유도 전류를 이용하여 무선으로 소리를 전달할 수 있는 무선 스피커를 만들기로 선택하였다.

② 초기 목표

- 150uH 용량의 Inductor를 제작한다.
- Inductor를 이용하여 스피커를 제작한다.
- 상호 인덕턴스 원리를 이용한 무선 스피커를 제작한다.

③ 수정된 목표

- 230uH 용량의 Inductor를 제작한다.
  - 이유 : 상호 인덕턴스를 이용하여 무선스피커를 제작하려면 Inductor의 인덕턴스 값이

높을수록 소리가 커지기 때문에 원래 목표치였던 150uH 보다 더 큰 230uH를 사용하기로 결정함

- Inductor를 이용하여 스피커를 제작한다.
- 상호 인덕턴스 원리를 이용한 무선 이어폰을 제작한다.
  - 이유 : 무선 스피커를 제작하기 위해서는 증폭기 없이 성공하기가 쉽지 않을 것으로 판단되어 무선 이어폰으로 교체함

2) 관련 이론 및 제반 사항

① 자체인덕턴스

코일이나 솔레노이드를 흐르는 전류가 변화하면 각각의 감긴 코일을 지나는 자속이 변하며 패러데이 법칙에 의하여 한번 감긴 코일에 유도되는 기전력은 다음과 같다.

$$\frac{emf}{N} = -\frac{d\phi}{dt}$$

여기서 N은 전체 감긴 횟수이고 각각의 코일이 공통의 자기장을 공유하는 것이 전제되어 있다. 이 식을 $emf = -\frac{d[N\phi]}{dt}$ 형태로 고쳐 쓰면 $N\phi$는 코일에 흐르는 전류에 비례하고 그 비례상수는 코일이 감긴 형태에 의존할 것이다. 이 비례상수를 $N\phi = LI$이라 하면 비례상수 L을 인덕턴스라고 한다. 따라서 기전력을 인덕턴스와 전류로 나타내면 $emf = -L\frac{dI}{dt}$가 된다.

② 상호인덕턴스

두 코일이 가까이 있고 한 코일에 흐르는 전류가 변하면 다른 코일에 걸리는 자기력선이 변하게 되어 이 코일에 기전력이 발생하게 된다. 이러한 과정을 상호인덕턴스라고 하고 이때 코일 2에서 만들어지는 기전력은 코일 1에서의 전류의 변화율에 비례하게 된다. 이때 비례계수 M을 역시 상호인덕턴스라고 부른다.

$$V_2 = -M_{21}\frac{dI_1}{dt}$$

여기서 M_{21}은 코일 1이 코일 2에 미치는 영향의 정도를 나타내고 이 값은 두 코일의 형태와 기하학적인 배치에 의존하게 된다. 한편 코일 2가 코일 1에 미치는 관계식도 다음과 같이 쓸 수 있다.

$$V_1 = -M_{12}\frac{dI_2}{dt}$$

코일 1의 상호인덕턴스 값과 코일 2의 상호인덕턴스 값은 항상 같다.

$$M_{12} = M_{21}$$

코일 1과 코일 2가 서로 상호인덕턴스를 만드는 것을 보여준다. 왼쪽 그림은 코일 1에 변하는 전류가 걸릴 때 코일 2의 자속밀도가 변하게 되어 기전력이 발생되는 것을 보여주고 있고 오른쪽 그림은 반대로 코일 2의 전류가 변할 때 코일 1에 기전력이 발생되는 것을 보여준다.

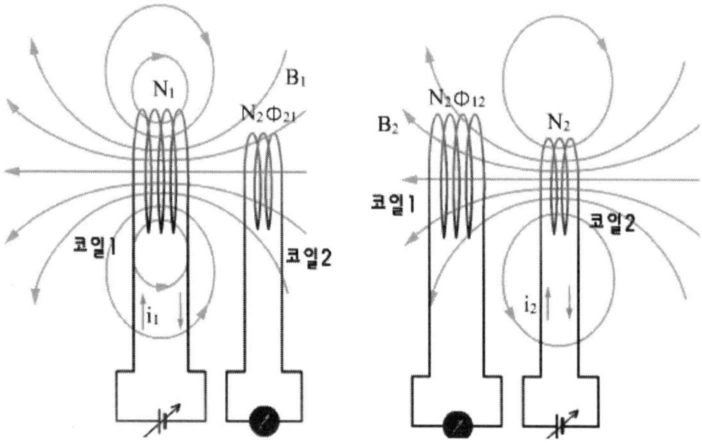

▌그림 1▌ 상호인덕턴스 생성 원리

③ 스피커의 원리

스피커 동작의 기본 원리는 플레밍의 왼손 법칙을 따른다. 아래 그림과 같이 자계가 형성되어 있는 가운데 전류가 가변하여 흐르게 되면 스피커의 진동판은 앞뒤로 운동을 하게 되며 진동판의 운동에 따라 공기의 밀도가 변하게 되어 이것을 귀에서 감지하여 소리로 듣게 되는 것이다.

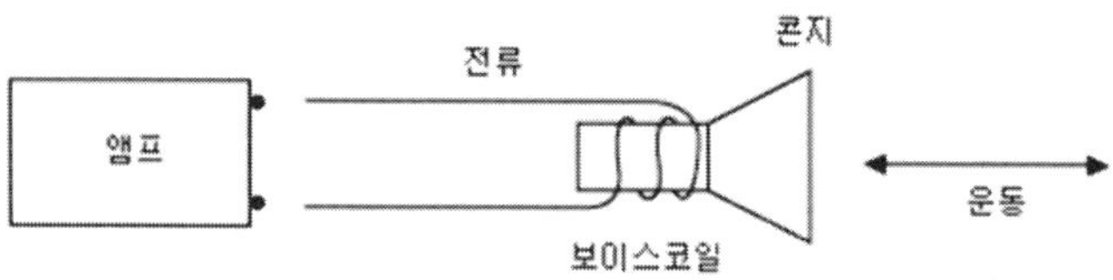

▌그림 2▌ 스피커의 원리

3) 설계 및 구현 사항

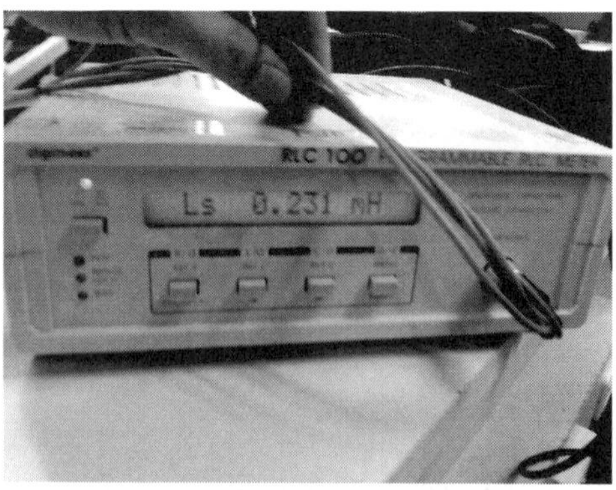

▌그림 3▌ Inductor 측정 결과 값

▌그림 4▌ Inductor를 이용한 스피커

▌그림 5▌ Inductor 2개를 이용한 무선 이어폰

4) 결과

- 230uH의 Inductor 제작
  - 제작한 Inductor의 용량을 확인한 결과 231uH가 나옴
  - Inductor 내부에 철제 자를 세우자 스피커의 음량이 증가함을 확인하였음
- Inductor를 이용하여 스피커를 제작
  - 종이컵 바닥을 뚫고 호일을 씌워 울림판을 만듦
  - 호일에 네오디뮴 자석을 양면테이프로 고정
  - 소형 Inductor를 컵 바닥에 부착하고 Inductor를 이어폰 잭에 연결
  - mp3 음량 출력을 최대로 맞추고 확인 결과 소리가 나오는 것을 확인하였음
- 상호 인덕턴스 원리를 이용한 무선 이어폰 제작
  - 한쪽 Inductor에는 이어폰 잭을, 나머지 Inductor에는 이어폰을 연결
  - mp3 연결하고 Inductor에 연결된 이어폰에서 소리가 남을 확인하였음
  - 두 개의 Inductor 거리에 비례하여 이어폰의 음량이 변화함을 확인하였음

Appendix 04

Term Project 2 : 디지털시계를 만들고 알람에 의한 응용 제작

4.1 개요

디지털시계를 만들고 일정한 시간이 되면 동작하는 아날로그 회로를 제작한다. 예를 들어, 아날로그 회로로는 휴대폰 충전기를 들 수 있으며 일부 소자가 학습범위를 초과하는 경우 사전에 교수와 상의하여 방법을 모색한다.

- 대상 : 디지털 카운터 관련 내용을 배운 학생(디지털 실험 9장과 10장 이수)
- 접근방법 : 디지털 카운터와 알람시간에 동작하는 응용 회로를 별도로 진행하여 각각 동작함을 보여야 하고 이후 통합된 작품을 제시하여야 함.
- 기간 : 중간고사 이전 2주전부터 기말고사 이전 일주일 전까지 대략 8주
- 구성 : 2~4인

4.2 주차별 범위

- 1주차 : 과제제안서 제출
  1. 제작하고자 하는 디지털시계의 사양을 정한다.
  2. 알람시간에 동작할 아날로그 회로를 정하고 동작 범위를 정한다.
- 3주차 : 중간보고서 제출
  1. 디지털시계 제작에 필요한 이론과 필요 부품 재료 구매 현황 등을 제시한다.
  2. 알람시간에 동작할 아날로그 회로의 각 모듈로 구분화하고 각 모듈별 필요한 이론을 제시하고 관련 이론과 부품 등을 제시한다.
- 5주차 : 시연 I과 중간보고서 II 제출
  1. 제작한 디지털시계를 예비 시연한다.
  2. 제안한 디지털시계를 수정할 수 있으며 1주차에 한 사항을 재작성할 수 있다.
  3. 제작한 알람시간에 동작할 아날로그 회로를 각각 예비 시연한다.
  4. 제안한 아날로그 회로 사양을 수정할 수 있으며 1주차에 한 사항을 재작성할 수 있다.
  5. 앞의 2, 4 사항에 따라 중간보고서 I의 사항을 수정하여 재작성할 수 있다.
- 7주차 : 시연 II와 중간보고서 III 제출
  1. 디지털시계와 알람시간의 아날로그 회로를 통합하여 시연한다.
  2. 통합한 회로의 부족한 사항을 자체점검하고 보완하도록 한다.
- 8주차 : 최종시연과 최종보고서 제출

4.3 기본 요구사항

- 디지털시계 부분은 전용 칩이 아닌 일반 TTL 칩을 사용하여야 한다.
- 알람시간에 동작하는 아날로그 회로 대부분은 본 교과과정에서 배운 내용이 포함되어야 한다.
- 제작 사양은 전기적 특성으로 기술되어야 하며 객관적으로 정량화하여야 한다.
- 다른 회로를 참조할 때에는 참고문헌을 넣고 회로 해석을 할 수 있어야 한다. 이 외에 다른 항목들을 참조하여 Term Project를 할 때에는 반드시 참고문헌을 인용하고 관련 내용을 이해하고 있어야 한다.

4.4 학생들이 운영한 주제들

본 소절은 학생들이 운영한 Term Project 주제들 중 대표적인 것을 나열한 것이다.

- 주제 1 : NE555를 사용한 Digital Clock
  7490, 7492 TTL Chip을 사용하여 분과 초는 물론 시를 표현하며 JK FF을 사용하여 AM과 PM 기능을 구현한다. 또한 3핀 스위치를 이용한 BCD 형식의 Alarm 기능 구현에 따른 악력기를 이용한 Alarm 제어 기능을 함으로써 일상에서 사용하는 디지털시계를 구현할 뿐만 아니라 응용 기능까지 제공하도록 한다.
- 주제 2 : 디지털시계와 220V 콘센트를 이용한 충전기
  7490, 74390 칩을 이용하여 구현된 시, 분, 초를 7447 칩을 이용하여 7-Segment에 표현하도록 하며 7493과 74138 칩을 이용하여 AM/PM과 요일 기능을 구현한다. 또한 레귤레이터를 통한 충전기를 구현하여 220V 콘센트를 꼽았을 때 디지털시계 동작과 220V 콘센트를 빼고 충전된 전지로만의 디지털시계 동작을 확인한다.
- 주제 3 : 220V로도 작동하는 TTL CLOCK과 시간 설정 아답터
  TTL과 CLK 발진을 위한 NE555, 카운터, 7447 7-Segment 디코더, 7-Segment 등을 이용하여 시간을 표시해주고 알람과 날짜도 표시 가능한 디지털시계를 구현한다. 또한 릴레이 스위치를 통하여 타이머 아답터 기능을 추가함으로써 전기 커피포트를 연결 후 알람시간을 맞춰두면 On 상태에 있다가 설정한 알람시간 이후에는 Off 되도록 한다.

4.5 완성된 주제 예

다음은 4.4절의 여러 주제 중 주제 1을 구체적으로 기술한 것으로 다른 주제들도 같은 맥락으로 작성되어 있다.

1) 기능 및 사양

① 7490, 7492 TTL Chip 사용

7490, 7492를 이용하여 분과 초는 물론 시(12시, AM/PM)의 표현까지 성공적으로 구현하였다. 초기 74161로 구현하려던 계획에서 회로의 복잡성을 줄일 수 있었고 6진 카운터와 10진 카운터의 구현은 74161로 하나하나 확인해 볼 수 있었던 것에 의의를 두고 소자를 바꾸게 되었다.

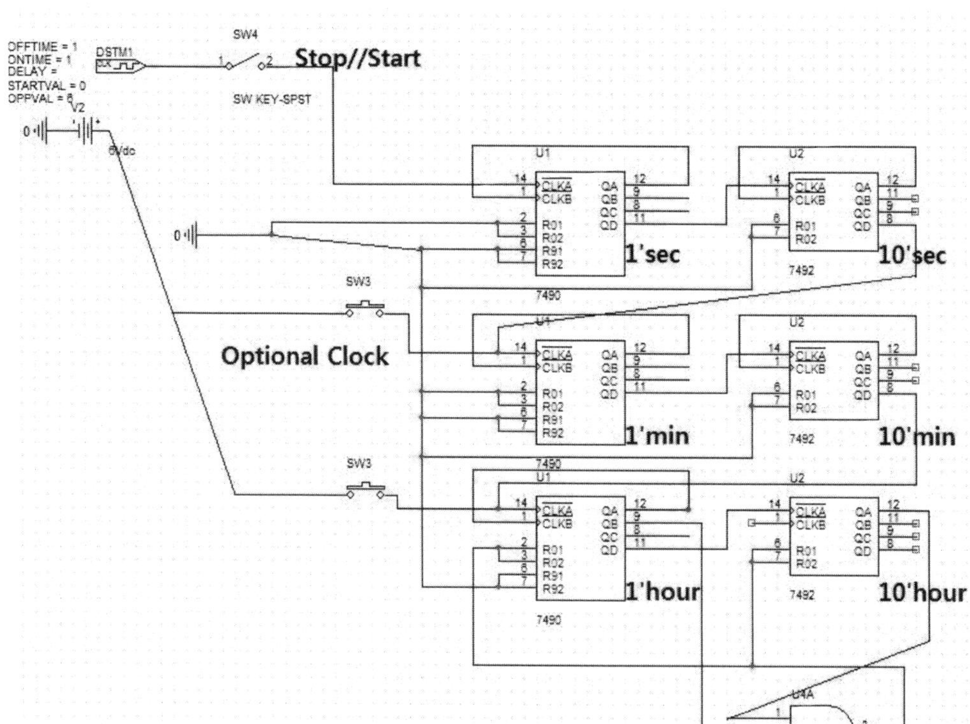

▌그림 6▌ 초/분/시 구현의 간단한 회로도

② 광운대학교 화도관을 모티브로 한 외형

이번 프로젝트에서는 특별히 광운대학교 화도관을 모티브로 하여 외형의 틀을 디자인하였다. 또한 악력기의 디자인을 비마상에 접목시키는 것으로 마무리하여 시계를 볼 때마다 모교에 대한 사랑과 자긍심을 높여줄 큰 시작의 발상에 큰 의미를 두었다.

▌그림 7▌ 본교 화도관과 비마상

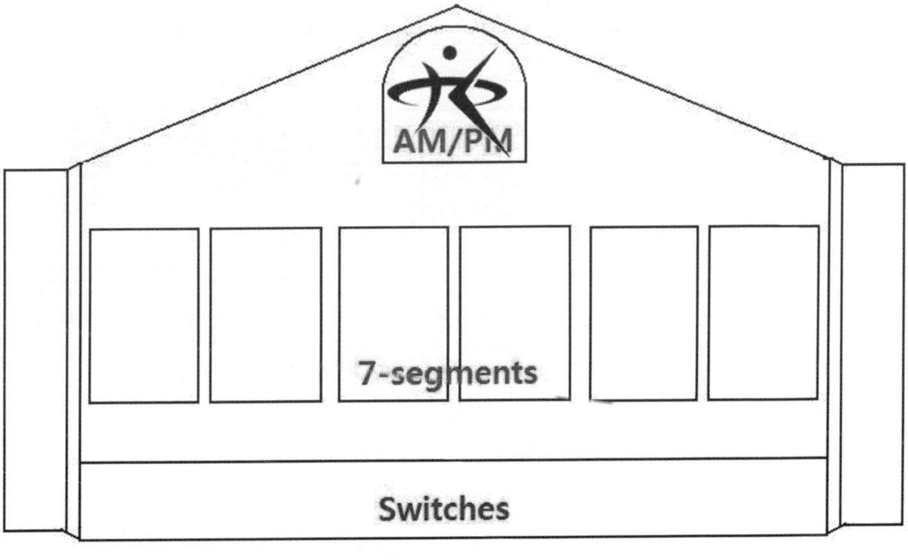

▌그림 8▌ 화도관을 본으로 한 이번 프로젝트의 디자인

③ AM/PM의 구현

JK FF를 사용하여 AM과 PM을 구현하였다.

┃그림 9┃ AM(Green LED)

┃그림 10┃ PM(Red LED)

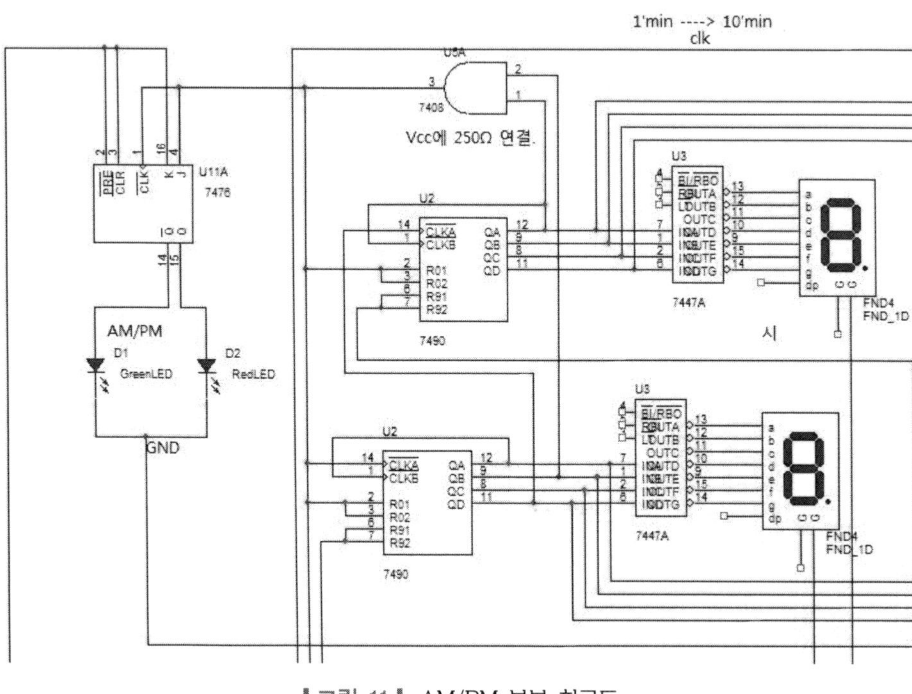

┃그림 11┃ AM/PM 부분 회로도

④ 3핀 스위치를 이용한 BCD 형식의 Alarm 기능 구현

Alarm은 10′시, 1′시 그리고 10′분 세 가지의 Signal만 비교하게 되는데 가독성을 높이는 한편 제어의 원활함을 위하여 스위치를 12개(4개×3)를 별도로 사용하여 Alarm 시간을 제어하는 것으로 하였다.

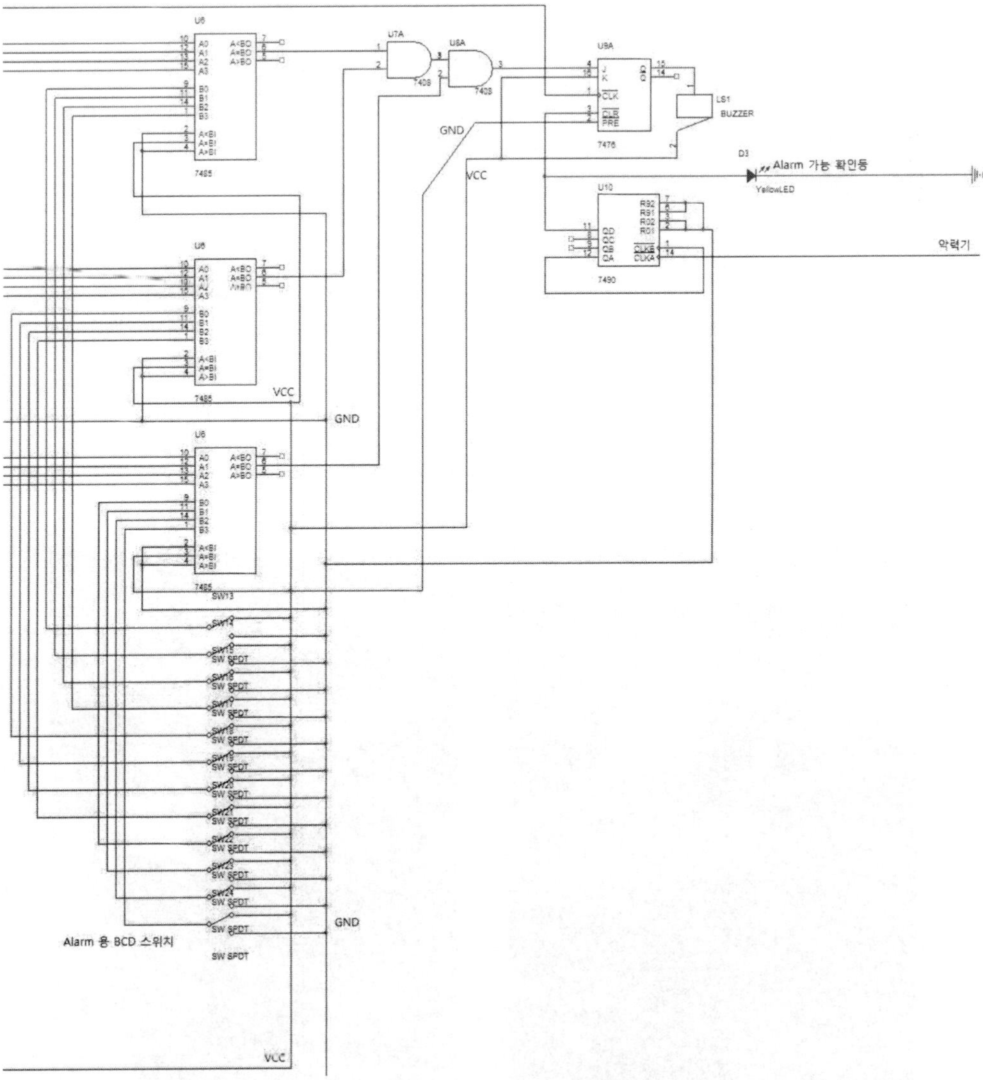

▌그림 12▐ Alarm 부분 회로도

⑤ 악력기를 이용하여 Alarm 제어 기능

현대인의 아침에 있어 정신을 되잡을 수 없을 만큼의 혼란 속에 우리는 악력기를 이용한 뇌파의 회복과 건강 그리고 혈액순환 증진을 도모하여 사용자로 하여금 개운한 아침을 가질 수 있도록 지원하였다.

악력기의 외형의 디자인 또한 단순한을 벗은, 화도관을 모티브로 한 시계의 본 모습과 어울리는 비마상의 모습을 최대한 재현할 수 있도록 노력하였다.

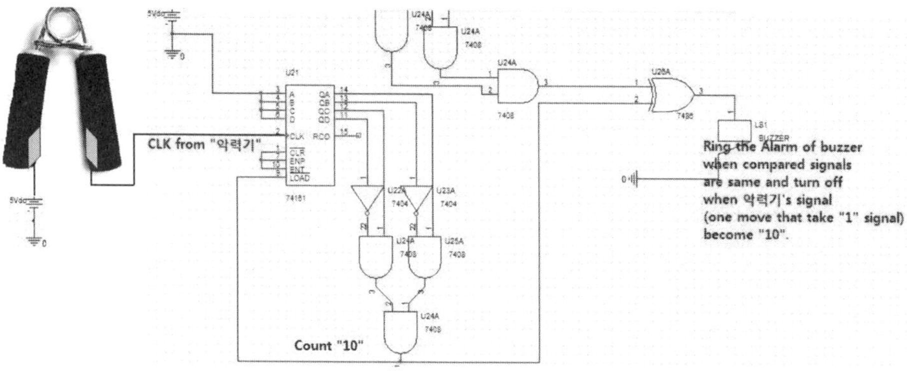

▌그림 13▐ 악력기 제어 회로도

▌그림 14▐ 악력기 사진

2) 이론

① 디지털시계의 구현

NE555소자를 통해 1Hz의 clock을 1′sec에 해당하는 7490소자에 CLKA 시그널로 입력한 뒤 QA의 출력을 CLKB와 연결해 줌으로써 10진 카운터를 완성한다.

이후 QD의 출력을 10′sec의 7492 6진 카운터 소자의 CLKA를 연결해 주고 마찬가지로 QA를 CLKB와 연결해주어 6진 카운터를 완성한다. QD는 다시 1′min의 CLKA와 연결해주고 초의 구현과 마찬가지의 회로로 분을 구현하여 초와 분까지의 구현을 마무리한다.

시의 구현은 00시에서 12시까지의 표현이 관건인데 기본적인 구현은 분과 초와 마찬가지이나 임의로 R0(1, 2)에 '1'을 입력하여 11까지만 표시할 수 있게 구현한다. 1′hour의 QB의 신호를 10′hour의 QA의 신호와 AND Gate를 통해 출력된 신호를 1′hour와 10′hour의 각 소자의 R0(1, 2)와 연결한다. 이렇게 11에서 12로 넘어가는 순간 비동기 리셋으로 시의 구현을 마무리한다.

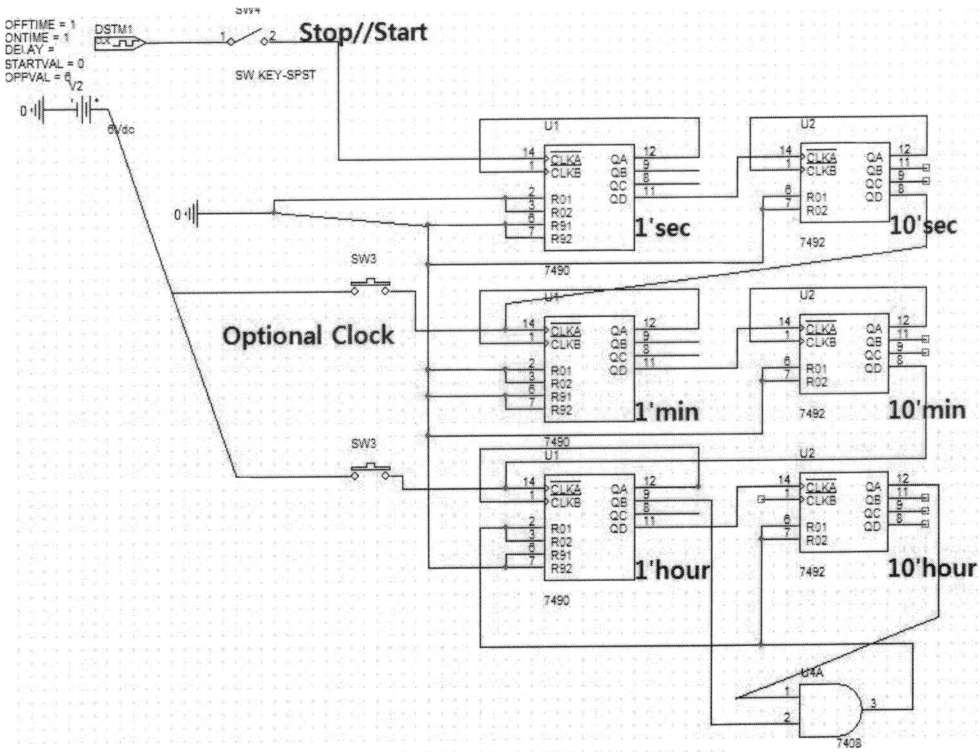

▌그림 15▐ 디지털시계의 구동 과정과 시간의 임의 설정을 구현한 간단한 회로도

② AM과 PM의 표시

초기 24까지 구현하기로 하였던 계획에서 시를 12시까지만 구현하는 것으로 변경함으로써 AM과 PM의 구현이 새로 필요하게 되었다. 이는 JK FF의 성질을 이용하여 J에는 항상 1을

넣어주어 Q의 초기값을 1로 설정하게 해주고 CLK과 K에는 10′hour 소자의 QB에서 연결해 주어 J와 K가 1이 되는 순간 값이 반전되는 성질을 이용한다. 여기서 CLK를 이용한 동기화를 위하여 CLK 역시 K가 1인 순간에만 작동할 수 있게 같은 신호를 주었다.

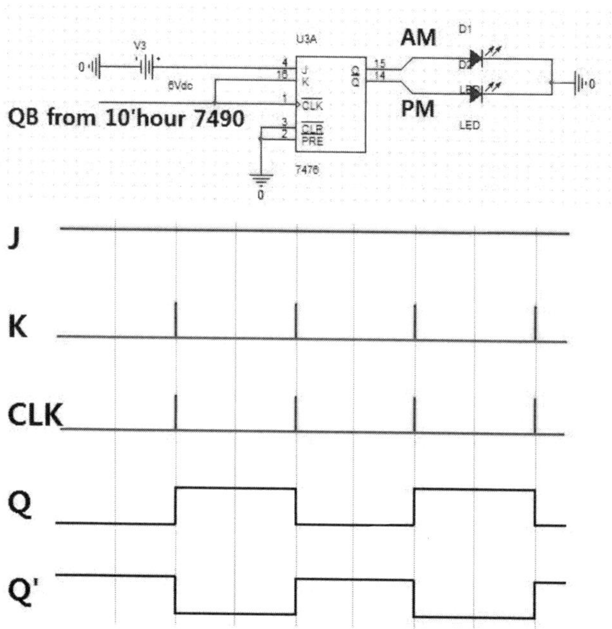

▌그림 16▐ AM과 PM 표시 회로도 및 JK FF 타이밍도

③ 설정시간과 현재시간과의 비교를 통한 알람기능과 악력기를 통한 제어

7485 TTL 소자 3개만을 이용하여 10′분과 시만을 비교한다. 위의 PSpice의 회로도에서 A 신호에는 작동 중인 현 시간의 BCD 데이터가 들어가고 B 신호에는 스위치로 고정한 BCD 데이터가 들어간다. 비교하여 출력되는 신호들이 AND Gate를 통과한 신호는 JK FF의 J 에 연결하고 악력기를 통해 출력되는 신호는 CLR 신호로 한다. 마지막으로 CLK는 7404를 거치게 한 10′분의 CLK(1′분에서 넘어오는)을 사용하여 시간이 바뀜과 동시에 Buzzer가 울리게 하였다. CLR신호로 입력되는 악력기의 clk는 악력기 운동의 횟수가 8이 되어 QD에 1이 입력되는 순간 JK FF를 비동기리셋 시켜 10분 동안 울릴 Buzzer를 강제로 꺼지게 설정하였다.

여기서 중요한 문제가 발생하는데, CLK에 들어가는 신호는 J에 입력되는 신호의 일부를 사용하는데(1′분에서 10′분으로 넘어가는 clk) J가 바뀌게 되는 신호는 7485는 물론 7408을 세 번이나 거쳐야 하므로 동시에 신호가 입력되지 않아 Alarm이 울리지 않는 문제가 생겼다. 이를 해결하기 위해 CLK에 들어가는 신호를 7404를 이용하여 딜레이를 주어 보았지만 여전히 J보다 빠르게 입력되어 달리 해결하지 못하고 알람 시간 설정을 10분 전으로 해야 하는 것을 페널티로 안고 가기로 하였다.

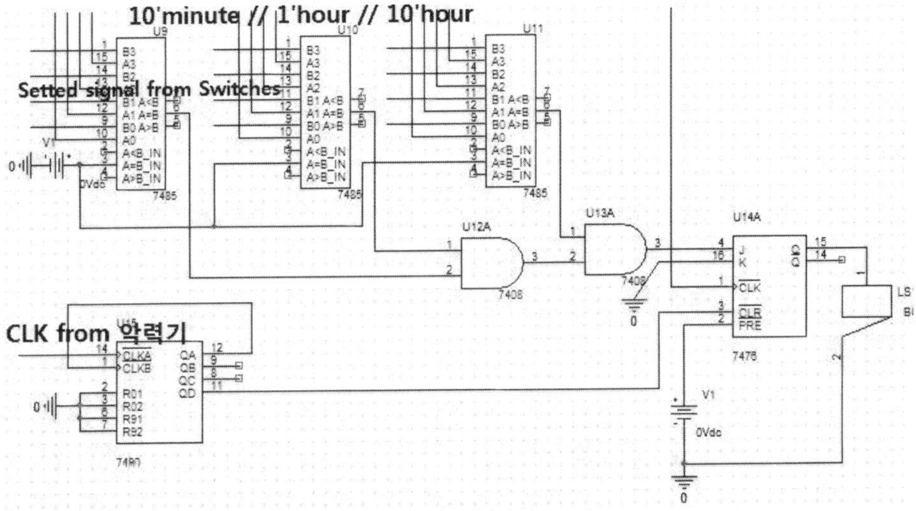

| 그림 17 | 설정시간과 현재시간의 비교를 통한 알람기능과 악력기를 통한 제어 회로도

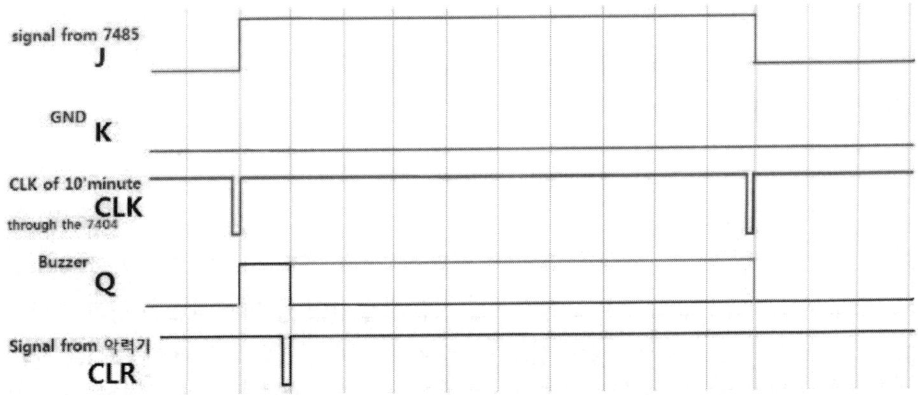

| 그림 18 | Alarm에 들어가는 신호를 제어하기 위한 JK FF의 타이밍도

3) 문제점 및 해결 방향

① 배터리를 통한 전압의 하강

디지털시계에 들어가는 많은 소자들을 거치게 되는 입력 전압이 부족하여 Alarm을 울리지 못하는 경우나 시를 제어하는 clk을 제어하지 못한다는 등의 문제점이 발생할 수 있다. 이를 해결하는 방안으로 전압이 필요한 곳에는 병렬로 연결하는 등의 해결 방안 등을 모색하고 있다.

② Alarm 설정 시간을 7-segment에 표현 방법

현재 시간만을 표현하는 7447과 7-Segment 6개를 구현하는 것만으로도 충분히 어려울 것이라 예상되는 본 프로젝트에서 알람만을 위한 6개의 별도 Segment를 이용하는 것은 시

간과 노력에 있어 다소 사치스러울 수 있다. 따라서 MUX나 스위치를 통해 현재 시간과 설정 시간을 동일한 Segment에 번갈아가면서 표현 할 수 있는 방안과 더 나은 수단을 모색 하고 있다. 이는 toggle 스위치를 통하여 1,0을 지속적으로 BCD로 연결하여 회로의 간략화와 MUX의 문제를 해결하기로 하였다.

③ 74151 사용 시 Carry Out의 문제

74161을 이용한 회로를 직접 설계해보고 조작해 본 결과 Carry의 전달에서 문제가 발생하였다. Load enable에 1이 전달되는 신호를 이용하여 Buzzer를 사용하여 임의로 carry 전달을 확인해 본 결과 9에서 0으로 돌아가는 순간 Carry를 전달하는 것이 아니라 8에서 9로 넘어가는 순간에 Carry가 발생하여 다음 Segment를 작동시킬 74161의 Clock을 만들기 때문에 정상적으로 분과 초의 시스템을 구현할 수 없었다. 그리하여 74161이 아닌 7490을 이용하여 10진과 6진을 보다 쉽게 구성할 수 있는 반면 소자 자체가 시계를 구현하기 용이한 구조로 설계되어 있어 별도의 7404와 7408을 이용하지 않고 구성할 수 있고 다량의 TTL을 통한 전압의 하강 문제 역시 어느 정도 해결이 될 것으로 보인다.

④ 납땜질의 문제

소자와 기본 회로는 단순하지만 연결되는 Wire의 수와 그 구조가 복잡하여 땜납질의 문제가 굉장히 난해할 것으로 보인다. 이로 인해 Alarm 구현의 간략화와 74161 대신 7490과 7492를 사용하는 등, 회로를 최대한 단순화 하여 땜납의 어려움을 해결해 나가기로 했다.

⑤ 알람과 제어의 문제

아쉽게도 알람 회로에 사용되는 JK FF의 CLK에 들어가는 신호가 J가 바뀌는 것보다 일찍 들어오는 문제 때문에 스위치로 설정하는 시간과 알람이 울리는 시간을 정확히 맞추기 어려웠다. 7404를 이용하여 4번 정도 신호를 Inverting 하여 임의로 딜레이를 주는 방법을 활용해 보았지만 여전히 CLK가 일찍 들어왔다. 이를 해결하지 못한다면 큰 수정 없이 현 상태로 진행하는 것이 가장 좋다고 생각하고 납땜을 마무리 하였다.

4) 제작 과정

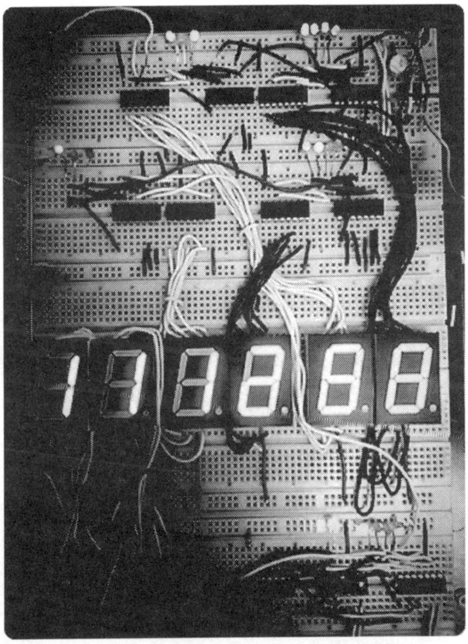

Breadboard에 기본 기능 구현

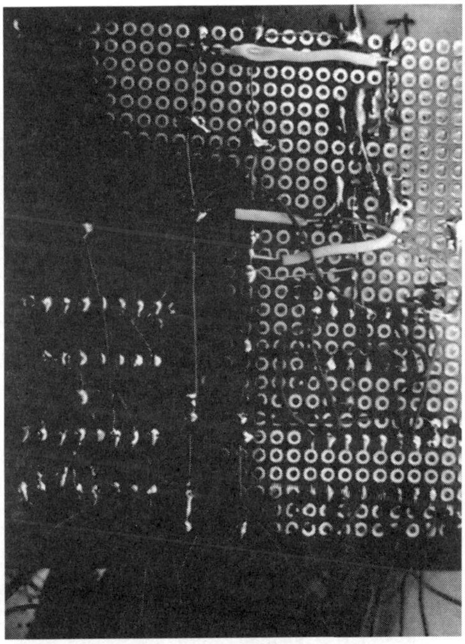

회로 납땜

세그먼트를 납땜한 별도의 기판과 연결

시, 분, 초의 구현

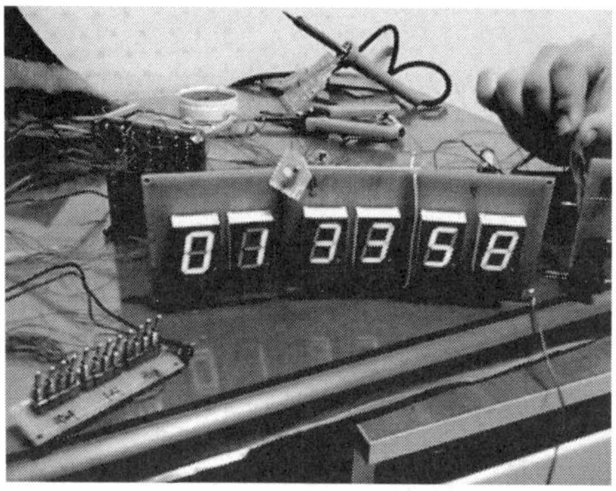
스위치 연결, AM/PM 구현

포맥스를 통한 스위치부 완성

외형 틀 완성, 스위치부 연결

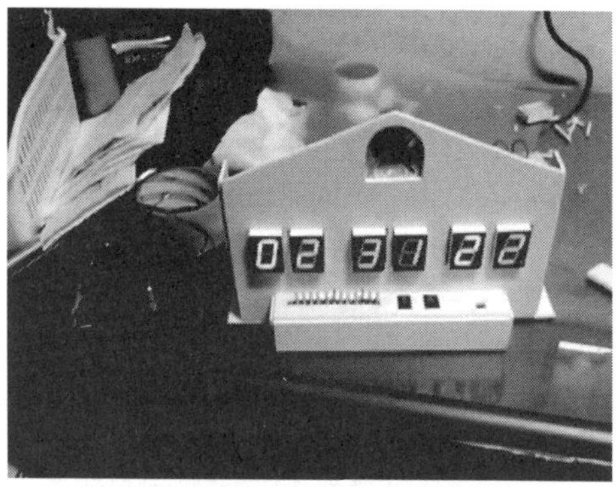
세그먼트와 AM/PM 연결

정면부

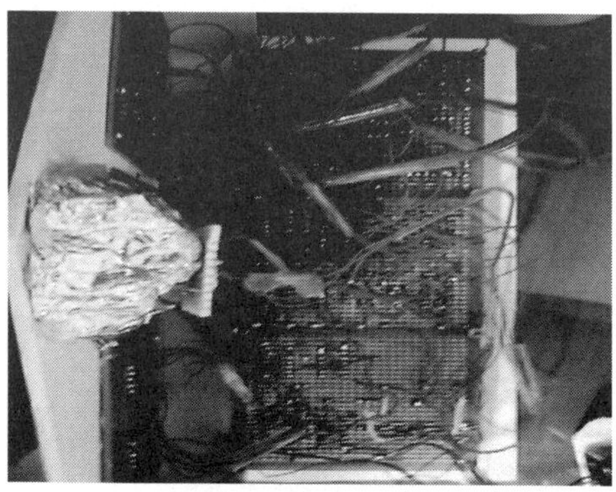
상단에서 본 후면부

5) 완성 모습

전면부

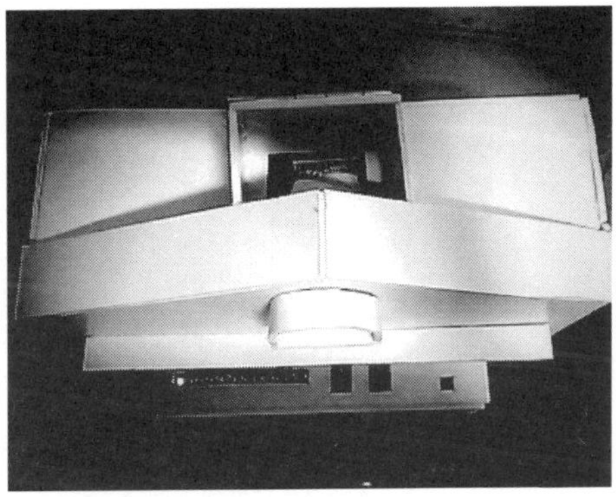

상단부

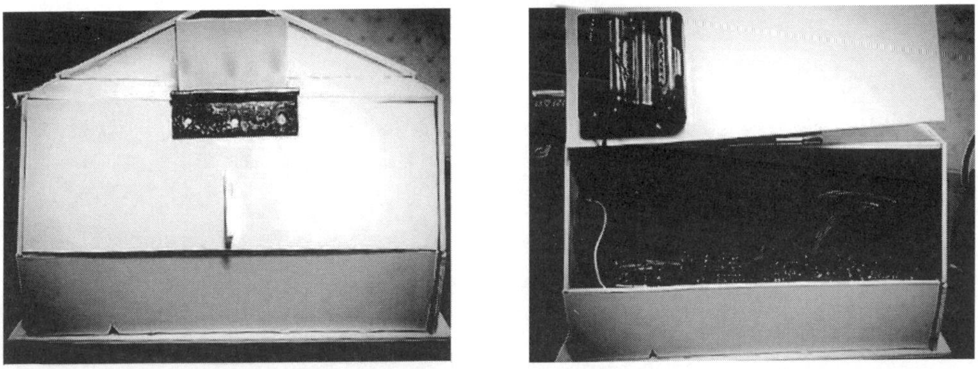

후면부

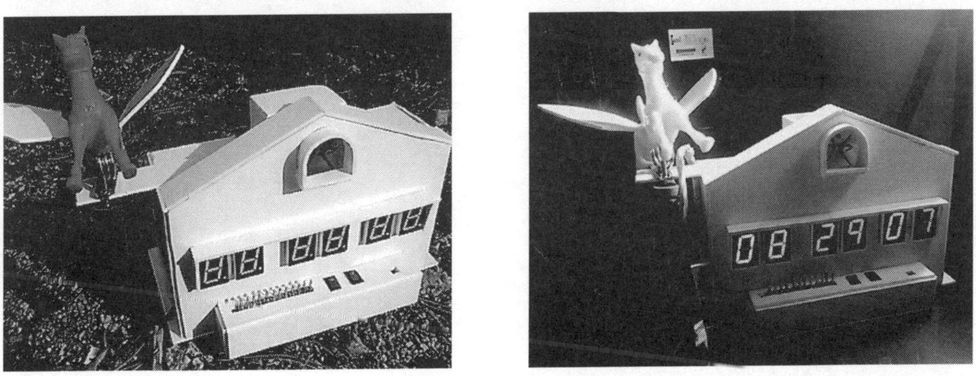

전체 모습

저자 소개

민 상 원

(현) 광운대학교 전자통신공학과 교수

정가 16,000원

설계능력 향상을 위한 전기, 전자, 통신, 컴퓨터공학
기초전공실험(개정판) – 아두이노 보드 프로그래밍 포함 –

2011년 2월 19일 초판 인쇄
2014년 2월 28일 개정판 발행
저　자 : 민상원
발행자 : 우명찬 · 송　준
발행처 : 홍릉과학출판사
주　소 : 서울시 강북구 인수봉로 50길 10
142-885
등　록 : 1976년 10월 21일 제5-66호
전　화 : (02) 999-2274~5, 903-7037
팩　스 : (02) 905-6729
e-mail: hongpub@hongpub.co.kr
http://www.hongpub.co.kr
ISBN: 979-11-5600-299-4

저자와의 협의하에 인지생략